科学政策与同行评议

中美科学制度与政策比较研究

启真论丛
QIZHEN

龚 旭 著

Science Policy and
Peer Review

科学政策与同行评议

中美科学制度与政策比较研究

A Comparative Analysis of China and the U.S.

ZHEJIANG UNIVERSITY PRESS
浙江大学出版社

序　言

方　新[①]

20 世纪 50 年代初，罗伯特·金·默顿（Robert King Merton）为自己的学生也是后来的同事伯纳德·巴伯（Bernard Barber）出版第一本科学社会学专著《科学与社会秩序》所写的前言中，曾分析过科学社会学长期以来难以形成一致性的研究议题和"富有成果的研究模式"的原因，认为是由于在该学科领域中理论研究与经验研究相脱离的缘故。他指出，一方面"具有必要的理论基础的社会科学家通常不从事科学社会学中的经验研究"，另一方面"进行这种经验研究"的自然科学家"通常缺乏所需的理论"，于是"这个学科领域的成长受到阻碍就不足为奇了"。正是由于像默顿这样的社会科学大师引领着一批受过严格的社会学训练的青年学者进入该领域，开展了大量以经验研究为基础的理论探索，科学社会学才得以发展并逐步兴盛起来。事实上，从那时起以科学本身为研究对象的科学社会研究和科学政策研究，就不断吸引着来自不同学科领域的学者，他们从社会学、经济学、政治学等视角出发开展卓有成效的研究。如今，科学学（Science Studies）已成为科学研究中蓬勃发展的

①　全国人民代表大会常务委员会委员、教科文卫委员会委员，中国科学院党组副书记、研究员，科技政策与管理科学研究所原所长，科学学与科技政策研究会理事长。

前沿领域。

科学政策研究作为科学学的重要组成部分在中国的兴起，是在改革开放之后的 80 年代初期。记得我在 80 年代踏入这个新兴的研究领域时，该领域正处在一个令人振奋的起步阶段，大批国外经典著述和重要研究文献的译介，极大地开阔了我们的学术视野，也为我们研究中国科学政策提供了理论方法的借鉴。然而，随着国家科学政策实践在深度和广度上的不断拓展，近年来我国科学政策研究（这里主要是指以发展科学为目的的"服务于科学的政策"研究）越来越难以满足发展的要求，难以解决国家科学发展中日益复杂的诸多问题，研究本身似乎也出现了默顿所描述的"成长受到阻碍"的局面。究其原因，长时段经验数据积累的不足，既深入又精致的案例研究的缺乏，足以解释复杂的社会转型中科学制度变迁的理论架构的阙如，等等，可能都是造成这种局面的因素。但是，无论是出于推动我国科学政策研究进一步成长的需要，还是为了更好地解决国家科学发展中的重要政策性问题，都必须尽快摆脱这种状况。这就需要有更多的具有理论素养和广博知识的科学政策研究者，广泛运用社会学、经济学、政治学等社会科学的基础理论，通过自洽的逻辑建构和缜密的理论阐释，并针对我国科学发展中与西方发达国家或同或异的具体问题开展经验研究，进而建立适合于分析我国科学政策基本问题的理论阐释模型，同时还要在中外科学政策的比较研究中寻求具有普适性意义的结论。本书作者正是怀着这样的学术旨趣，向我们呈现了眼前的这部著作。

我们知道，中国科学体制和科学政策的创新是伴随经济体制改革而逐步推进的，学习、模仿和借鉴西方的先进经验是必经之路，但这只是方式而不是目的，目的是要建立和发展适应我国科学发展实际的科学体制与科学政策。因此，比较研究中外科学体制与政策是必要且重要的，特别是在我国科学体制改革经历了 20 多年的实践，能够提供有价值的素材开展比较研究之时。与研究中外科学政策的其他著作相比，本书主要有三个方面的特色：一是发掘、整理和首次运用了大量一手文献资料，力图将科学社会学、科学史和科学政策等不同研究视角整合起来进行综合考察。二是通过同行评议的体制和机制来系统研究科学政策，将同行评议置于科学共同体、政府与社会的关系之中进行研究，尤其是以最能体现国家科学政策的资助机构为个案进行深入比较分析，则无论在研究对象的拓展方面还是研究方法的创新方面都有新见。三是从国家科学体制与科学政策的"跨社会效仿"的角度进行有深度的比较研究，进而试图探讨发展中国家科学发展的"后发优势"与"后发劣势"等问题，这不仅具有学术上的理论意义，而且对于我国科学政策的制定具有直接的参考价值。

我与本书作者龚旭同志相识多年，一起从事课题研究，也多次就共同关心的问题进行过深入的探讨。我曾经主持过她的博士学位论文答辩，现在又为她这本基于博士学位论文并经过两年时间修改而成的专著撰写序言，确实感到由衷的高兴。龚旭同志的为人为学，给我印象最深刻的是她的求真与严谨，而这两点也充分体现在这部著作中。全书翔实的资料和规范的行文体现了作者的严谨，书中提出的一些重要的研究议题和许多启发性的学术观点，既是对真理的探寻，也是结合实践的总结提升。正如我们所知道的，在追求真理的道路上，解决问题固然重要，而提出问题可能更重要，因为新的问题意识不仅能够启发新的科研思路，而且可能改变固有的思维习惯。我相信，本书是相关研究的一个好的开端，围绕着这些研究议题和所提问题，作者一定会有更多的新成果问世，也会有更多的同行继续深入研究。

目　录

导　言

　　科学的自主性是在战胜宗教的、政治的甚或经济的力量以及至少部分地战胜国家官僚制度的过程中获得的，这是保证科学的独立性所需的最低保障条件，但如今这种自主性已经大为削弱。科学藉以维护其自身的社会机制——例如，同行间竞争的逻辑——处于为外部目的服务的危险之中……[1]

　　　　　　　　　　　　　　——皮埃尔·布迪厄（Pierre Bourdieu）

　　布迪厄在其生前最后的授课——法兰西学院 2000—2001 学年的系列讲座中，选择了将科学作为分析和研究的对象。在根据该讲座集结而成的著作的前言中，他以上述文字表达了自己对当代科学的深深的忧虑。

　　的确，现代科学自产生以来，不仅科学知识的总量及其复杂性日益增长，而且科学制度以及科学活动的组织管理也经历了巨大的发展与变化。特别是第二次世界大战结束以后，随着科学以及与之密切相关的技术在经济增长、公共健康和国家安全等方面所发挥的

---

[1]　Pierre Bourdieu, *Science of Science and Reflexivity*, trans. by Richard Nice, Polity Press, 2004, p. vii.

重要作用日趋显著，世界主要发达国家争相投入巨资支持科学研究，随之而来的是以促进国家科学事业发展以及基于科学进步的经济社会发展为目标的科学政策①的出现，其在国家公共政策中的地位越来越重要。进入 21 世纪以来，在全球化背景下世界各国激烈的国际竞争中，科学技术创新能力越来越成为国家综合竞争实力的重要指标，尤其是包括中国在内的发展中国家试图通过借鉴发达国家发展科学技术的先进经验，以本国科学技术领域的自主创新来实现"跨越式发展"。

然而，20 世纪下半叶以来随着科学规模以惊人的速度和扩张力的迅速发展，科学与政府、科学与经济、科学与公众等的关系日益复杂化，即使在西方这个现代科学制度的发源地，科学由于其所处的社会、经济和政治等环境的变迁也发生着深刻变化，其在过去几个世纪里逐渐获得的自主性正在受到威胁和侵蚀。科学不再仅仅是象牙塔里单纯的研究活动，而是与外部环境有着复杂互动关系的社会实践活动。或者如布迪厄所言，尽管科学在一定程度上可以"相对独立于具有包容性的总的社会限制之外"，但从本质上讲，"科学场就是一个社会世界"。②科学世界内部"同行间竞争的逻辑"以及社会世界中科学以外的各种力量与科学之间博弈的逻辑，以不同的方式影响着科学的进程；而且，这两种逻辑的此消彼长，不仅改变着科学活动的特征，同时也改变着科学影响与渗透人类政治、经济、社会、文化等各领域的广度与深度。

与 20 世纪西方自主科学的发展历程不同，发展中国家的科学还

---

① 经济合作与发展组织（OECD）在 1963 年题为《科学与各国政府的政策》的报告中，明确地将科学政策分为两个方面，即"服务于科学的政策"（policy for science）和"服务于政策的科学"（science in policy），前者旨在促进科学事业本身的发展，后者旨在利用科学发展的成果促进经济增长和社会进步等更广泛的社会目标的实现。转引自 Jarlath Ronayne, *Science in Government*, London: Edward Arnold Ltd, 1984, p. 228.
② 皮埃尔·布尔迪厄著，刘成富、张艳译，科学的社会用途，南京：南京大学出版社，2005 年，p. 30。

未及完成制度化（或体制化①）过程，就已经与其国家政治、经济、社会、文化等领域的发展不可分割地纠缠在一起了。事实上，这些国家的科学还不曾获得过自身独立的价值，而作为一种有意义的社会性事业之所以得到认可，往往是因为科学与政治、军事、经济等"其他的已被广泛认可的价值相关联"②。尽管这些国家有着发展科学的强烈愿望，也常常借鉴西方发达国家组织管理科学活动的许多技术手段与政策措施，然而，科学作为一种社会性存在，其运行需要一定的基础制度及其环境条件作为支撑，即使是同样的组织管理方式，因支撑其运行的制度环境和外部条件不同，在科学内生其中的西方国家和科学从外部"拿来"的发展中国家，其表现方式与实际效果都大不相同，由此也呈现出科学发展模式的异质性与多样性。

与上述科学发展变化的情势相适应，在过去半个世纪的时间里，西方学术界以科学本身为对象的研究——科学论（science studies）——逐渐兴盛起来（尽管科学论的进展与科学本身的发展相比要逊色得多），并形成了两大主要领域——科学社会研究（social studies of science）与科学政策研究（science policy studies）③。其中，可以将前者视为后者的基础理论研究，将后者视为前者的应用研究。科学社会研究无疑是由罗伯特·默顿（Robert K. Merton）为

---

① 中文涉及的具有一定制度结构或组织形式的"制度"和"体制"这两个词似乎有所差别，"制度"的使用范围较大，可以覆盖从宏观的世界层面（如现代科学制度）到微观的机构层面（如人事制度）等各个层面，但国家层面上的制度结构却常常使用"体制"（如国家科学体制）一词；在英文中没有这样的区别，都是"institution"。本研究不特意区别处于不同层面的"制度"，在指国家层面的制度时对"制度"和"体制"这两个词不加区别地使用，同样，"制度化"和"体制化"这两个词也不加区别地使用。

② 罗伯特·K. 默顿著，林聚任等译，社会研究与社会政策，北京：生活·读书·新知三联书店，2001年，p. 245。

③ Ina Spiegel-Rösing, The Study of Science, Technology and Society (SSTS): Current Trends and Future Challenges, in Ina Spiegel-Rösing, D. S. Price (eds.), Science, Technology and Society: A Cross-disciplinary Perspective, London & Beverly Hills, CA: Sage, 1977, pp. 7 – 42.

先驱探索建立的科学体制社会学①所开创的，默顿学派将科学从诸多社会性制度中独立出来，赋予科学以独特的规范结构，从而为科学获得独立于社会其他领域的自主发展（即科学自治）的"特权"提供了理论依据，也为西方战后早期科学政策中所坚持的"科学是一项客观事业"的观念奠定了基础。②然而，随着公共财政和私人资金越来越多地投入到科学领域，科学与社会的关系日趋紧密，特别是自 20 世纪 70 年代以来，越来越多的科学社会研究不再将科学视为与社会相隔离的领域，不断拓展的研究范围和日益多元化的研究视角极大地丰富了人们对科学的认识与理解，但也在一定程度上对西方传统的科学观造成了冲击，给当代科学政策的研究与制定带来了困惑和挑战。与此同时，近现代一个多世纪以来非西方国家（特别是发展中国家）的科学发展呈现出不同于西方发达国家科学发展的多样化模式。这不仅使得科学论面临更加复杂的问题，而且对于这些科学领域的"后发国家"（late development country）而言，如何在学习和借鉴发达国家先进经验的基础上，探索出适合于本国科学事业健康可持续发展的道路，也是其科学政策研究与制定所面临的最重要的现实问题。

一、选题的理论价值

科学在其制度化过程中为什么会形成以同行评议为核心的评价机制？同行评议在不同国家的科学体制和科学传统中的地位和作用如何？国家科学资助机构怎样通过同行评议实现科学资源配置的有效性和公正性？作为实现国家科学政策目标的基础性制度安排，同

---

① 赫斯将默顿学派称为科学体制社会学（institutional sociology of science，ISS），以区别于后来兴起的科学知识社会学（sociology of scientific knowledge，SSK），因为前者的分析重点是在科学的制度方面，后者是在科学知识的内容方面。参见 David J. Hess, *Science Studies*, New York and London：New York University Press，1997，p. 52.

② David H. Guston, *Between Politics and Science：Assuring the Integrity and Productivity of Research*, Cambridge University Press，2000，p. 15.

行评议有哪些优势和局限？采取怎样的政策措施可以克服和弥补同行评议的局限？要回答这些问题，尤其要将相关研究深入化，必须在理论方法上有所突破。有必要认识科学作为一种特殊认知活动的特点，同时考察科学作为一种社会建制与其所"嵌入"的环境间的相互关系，追溯科学制度化以及科学共同体职业化的发展历程，分析国家科学政策形成与演变的影响因素和基本模式。本研究试图以这样的研究取向为立足点，从同行评议入手，比较研究中美两国的科学制度与科学政策，建构起系统研究的理论架构，并进行科研方法的创新探索。

之所以从同行评议入手，这是因为以同行评议为核心的科学自治具有表征科学自主性的特殊意义，而且同行评议又是科学共同体控制研究质量的重要制度安排，还是科学组织管理的核心运行机制，因此，无论是在科学社会研究还是在科学政策研究中，同行评议都是一个无法回避的重要议题。在科学社会研究中，无论是从实在论还是社会建构论的立场出发，无论是采用结构—功能分析还是社会情境建构的研究进路，从默顿学派对科学制度的研究，到库恩对科学革命与研究范式之间关系的阐述，从爱丁堡学派的利益模型到巴黎学派的"行动者网络"分析，都涉及对科学评议活动，特别是同行评议的研究，而且包括了评议的诸多方面和各个环节。例如，科学知识及其评议活动的本质是什么？谁是评议的行动者与相关者？评议是否遵循统一的规范？评议结果能否达成一致？评议达成共识的基础及过程怎样？影响评议活动的因素有哪些？评议在科学活动中的作用是什么？如此等等。显然，这里所指的评议活动，并非科学家个人孤立进行的，对其同行的科学研究没有任何影响的评议行为，而是指科学家评议科学研究的一种集体行动（collective action），即一种制度化的评议活动。

在科学政策研究中，无论是国家与科学间的关系还是科学资源的配置等问题，都涉及同行评议。尤其是如何通过优化科学资源配置来提高科研投入效益，并以此推动国家科学事业的发展，一直是科学政策的重要议题，而谈到优化科学资源配置必离不开同行评议——同行评议不仅是科学共同体在学术荣誉授予、科学论文发表、学术职位聘任等活动中普遍采用的基本评价方式，同时也是科研项目遴选、研究结果绩效等方面的重要评议机制，从而成为国家科学制度的重要组成部分，也是国家科学政策的实施方式之一。

本研究以中美两国科学资助机构的同行评议为切入点，对两国的科学制度与科学政策进行比较研究，旨在揭示科学制度演进与科学政策变迁的动力机制及不同模式，展现科学与其外部环境（包括政治、经济、社会、文化等领域）之间复杂多样的关系，具有重要的理论价值。特别是自默顿创立科学社会学以来，以科学制度和科学活动本身为研究对象的科学论的基本理论方法，大多建立在以西方科学为对象进行研究的基础上，对发展中国家科学制度与科学政策的理论研究还处于起步阶段，而本研究的理论探索以较为系统的实证研究为基础，深入分析中美两国科学共同体的不同特征、科学制度化的不同进程、科学奖励系统的运行差异等等，希图以此丰富和发展迄今为止以西方发达国家为主要研究对象而形成的科学论、尤其是科学政策研究的理论与方法，具有理论方法上的创新性。

二、选题的实践意义

严格说来，同行评议作为国家科学资源优化配置的一种制度引入我国，是与国家经济体制和科学体制改革的进程相伴随的。社会主义市场经济体制的建立，为同行评议这一在中国尚属创新制度的运行提供了必要的制度环境，而国家社会经济的迅速发展又对科学发展提出了更高的要求，国家科学体制和科学政策必须更加有效地促进科学发展，为建设创新型国家奠定雄厚的科学基础，要实现这一目标，有必要借鉴发达国家的成功经验。美国作为发达国家，其科学也走在世界前列，同时现代科学政策也主要源于第二次世界大战后的美国，美国国家科学基金会（National Science Foundation，NSF）及其同行评议制度的建立，是战后美国科学政策思想最直接的体现。NSF 经过半个多世纪的发展，已成为世界上最有影响的国家科学资助机构，积累了许多经验，其资助政策与同行评议系统对包括中国国家自然科学基金委员会（Natural Science Foundation of China,NSFC）在内的许多国家的科学资助机构能够起到示范作用并产生积极影响。

NSF 和 NSFC 虽然成立的时间相距几十年却有类似的历史成因，两者都是本国科学体制和科学政策发生重大变革的结果，NSF 是第二次世界大战结束后美国科学体制创新的产物，而 NSFC 则是我国改革开放后科学体制改革的产物。NSFC 在建立与发展其核心运行机制——同行评议制度的过程中，注意借鉴 NSF 等国外机构的经验，并根据我国的具体国情，探索适应我国科学体制的国家科学资源优化配置制度，因此可以说 NSFC 同行评议制度与 NSF 有着某种渊源。然而，由于中美两国在政治经济制度、科学发展水平、历史文化传统等方面存在很大差异，尽管 NSFC 在成立与发展的过程中有意识地借鉴了包括同行评议在内的 NSF 的运行机制与管理经验，但是 NSFC 的发展历程表明，在借鉴发达国家经验的过程中，简单的"模仿"与"拿来主义"显然是不可能的，也是行不通的。

那么，我国应当怎样建构符合本国国情的高效合理的科学体制和管理机制？在发达国家的经验中哪些是我们需要重点借鉴的？在借鉴中还要提供与建立哪些与之相配套的制度环境与政策支撑？在上述基础上怎样走出一条我国科学发展的创新之路？这些正是本研究着重探讨的问题。本研究通过比较分析美国 NSF 和中国 NSFC 这两个机构围绕同行评议而建立与发展的相关政策措施与制度安排，及其在不同的社会经济制度环境下的实际运行，特别是在国家科学政策转型的特殊时期，NSFC 将同行评议作为一种制度安排加以引入之后的相关政策建构及其实际效果，进而试图探究更具普遍意义的后发国家科学制度与科学政策的"模仿与创新"，尤其是"跨社会效仿"的前提及后果的问题。正如韦斯特尼（D. E.

Westney）在研究日本明治时期对西方组织模式的移植中所指出的那样，考察组织系统的跨社会效仿应当包括以下几个方面：效仿的动机与前提、效仿而产生的新组织与原模型趋同或趋异的方面及其原因、新组织的运行效果、新组织对其所处的社会环境带来的冲击以及此类冲击对新组织本身发展的影响等①，本研究探讨的是对科学制度和科学政策的"跨社会效仿"，也包括了从效仿的动机到效果、从效仿中的"创新"到原模型的"失灵"、从社会环境对新组织发展的制约到新组织对环境的影响等多个方面，力图深入理解我国科学制度和科学政策形成与演变的特性，并在此基础上探索进一步深化我国科学体制改革的制度建设方向和有效的政策措施。这对于推动我国科学发展以及建设创新型国家具有重要的实践意义。

三、相关研究现状

本研究以 NSF 和 NSFC 的同行评议为中心，开展中美科学制度与科学政策的比较研究，既有理论探索的旨趣也有经验研究的内容，涉及科学论的诸多领域，但与本研究的具体主题直接相关的研究主要包括四个方面：同行评议研究、美国科学政策和 NSF 政策研究、中国科学政策和 NSFC 政策研究、中美国家科学政策比较研究。

就现今国际国内的相关研究现状看，运用科学社会学和制度经济学等理论，以两国类似机构成立与发展的历史为线索，从宏观到微观的多层次、多视角、系统而深入地开展中美两国科学制度与政策的比较研究似尚无先例。尤其是本研究通过 NSF 和 NSFC 同行评议的相关政策与制度，考察两国科学制度的基本特征、科学政策的基本理念、科学政策形成与演变的机制、制度环境对科学政策实施效果的影响以及我国科学制度与政策的"跨社会效仿"等重要问

---

① 埃莉诺·韦斯特尼著，李萌译，模仿与创新：明治日本对西方组织模式的移植，北京：清华大学出版社，2007 年。

题，均具有一定的开拓性。

就本研究主要涉及的四个方面的研究而言，前人或有所涉及或有个案、专题研究，也有一些探讨提出了有启发性的论点，这些均为本研究所参考。但总的来说，这些研究缺乏国家层面的比较研究，系统深入也有待加强。具体论析如下：

（一）在同行评议研究方面

鉴于同行评议在科学评价活动中使用的普遍性，大凡关于科学评价的研究几乎都会涉及同行评议。国内外以科学资助机构同行评议为主要内容的研究大致集中在两个方面：一是对作为项目遴选机制的同行评议本身的研究，重点讨论的是评议过程及其结果的有效性与公正性等问题；二是以同行评议为中心，进行科学社会研究和科学政策研究。国内的相关研究基本上属于第一类，重点探讨评议方法、评议程序、评议人规范等技术性问题，比较系统的研究是吴述尧主编的《同行评议方法论》[①]。不过，这些研究多驻足于同行评议的具体操作层面，深入到运用相关理论方法开展学理分析的还不多，特别是从国家科学政策的角度将同行评议作为一种制度安排而不仅仅是科研资源配置手段进行系统考察等，尚似阙如。国外的相关研究则两类皆有，如科尔兄弟（Jonathan R. Cole and Stephen Cole）等对 NSF 同行评议的专项研究[②]，史蒂芬·科尔在 NSF 同行评议经验研究的基础上对"科学的制造"过程的研究[③]，楚宾等（Daryl Chubin and Edward Hackett）运用科学社会学和科学政

[①] 吴述尧主编，同行评议方法论，北京：科学出版社，1996 年。笔者参与了以该书为集成性成果的"同行评议方法论"课题的研究，并参加了该书的统稿工作。这里需要指出的是，由于同行评议过程中评议人的行为及动机与评议结果之间关系的问题，的确是个旁人难以观察并加以测度的"黑箱"，因此对科学资助机构的同行评议机制中技术性问题的研究，应该说有相当的难度。但 NSFC 的科学部工作人员可以利用其评议组织者的便利身份，开展相关研究，如：杨列勋，对基金项目同行二次通讯评议的案例分析，中国科学基金，2003（1）：50－53。

[②] 斯蒂芬·科尔、里昂纳德·鲁宾、乔纳森·科尔著，中国科学院科学基金委员会译，美国国家科学基金会的同行评议，中国科学院科学基金委员会办公室，1985 年。

[③] 史蒂芬·科尔著，林建成、王毅译，科学的制造，上海：上海人民出版社，2001 年。

治学等理论方法开展的以同行评议为中心的美国科学政策研究[1]等。但是，此类科学政策研究基本上是以一个国家为研究对象的，没有进行国别比较，也未通过同行评议来探讨更具普遍意义的不同国家科学制度与科学政策形成与演变的机制，至于对中国的相关研究更是难以见到。

（二）在美国科学政策和 NSF 政策研究方面

国内对美国科学政策和 NSF 政策的研究严格说来迄今还处于"初级"阶段。在国内研究美国科学政策的系统性著作中，比较有代表性的是吴必康的《权力与知识——英美科技政策史》[2]，其中的美国部分以历任总统的科技政策为主，对美国自建国到冷战结束的科技政策进行了较为系统的历史回顾。但此类研究没有深入到专门对科学政策进行考察，而且以介绍基本情况为主，缺乏理论分析。另外，国内学者的相关研究多是针对美国某一具体的科学政策或资助政策，较好的如李正风对美国联邦政府科学研究绩效评估政策的考察[3]、段异兵对美国 NSF 优先领域的研究[4]等，但也还没有深入到系统性的考察研究。国外（主要是美国）的相关研究则有历史的、政治的、经济的、社会的等多种视角，如考察美国科学与政治、经济、社会等的关系[5]，分析美国联邦政府科学政策的变迁[6]，等等。特别是研究美国科学政策史（包括通史和专史）、NSF 及其资助活动的历

---

[1] Daryl E. Chubin and Edward J. Hackett, *Peerless Science：Peer Review and U. S. Science Policy*, New York：State University of New York Press, 1990.

[2] 吴必康，权力与知识：英美科技政策史，福州：福建人民出版社，1998 年。

[3] 李正风，基础研究绩效评估的若干问题，科学学研究，2002（1）：67－71。

[4] 段异兵，美国国家科学基金会的优先领域资助模式分析，中国科学基金，2005（2）：215－218。

[5] Daniel S. Greenberg, *The Politics of Pure Science*, New York：The New American Library, 1967；Bruce L. R. Smith, *American Science Policy since World War II*, The Brookings Institution Washington, D. C. , 1990.

[6] David H. Guston, *Between Politics and Science：Assuring the Integrity and Productivity of Research*, Cambridge University Press, 2000；Donald E. Stokes, *Pasterur's Quadrant*, Brookings Institution Press, 1997. 后者有中译本：D. E. 司托克斯著，周春彦、谷春立译，基础科学与技术创新——巴斯德象限，北京：科学出版社，1999 年。

史考察①等，成为笔者研究美国科学政策和 NSF 资助政策的重要基础。

（三）在我国科学政策以及 NSFC 政策研究方面

国内外对我国科学政策的研究中，较有影响的如理查德·萨特米尔的《科研与革命》②，主要研究 1949 年到改革开放初期我国的科学政策。对于 1985 年进入科技体制改革之后的研究，多从宏观层面考察我国的科技体制改革，比较典型的如方新主编的《中国科技创新与可持续发展》中第三章关于"中国科技体制的形成、演进与改革"的内容③，以及加拿大国际发展与研究中心（IDRC）应我国原国家科学技术委员会之邀对我国科技体制十年改革（1986—1995）的系统性评估报告——《十年改革》④，但独立深入地专门研究我国科学政策及其变迁的则很少见。有的研究针对我国特定领域的科学政策，但也多以描述性介绍为主，缺乏深入的理论架构或分析深度，如王德禄等人对我国大科学政策的研究⑤等。还有的研究因其对象是我国的科学共同体，虽不直接研究科学政策，但对于本研究也有一定的参考价值，如曹聪的《中国的科学精英》⑥。国内对 NSFC 政策的相关研究很多，包括 NSFC 工作人员立足本职评议工

---

① J. Merton England, *A Patron for Pure Science: the National Science Foundation's Formative Years, 1945-57*, National Science Foundation, Washington D. C. , 1982; Milton Lomask, *A Minor Miracle: an Informal History of the National Science Foundation*, Washington D. C. : U. S. Government Printing Office, 1976. 后者有中译本：米尔顿·洛马斯克编，李宗杰译，小奇迹——美国国家科学基金会史话，武汉：华中工学院出版社，1982 年。(NSFC 成立后，该中译本曾作为其工作人员的必读书，人手一册，NSFC 对 NSF 经验的重视程度由此可见一斑)

② 理查德·P. 萨特米尔著，袁南生等译，刘戟锋校，科研与革命，北京：国防科技大学出版社，1989 年。

③ 方新主编，中国科技创新与可持续发展，北京：科学出版社，2007 年，pp. 84-109。

④ 中华人民共和国科学技术委员会、加拿大国际发展研究中心，十年改革——中国科技政策，北京：北京科学技术出版社，1998 年。

⑤ 王德禄、孟祥林、刘戟锋，中国大科学的运行机制：开放、认同与整合，自然辩证法通讯，1991 (6)：16-24。

⑥ Cong Cao, *China's Scientific Elite*, London：Routledge, 2004.

作进行的政策探讨①，但总的说来也是以经验总结和政策解释居多，运用科学社会学等理论方法开展的系统深入的研究较少。

（四）在中美科学政策比较研究方面

严格地说，迄今国内外尚无针对中美科学政策进行系统比较的有影响的专题研究。一些国内文献在研究或介绍美国科学政策时，有的在结语部分简单提示美国经验对我国的启示。②国外针对不同国家科学制度和科学政策的比较研究，旨在探索和发展比较研究的理论建构，一般包括特定理论框架之下若干国家的分别研究或比较研究，如沃克尔（Mark Walker）等对包括中国在内的几个国家所进行的有关意识形态对科学所产生的影响的研究。③这些研究往往由于限于特定的问题或对中国当代科学活动的了解缺乏可靠的经验与数据支撑，因此研究的线条较为粗略，研究不够系统，也很难深入。

毫无疑问，以上四个方面的研究成果对本研究具有十分重要的意义，不仅直接构成了本研究的相关基础，而且为笔者认识同行评议在科学政策分析中的地位以及理解中美两国科学政策的特点提供了理论方法上的启示。然而如前所述，这些研究以中国为研究对象时缺乏系统的理论框架和分析工具，以美国为研究对象时又难以为研究中国科学政策提供直接的理论方法借鉴，尤其是针对中国科学政策的研究还没有在制度层面上基于可靠的经验研究进行深入系统的分析，更没有见到有研究探讨改革开放以来中国科学制度和科学政策的形成及演变的过程中"跨社会效仿"这一重要问题。显然，要研究这一问题，仅仅从科学本身或中国科学政策本身的角度来考察是不够的，还必须以当代中国整体社会变迁为背景，结合国家与

---

① 这些研究成果主要刊登在 NSFC 的机关刊物《中国科学基金》上。该杂志于 1986 年创刊，最初为季刊，后扩展为双月刊，以宣传 NSFC 政策，展示 NSFC 资助成果，探讨科学基金资助政策与管理机制等为宗旨。

② 这样一种模式似乎成了国外科学政策研究的基本模式，如：龚旭、夏文莉，美国联邦政府开展的基础研究绩效评估及其启示，科研管理，2003（2）：1−8。

③ Mark Walker（ed.），*Science and Ideology：a Comparative History*，London：Routledge，2003.

社会的边界重塑下国家与科学间关系的变化分析，以及结合对中国科学政策所效仿和借鉴的美国"模型"进行研究，才有可能准确全面地把握中国科学发展中"跨社会效仿"及其后果的问题。

本研究力图凸显这样的研究特色：理论研究与经验研究相结合，学理分析与实证考察相结合，史实梳理与演进追溯相结合，注重历史考察与逻辑分析相联系，将微观研究寓于宏观研究之中，从国家科学资助机构的资助政策与评议政策等微观层面的比较入手，揭示国家科学制度与科学政策等宏观层面的深刻意义，不仅就我国科学政策制定和 NSFC 同行评议的改进提出建议，而且试图在理论上形成研究分析我国科学制度和科学政策的基本方法框架。

四、研究框架与研究方法

本研究通过梳理体现中美两国科学政策的 NSF 和 NSFC 同行评议比较研究的基本资料，尤其是包括原始档案、统计数据、政府报告在内的大量的一手材料，本着历史与逻辑相一致的原则，借鉴科学社会学、制度经济学、知识政治学等学科的理论与方法，建构起不同国家科学政策比较研究的基本框架，将以往的思辨性、经验性和手段性研究，推进到系统性和理论性研究的探索阶段。本研究不仅针对评议活动本身而且就影响评议活动的国家科学体制和资助政策及其环境背景与变迁开展研究，使具有广泛意义的同行评议研究进入到一个新阶段；不仅针对个别具体的政策热点而且针对国家科学政策的演变机制开展研究，使国家科学政策比较研究得到拓展与深进，而且通过比较研究来认识自身，从全球视野来考察中国，探索研究深化的可行道路。

值得重视的具体方法可以集中于以下几个方面：

首先，注重理论方法的借鉴与创新。对于研究而言，适当的理论框架不仅可以使纷繁的现象世界变得易于理解，而且可以将研究引向深入，便于探索规律性和普适性的问题。本研究综合运用科学社会学等理论，建立起中美科学政策的比较分析框架，试图贯穿宏观与微观层面的政策比较。例如，运用科学社会学理论，揭示科学的奖励系统和规范系统的内在矛盾，这是造成同行评议公正性与有效性冲突的要因；运用制度经济学理论比较中美科学体制的特点，提出在国家科学制度变迁中也存在诱致性变迁与强制性变迁的不同类型，而 NSF 和 NSFC 的成立可以看做是这两种制度变迁的典型代表，反映了新的制度安排与其制度环境之间的不同作用，进而影响到各自进一步发展的路径；运用科学社会研究的相关理论考察科学政策的形成与发展，指出资助机构包括评议政策在内的政策制定，是在科学与社会之间不断"转译"的过程，其开放性与复杂性在一定程度上决定着政策的稳定性。

其次，注重一手文献的发掘与整理。本研究通过对 NSFC 成立与发展历史的一手文献进行发掘、整理与分析，包括 NSFC 成立之初的工作办法等现有研究中使用很少的档案资料，同时运用国内几乎没有关注到的 NSF 早期的年度报告等一手文献，归纳与提炼两个机构资助政策的发展脉络及其与国家科学政策之间的关系。特别是在发掘 NSFC 成立前后相关史料的基础上，对同行评议制度在中国的建立进行了政策性解读，提出由科学家精英团体所提议的这一制度的建立，不仅应看做是国家科研经费分配方式的创新，而且可以标志着改革开放之后政府与科学之间新型关系的建立。

再次，强调国家科学制度与科学政策的不同以及科学政策与制度环境的关联。本研究运用制度主义理论，指出科学制度是国家科学领域正式制度与非正式制度的总和，而科学政策只是科学正式制度的组成部分，前者具有较为稳定的结构，而后者则具有时效性与灵活性。此外，正如人们日常所观察到的，制定政策的过程十分复杂，即使一项政策的制定出于良好的初衷，但由于受到政策实施所处的制度环境的影响，政策实际运行的效果往往与其制定的初衷相悖离。因此，本研究在国家科学政策和机构资助政策研究中，不仅重视对官方文件的解读，而且通过分析"具体而微"的政策措施，考察政策措施与之实施的制度环境间的关系，以及政策的实际有效性，以求全面而准确地动态把握政策从形成到实施的全过程。

最后，着力于统计数据的运用与动态跟踪研究。统计数据的运用是科学政策研究中不可或缺的方法，通过经验数据的积累、比较和分析，不仅可以监测同行评议运行的状况，而且可以在动态跟踪中发现规律性问题，也便于对一些存在意见分歧的具体问题进行检验和说明，可弥补静态研究方法的不足。本研究力图运用大量可资比较的数据（如 NSF 和 NSFC 同行专家库的数据），其中不少是2000 年以来的数据，用以跟踪 NSF 和 NSFC 的评议政策与评议活动的动态发展情况，并对此作出合理的解释。

五、拟解决的问题

本研究拟解决的主要问题有以下几个方面：

（一）比较研究的基准

尽管现代科学在许多国家已成为社会生活不可分割的部分，科学知识乃至科学活动的管理模式也往往被视为具有普遍性和同一性，但是科学作为一种社会建制，其产生和发展的动力机制及影响因素又与其所处的社会、经济、政治、文化等环境密切相关，各国科学制度和科学政策的演变表现出很强的"路径依赖"。那么，不同国家的科学制度与政策是否可以相互比较和借鉴呢？现实中的情形是：许多国家，特别是发展中国家科学制度发展的历史表明，科学制度变迁的确发生在不同制度的渗透与借鉴中！在一个全球化日益加剧的时代，各国科学制度和科学政策的创新会在多大程度上表现出普适性和本土性的特征？对发达国家和发展中国家的科学政策进行比较时，应当从哪些方面入手？本研究所选取的比较对象是 NSF 和 NSFC，一方面是因为中美两国可以作为发展中国家和发达国家的典型代表，另一方面这两个机构的建立具有类似的历史契机，而且其核心运行机制都是同行评议，NSFC 不少政策在形成过程中实际借鉴或效仿了 NSF 的经验，因此也使得比较具有可靠的起点。

（二）科学与社会的张力

无论是在发达国家还是发展中国家，科学与其所处环境各领域间的关系都面临着日益紧密且复杂的局面，来自科学共同体内部的自主性要求与来自外界的社会责任诉求同时并存。然而，这两方面相互冲突的主张能否协调一致？怎样通过两者之上更为宏观的国家科学政策同时满足两方面的要求？本研究表明，国家与科学并非是"天然的"对立面，在开放的制度结构与动态的协调机制下，两者可以形成良性互动的关系——国家科学资助机构可以采取适当的方式，将国家对科学的要求"转译"为既服务于国家目标的实现也有利于其自身发展的政策。尽管同行评议能够在一定程度上保证科学自主性，但同行评议不能解决科学资助机构的所有问题，要满足国家对科学的需求，还必须通过同行评议之外的其他政策加以实现。

（三）制度与环境的解析

同行评议作为国家科学资助机构优化资源配置的重要制度安排，其系统结构与功能作用是否具有普适性？怎样才能充分发挥同行评议的作用？特别是在科学体制化尚不成熟、科学自主性较为脆弱的发展中国家，需要为同行评议的有效运行提供何种制度环境和政策支撑？在同行评议运行中所出现的问题当中，哪些是其本身的问题，哪些是由于制度环境和政策支撑的缺乏而产生的问题？本研究通过对 NSF 和 NSFC 同行评议的比较，分析 NSF 相关政策的形成背景与运行条件，指出哪些政策措施是针对同行评议本身所存在的普遍问题的，哪些是 NSF 根据本国的特殊性问题而制定的，从而探讨哪些政策措施是 NSFC 可以借鉴的，哪些在 NSFC 实行的条件还不成熟。

（四）理论方法的整合

同行评议既是科学共同体进行评价的集体行动，又是由每个科学家个体所承担的评价行为；既是资助机构微观层面分配科研经费的一种手段，又是国家宏观层面发展科学事业的制度安排。因此，相关理论对同行评议的研究都有其不同视角和侧重点。例如，科学体制社会学关注科学的奖励系统等科学发展的制度化目标，科学知识社会学强调微观层面评议人在评议过程中的作用，"服务于科学的政策"主张通过同行评议保证科学的自主性，"服务于政策的科学"注重科学对社会责任的担当，等等。通过怎样的理论建构才能将不同层次的现象和不同性质的行为联系起来，从而在总体上加以系统分析？本研究试图通过制度理论对上述学说进行一定程度的整合，探讨在类似的制度安排形式背后其运行状况与效果的决定性因素。比如，将国家科学政策演变与科学制度变迁相联系，将微观层面的评议系统与国家科学体制、甚至政治经济体制相联系，将影响同行评议过程公正性的因素分为制度性因素和非制度性因素，提出针对由于不同类型的因素而产生的不公正，可以采取不同的政策措施加以解决，等等。

六、研究内容

本研究主要分为五个部分，前有导论，后有结语。概括地说，第一章是本研究相关的基本理论阐述，为以下的实证研究奠定理论基础；第二章主要比较中美两国宏观科学政策，以揭示两国科学体制的特点、科学制度变迁的模式以及国家科学资助机构的地位和作用等；第三章是贯穿宏观政策和微观政策的比较，尤其是通过 NSF 和 NSFC 各自的宏观资助政策和微观评议政策演变过程及机制的比较，考察各自国家科学政策在宏观与微观层面上的一致性问题；第四章和第五章以微观政策比较为主，通过分析两个机构针对同行评议的公正性与有效性而制定的相关政策，指出不同制度环境下同样或类似的科学政策效果不同，解决同样或类似的问题也可以采取各异的途径。

具体章节的内容安排如下：

第一章旨在给出本研究的总体性理论阐释与分析工具。亦即以同行评议为线索，通过系统考察西方传统科学观和经典科学政策思想的影响及其遭受的质疑，阐述科学作为一种认识活动和社会制度具有自主性与社会性的双重特性，说明同行评议在国家科学政策中的重要作用；通过考察国家资助科学活动的基本理论，指出国家科学资助机构采用同行评议制度的必要性与必然性；通过考察研究发展中国家科学的三种研究进路，指出制度理论对于研究发展中国家科学制度化进程的独特优势，强调比较研究方法是考察发展中国家科学制度与科学政策的形成与演变的重要途径。

第二章通过考察 NSF 和 NSFC 的成立与发展的历史，运用制度经济学的理论方法，指出中美两国科学制度变迁的不同模式，进而分析不同模式下建立起来的 NSF 和 NSFC 分别在两国科学体制中的地位与作用。通过比较两个机构的组织结构以及同行评议系统，指出尽管 NSFC 效仿与借鉴了 NSF 的经验，将其核心运行机制确立为同行评议，但由于这两个机构处在具有不同政治经济制度的国家，NSFC 的组织管理体制必然受到国家基础制度的制约，其同行评议系统也受到国家科学政策和科学发展水平等因素的影响。

第三章重点研究国家科学政策和科学资助机构政策演变的机制，分析资助机构的宏观政策与评议准则所体现的微观政策之间的关系。重点剖析科学政策中重要概念"基础研究"内涵的变化及其成因，阐释 NSF 的资助政策与评议准则的演变，说明国家科学政策对 NSF 同行评议政策的影响方式与途径。通过考察 NSFC 资助政策与评议政策的变化，揭示了其宏观政策与微观政策之间所存在的不一致问题，指出 NSFC 效仿与借鉴国外先进经验固然重要，但更重要的是建立起针对自身问题并推动自身发展的、具有内部张力的政策结构。

第四章集中研究同行评议的公正性及其相关问题。通过深入解析影响同行评议公正性的制度性因素与非制度性因素，指出公正性问题不仅仅是同行评议本身的问题，不仅评议制度和评议人的个人行为可能造成评议不公正，而且科学资助机构的外部政策环境和评议条件也会对同行评议的公正性产生影响。分析对比 NSF 和 NSFC 为实现同行评议的公正性而采取的政策措施和保障制度，进而指出具体的政策措施与制度安排都要求得到一定的环境条件作为支撑，围绕着好的政策措施建立起保证其实施的制度环境，比简单地效仿一项好政策更重要。结尾部分还提出了 NSFC 提高评议公正性的具体政策建议。

第五章重点分析同行评议在实现国家科学政策的总体目标中的优势与局限，强调同行评议作为国家科学资源配置的基本制度安排的不可替代性，同时也指出资助机构需要采取弥补性政策以克服其制度性局限。着重指出对于国家科学资助机构而言，以科学家同行学术判断共识为基础的同行评议制度，在本质上不利于创新性研究和学科交叉研究；通过考察 NSF 和 NSFC 鼓励高风险创新性研究和支持学科交叉研究的评议政策与资助政策，探讨不同组织管理模式下各自政策的有效性，特别指出了 NSFC 在借鉴 NSF 经验中的"创新性效仿"。

结语部分进一步讨论了关于科学制度演进与科学政策变迁等几个方面的问题，同时还针对科学制度与科学政策的"跨社会效仿"的一般性问题，总结了几点基本结论：科学制度与科学政策的"跨社会效仿"是可能的，这是由科学具有一定的普适性特点所决定的，但这种效仿所产生的效应是复杂的，既为后发国家提供了形成"后发优势"的可能性，也可能会产生"后发劣势"问题；即便是先进的制度或政策也有其适用范围和局限性，后发国家必须针对其科学发展面临的实际问题，在本国现有制度结构的基础上，构建起彼此关联、相互配套的政策手段与制度安排，否则，就不可能通过借鉴发达国家的先进经验而真正实现"创新性效仿"和"跨越式发展"。

第一章
同行评议 —— 科学政策研究的独特视角

> 即使"最为纯粹"的科学这个"纯粹"的世界,也与任何其他世界一样,是一个社会场域,充斥着权力分配与垄断,斗争与策略,利益与所得。但是,这又是一个所有这些**因素**都以特殊的形态运行的场域。[①]
>
> —— 皮埃尔·布迪厄

现代科学制度自在西方产生以来,曾以其在观念和实践两方面体现出来的自主性为显著特征,与前现代形形色色的研究探索与智力活动区别开来。根据约瑟夫·本-戴维(Joseph Ben-David)的研究,制度化自主科学产生的标志是 17 世纪建立的英国皇家学会——其宗旨之一是使科学独立于其他探索领域,以及社会承认科学活动所遵循的自身规范独立于其他领域(如政治、宗教、文化等)的规范。[②]皇家学会作为实现了制度化的科学领域中的组织,是"一个自

[①] Pierre Bourdieu, The Specificity of the Scientific Field and the Social Conditions of the Progress of Reason, 1975, in Mario Biagioli (ed.), *The Science Studies Reader*, London: Routledge, 1999, p. 31. 黑体为原文所标。

[②] 约瑟夫·本-戴维著,赵佳苓译,科学家在社会中的角色,成都:四川人民出版社,1988 年,pp. 147 - 148。

主、独立而且得到尊重的知识分子共同体"自己的组织，是科学家自治的社会团体，其存在与运行不需要来自外部的权威。①热爱科学从事研究的人们通过这一团体，共同探讨学术问题，交流学术成果，从而将原先纯然出于个人兴趣的探究活动，发展成为体现其整体价值取向和行为规范的集体性研究行动。根据哈丽特·朱克曼（Harriet Zuckerman）和默顿的考察，英国皇家学会的官方刊物《哲学学报》所采取的由其会员对该刊论文手稿进行审查的机制，正是同行评议在科学活动中的最早实践，开启了由科学家对同行的研究工作进行评价的制度化进程，建立起科学家内部有组织地进行学术交流和质量控制的有效制度。②如此看来，同行评议的起源与具有自主性的现代科学制度的产生有着某种历史一致性。因此，从一定意义上也可以说，同行评议与自主科学之间存在内在的联系，甚至可以说，前者就是后者不可分割的社会机制。三个多世纪以来，由科学共同体自身评判科学活动及其成果价值的"同行评议"，一直被视为自主科学或科学自主性的象征。

然而，正如本书在导言开篇引述布迪厄的担忧所表明的那样，如今，科学的自主性"已经大为减弱"。这不仅是因为科学所处的社会环境变得更加复杂，科学所需的各种资源对外部世界的依赖性日益加大，科学在其运行过程中与政治、经济、社会的互动愈加密切，而且还因为人们对科学的认识与观念发生了改变——越来越多的人意识到，得到巨额公共财政支持的科学不可能也不应当仅仅谋求以其自身为目的的发展模式，科学与其他领域之间原先曾经被界定得很清晰的边界已变得模糊且不确定，政府制定科学政策的传统

---

① 约瑟夫·本-戴维著，赵佳苓译，科学家在社会中的角色，成都：四川人民出版社，1988 年，p. 141。

② 详见哈丽特·朱克曼，R. K. 默顿，科学评价的制度化模式，载：R. K. 默顿著，鲁旭东、林聚任译，科学社会学，北京：商务印书馆，2003 年，pp. 633－680。有人将1416 年威尼斯在世界上首先实行专利查新制度看做是同行评议在科学活动中的肇端，笔者认为这种说法是不确切的。因为专利，特别是早期的专利更多的属于技术发明活动的范围，不是纯粹的科学活动，因此，专利查新还不能看做是科学评议活动。

理念、机制与方法也随之受到挑战。与此同时，这些变化又使得科学本身的图景变得更加缤纷莫测，使得科学系统内部对研究质量进行控制的传统机制——同行评议——变得更加富有争议。事实上，一些西方国家围绕同行评议的运行及其评价所产生的争议与变化，映射着政府与科学之间边界的变动，反映了国家科学政策的演变，甚至标志着国家与科学间关系的转型。

本章先从考察科学观入手，分析人们对科学的认识与理解及其对科学政策产生的影响。长久以来，在关于何谓科学的观念中，占据主导地位的传统主张一直将科学视为人类对自然界的客观认识，认为科学活动在认识论、方法论以及社会规范等方面均具有不同于其他知识活动的特殊性，科学知识较之其他知识而言具有与客观真理相联系的优越性。西方的经典科学政策就建立在此类科学观之上，主张将科学作为例外而加以特殊地对待。然而，兴起于 20 世纪 70 年代的社会建构论则反对这一主张，认为科学在本质上同其他知识（宗教、意识形态等）一样也是社会建构的产物，并以此解构传统的科学例外论主张，要求将科学"放回到社会之中"①。在分析这些主张的过程中，笔者将要着重表明的是，无论是作为传统科学观下科学运行的核心机制，还是作为科学的社会建构论所解构的对象，同行评议都是人们所关注的议题。

国家科学资助机构是集中体现国家科学政策的组织形式。第二次世界大战之后，以美国国家科学基金会的成立为标志，代表着西方经典科学政策的形成与确立——国家科学资助机构的设立体现了战后政府将支持科学研究纳入其应尽义务的理念，而资助机构以同行评议为核心机制的运行模式则体现了科学例外论的思想。本章将运用近年来科学政策研究中较为前沿的委托代理理论，分析国家科

① Susan E. Cozzens and Thomas F. Gieryn, Introduction: Putting Science back in Society, in Susan E. Cozzens and Thomas F. Gieryn (eds.), *Theories of Science in Society*, Indiana University Press, 1990, pp. 1 –14.

学资助机构的基本特征和科学政策问题，揭示同行评议作为其核心运行机制所面临的挑战。

毫无疑问，发展中国家的科学历程不同于西方国家，因而分析发展中国家科学政策的理论框架与研究方法也会不同于西方国家，至少在侧重点上会有所不同。本章将阐述制度理论和比较分析对于发展中国家科学政策研究的重要意义以及在研究实践中的可行性，特别是当发展中国家通过"移植"或"效仿"发达国家的科学制度与科学政策而发展本国的科学事业时，运用比较分析的方法来研究这种"跨社会效仿"的现象就更加必要了。

第一节 传统科学观与科学例外论

一、传统科学观——为科学划定边界

迄今为止，大多数人们（包括科学家与非科学家）对科学的理解深受传统科学观——亦即瑟乔·西斯蒙多（Sergio Sismondo）所称的常识科学观[①]——的影响。人们往往认为科学是一种特殊的智力活动，科学家在科学规范的指导下，运用科学方法，积累关于自然界的客观知识。这一传统科学观不仅流传甚广，而且在哲学和社会学的学理上得到了优雅而精致的阐述。无论是哲学中的实证主义与证伪主义，还是社会学中的结构功能主义，这些关于科学的传统主张的共同之处在于"试图定义什么是科学"[②]，并借此在科学与非科学之间划出截然的界限，只不过这些主张各自提出的划界标准和方法有所不同。

早期为科学划界的尝试主要是从哲学的角度进行的，以强调科学在认识论和方法论上的独特性。实证主义的创始人、法国哲学家

[①] 瑟乔·西斯蒙多著，许为民等译，科学技术学导论，上海：上海科技教育出版社，2007年，p. 1。
[②] 同上，p. 9。

奥古斯特·孔德（Auguste Comte）在他提出的三阶段进化规律中，通过突出实证科学在方法论上的优势，将科学与另外两种他认为处于较低阶段的知识类型（神学和形而上学）区别开来。其理由是，只有科学运用了"推理与观察"相结合的方法，建立起关于自然界"连续且相似"的法则。①后来影响更加广泛的逻辑实证主义将可证实性作为科学最显著的特征，指出科学之所以成为科学并不断累积增长着的知识，其本质在于**科学的**理论或模型可以不断地从经验事实中得到证实，从而使得人们能够掌握"既定的"、即便是科学家也"不能控制的"自然规律。②卡尔·波普尔（Karl Popper）以证伪的方法替代了证实的方法，以此作为判断科学的方法论准则，从而将不具有可证伪性的主张（包括形而上学、意识形态与伪科学）都归入非科学的范畴。③总之，在实证主义者看来，科学与非科学之间有着先验的截然界限，无论是证实抑或证伪，都是发生在科学共同体内部的活动。很显然，证实或证伪的核心是科学家对新的科学主张和科学知识体系所进行的评价，因此，科学共同体内部的评价活动也就是接纳科学和拒斥非科学的过程，是促进与见证"科学知识的增长"（波普尔语）的过程。

作为科学社会学家，默顿从社会学的视角探讨了科学在体制上的特殊性，亦即他将科学视为一种相对独立而完整的自主社会制度，从而探讨"知识增长与科学共同体的社会组织间存在的内在关联"④。

① Thomas F. Gieryn, Boundary-work and the demarcation of science from non-science: strains and interests in professional ideologies of scientists, *American Sociological Review*, 1983（48）: 781－795.
② 史蒂芬·科尔著，林建成、王毅译，科学的制造，上海：上海人民出版社，2001年，p. 8。
③ 托马斯·吉瑞恩，科学的边界，载：希拉·贾撒诺夫、杰拉尔德·马克尔、詹姆斯·彼得森、特雷夫·平奇主编，盛晓明、孟强、胡娟、陈蓉蓉译，科学技术论手册，北京：北京理工大学出版社，2004年，pp. 300－341。
④ Barry Barnes and David Edge, The Organization of Academic Science: Communication and Control, in Barry Barnes and David Edge (eds.), *Science in Context: Readings in the Sociology of Science*, The Open University Press, 1982, p. 13.

就对科学知识的本质的看法而言，默顿与实证主义者的观点一致，认为科学知识是"经验上被证实的和逻辑上一致的对规律的陈述"①。在此基础之上，他运用结构功能主义进一步考察了科学作为一种自主的社会制度的特性。默顿指出，既然"科学的制度性目标是扩展被证实了的知识"，那么，构成科学制度诸系统的结构及其功能就会围绕这一制度性目标的实现而构建与展开。默顿认为，尽管历史上彼此大相径庭的社会结构都曾为科学的发展起到过某种支持作用，然而，正是构成"现代科学的精神特质（scientific ethos）"的四项社会规范为科学"最充分的发展提供了制度环境"。这四项规范是：（1）普遍性（universalism），科学真理具有普遍性，这是由自然规律的普遍性和科学知识的客观性所决定的。普遍性要求对科学发现的价值判断以及对科学共同体成员的地位评价必须服从于"先定的非个人性的标准"，而不依赖于作出发现的科学家的个人特性或社会属性。（2）公有性（communism），科学上的重大发现是科学共同体协作的产物，因而归属于这个共同体，科学家对自己的科学发现的知识产权要求只限于"对这种产权的承认与尊重"。这就要求科学家充分并公开地交流其研究成果，承认其科学发现对前人及其同行研究的依赖性。（3）无私利性（disinterestedness），科学家从事科学活动和创造科学知识的唯一目的在于发展科学本身，而不是为了谋取个人私利。默顿特别指出，无私利性规范并不单纯是对科学家提出的道德要求，而且也是科学这种体制对从事科学活动的人们提出的制度上的要求，即科学家的研究及其成果的可证实性必须得到同行专家的严格审查。（4）有组织的怀疑（organized skepticism），这一规范既是方法论的训令也是制度上的要求。具体而言，在方法论上要求科学家按照经验和逻辑的标准，对已有的和具有潜在可能的研究结论进行质疑；在制度上则要求通过同行评议等"有

---

① 本段落引用的默顿的著述均来自 R. K. 默顿著，鲁旭东、林聚任译，科学的规范结构，载：科学社会学，北京：商务印书馆，2003 年，pp. 361 –376。

组织的"方式，对同行的研究工作进行批判性评价。依据上述四项规范，默顿将科学制度与包括政治、宗教等在内的其他社会性制度区分开来。他从自己对纳粹德国的专制体制破坏科学的切肤之痛出发，指出集权主义社会下"反理智主义和中央集权的制度"破坏了科学的社会规范，限制了科学活动的范围，产生了非科学的知识生产活动。在默顿的心目中，围绕着科学的制度化目标而开展的各种科学活动（包括评价活动在内）都应当遵循或实际遵循着科学的社会规范而进行，因此不需要外部力量的介入。

二、科学例外论与科学自主性

上述关于科学知识的本质、科学方法的特征、科学活动的目的以及科学制度的规范等传统的科学观，在孕育和发展了现代科学事业的西方社会深入人心。事实上，在西方文化传统中一直有一种"为学术而学术"的主张，这一主张预设了学术追求真理的特性，既将学术置于至高无上的地位，又为学术免受外界干预设置了理由。从亚里士多德关于求知与实用目的无关的观念①，到启蒙运动时期人们对人类理性的信仰②，再到迈克尔·波兰尼（Michael Polanyi）提出的"科学共和国"的概念，都贯穿着学术崇高、科学自由的回响。

更重要的是，以默顿为中心的科学体制社会学家通过理论分析与经验研究，试图揭示与验证科学的"实际运行"确实呈现出默顿所指出的科学的社会规范，并以此"成功地说服了"决策者和广大的社会公众，从而有助于确立起科学在 20 世纪的认知权威地位。③

---

① 亚里士多德著，吴寿彭译，形而上学，北京：商务印书馆，1959 年，p. 5。

② 18 世纪法国哲学家孔多塞（Antoine de Condorcet）是启蒙运动时期的杰出思想家之一，他对人类理性力量的推崇极具代表性。他明确指出，科学对社会进步的作用更多的不在于其实用性，而在于增进人类理性，赋予人的心灵以自由，最终实现人类社会的进步——因为科学以"一条解不开的链锁把真理、幸福和德行都联系在一起"（安东尼·孔多塞著，何兆武、何冰译，人类精神进步史表纲要，北京：生活·读书·新知三联书店，1998 年，p. 196）。

③ Sheila Jasanoff, Contested Boundaries in Policy-Relevant Science, *Social Studies of Science*, 1987（17）：195 – 230。

正是基于科学所具有的与客观真理相联系的权威地位，使得科学在政府的政策制定中往往被作为"例外"加以对待。科学政策专家将政府支持科学的经典主张归纳为四种"例外论"，即：知识论例外论、柏拉图式例外论、社会学例外论和经济例外论。[1]简单地说，第一种主张强调科学在本质上具有与真理相联系的普遍性与可检验性，第二种主张突出科学排斥外部干预的专业特性，第三种主张依据的是默顿提出的科学所具有的特殊的社会规范，第四种主张认为国家投资于科学也许在短期内难以产生经济效益但是必定会在将来获得收益。虽然这些例外论所依据的主张不同，而且它们对科学政策的影响各异（前三种例外论更多地为科学提供意识形态方面的支持，要求为科学提供独立于其环境之外的一种隔离状态，而经济例外论最具实用主义色彩，要求为科学提供实际的经济支持），但无论是哪种例外论都立足于维护科学自主性和坚持科学自治的思想。

苏珊·科岑斯（Susan Cozzens）指出，自主性在社会学研究中一般是指一个集体建立起社会认同、拥有相对稳定的资源以及具备内部社会控制系统的状态。而当自主性这个词与科学相联系时也有着多重含义。[2]在个人层面上，自主性既指科学家个人在日常的研究工作中对自己如何开展研究所拥有的自由决定权，也指他们能够自主决定自己科学生涯和科学研究的长期发展方向；在由某个学科的科学家所组成的专业共同体层面上，自主性是指科学家通过创办科学期刊、组建专业学会、承担同行评议等专业性活动而实现的"结构性自主"；在国家乃至全社会的层面上，科学作为一个整体而具有的自主性是指科学研究免于受到来自政治、经济、宗教等方面的控

---

[1] 布鲁斯·宾伯、大卫·古斯顿，同一种意义上的政治学——美国的政府与科学，载：希拉·贾撒诺夫、杰拉尔德·马克尔、詹姆斯·彼得森、特雷夫·平奇主编，盛晓明、孟强、胡娟、陈蓉蓉译，科学技术论手册，北京：北京理工大学出版社，2004 年，pp. 424－437。

[2] Susan E. Cozzens, Autonomy and Power in Science, in Susan E. Cozzens and Thomas F. Gieryn (eds.), *Theories of Science in Society*, Indiana University Press, 1990, pp. 164－184。

制与干预，由科学共同体自身通过其内部共享的社会规范对科学活动进行自我调节和自我治理，即实行科学自治。不过，正如科岑斯观察到的那样，这几个层面的科学自主性之间存在矛盾甚至冲突，特别是随着科学越来越多地受到其资助环境的影响和制约，科学家要获得个人层面的自主性往往变得十分困难，因此科学共同体对科学的自我治理——科学自治——就成为科学自主性的突出特征。

在为科学自主性和科学自治进行的辩护中，英国科学家兼哲学家波兰尼的观点非常具有代表性。他不仅认为科学研究是科学家不可剥夺的个人权利，而且坚持由科学共同体自我管理的"科学共和国"是科学发展最有效的方式。[①]他指出，科学共同体的意见"对于每一个科学家个人的研究过程产生很深刻的影响。……课题的选择和研究工作的实际进行完全是个别科学家的责任；但是对于科学发现权利的承认，是在科学家整体所表现出来的科学意见的支配之下。这种科学意见主要是非正式地发挥它的力量，但也部分地使用有组织的渠道"[②]。同行评议就是在此所说的"有组织的渠道"之一。波兰尼认为，科学研究是一门成就科学发现的艺术，由职业科学家组成的科学共同体作为一个整体，承担着培育这门艺术的职能。只有掌握了专业领域中编码知识和默会知识（tacit knowledge）且实践着科学发现之艺术、实际从事研究的科学家，才能在传承和发展科学及其传统的过程中对其同行的工作施加影响，而其他个人和团体都没有资格这样做。[③]从这个意义上说，科学家是为自己的同行而工作的，若非如此，"假使科学家习惯于把大多数同行视为怪物或江湖郎中，他们之间就不可能会有富于成果的讨论，他们也不会更多地

① Michael Polanyi, The Republic of Science, *Minerva*, 1962（1）：54－73.

② 迈克尔·博兰尼著，冯银江、李学茹译，自由的逻辑，长春：吉林人民出版社，2002年，p.57。但此处的译文引自：刘珺珺，科学社会学，上海：上海人民出版社，1990年，p.169。

③ 迈克尔·博兰尼著，冯银江、李学茹译，自由的逻辑，长春：吉林人民出版社，2002年，p.61。

相信彼此的成果，更不会按照彼此的意见行动。于是，科学进步所依赖的相互协调就被切断了。……科学实际上就会灭绝了"[①]。因此，他再三强调，由科学家同行所组成的科学共同体是科学研究唯一的"阐释者"和"评判者"。可以看到，波兰尼在科学与非科学之间划分了明确的界限，认为被划入科学范围之内的活动是科学共同体的"管辖区"，应当拒绝来自外界的干预。

第二节　科学的社会建构与"社会中的科学"

一、社会建构论对科学例外论的解构

20世纪70年代在西方兴起的以强纲领为代表的科学知识社会学（SSK）是作为传统科学观的批评者而产生的。SSK反对在科学与非科学之间划分明确的边界，不承认科学知识及其生产过程在认识论和方法论上具有特殊性，也不认为科学活动遵循着科学共同体内部所共享的普遍的社会规范，声称所谓科学事实、科学知识、科学理论、科学方法以及科学本身都是由社会建构的。社会建构论提出了关于科学的三个预设：第一，科学是社会性的而非自然且客观的；第二，科学主动建构自然而非被动地反映自然；第三，科学并没有提供一条从自然到人类关于自然的思想的"直接通道"。[②]从不那么严格的意义上讲，这三个预设似乎分别对应着对科学的社会学例外论、知识论例外论和柏拉图式例外论的解构。

在解构科学的社会学例外论方面，社会建构论者在经验研究中发现了许多科学家在日常科学实践中出现的偏离所谓"科学的社会

---

① 迈克尔·波兰尼著，王靖华译，科学、信仰与社会，南京：南京大学出版社，2004年，pp. 55 - 56。此处的译文引自：乔纳森·科尔、斯蒂芬·科尔著，赵佳苓、顾昕、黄绍林译，科学界的社会分层，北京：华夏出版社，1989年，p. 88。

② 瑟乔·西斯蒙多著，许为民等译，科学技术学导论，上海：上海科技教育出版社，2007年，p. 66。

规范"的现象，并以此说明默顿学派关于科学的规范结构的社会学分析是不充分的。通过"实验室研究"等关于科学知识生产的微观层面的研究以及关于科学史上不同学说争论的研究①，建构论者认为，科学活动的行动者并不局限于埋头实验室的科学家或科学共同体，科学的资助者、传播者、利用者甚至反对者等各利益相关者都参与其中，知识的形成过程实际上是科学实践的行动者和参与者进行社会磋商的过程。卡林·诺尔－塞蒂纳（Karin Knorr-Cetina）指出，实验室并非展示默顿的规范的场所而是展示各种利益的社会性组织，在实验室里从事研究活动的科学家"通过资源关系而非职业成员团体——诸如科学共同体——构成了社会关系之网……使他们的实验室活动处于这种关系网之中"②。科学家的研究、评议、争论、磋商等活动远非他们自己所声称的那样客观公正，不仅科学的规范结构未能阻止科学家在现实中偏离这些规范，而且甚至在科学共同体内部这些规范也还没有真正实现制度化。因此，科学的社会规范不过是由科学活动的行动者和参与者根据具体的文化和社会背景而进行选择和解释的，"不能把知识的生产看做是遵从任何一套特定的规范形式的简单结果"③。

在解构科学的知识论例外论方面，社会建构论质疑了科学的客观性、真理性和一致性的神话。巴里·巴恩斯（Barry Barnes）断

---

① "实验室研究"通过观察科学家在科学知识的生产场所——实验室中的合作行为来进行经验研究，经典的研究包括拉图尔与伍尔格的《实验室生活》（1979）、诺尔－塞蒂纳的《制造知识》（1981）、林奇的《实验室科学的技艺与人工事实》（1985）等；关于科学争论的研究集中在探讨科学家面对同一科学问题在相互冲突的解决方案之间进行选择的社会过程，著名的研究有科林斯与品奇的《意义的结构》（1982）、皮克林的《建构夸克》（1984）以及品奇的《对抗自然》（1986）等。其中部分有中译本，例如：布鲁诺·拉图尔、史蒂夫·伍尔格著，张伯霖、刁小英译，实验室生活：科学事实的建构过程，北京：东方出版社，2004 年；卡林·诺尔－塞蒂纳著，王善博等译，制造知识：建构主义与科学的与境性，北京：东方出版社，2001 年。
② 卡林·诺尔－塞蒂纳著，王善博等译，制造知识：建构主义与科学的与境性，北京：东方出版社，2001 年，p. 273。
③ 迈克尔·马尔凯著，林聚任等译，科学与知识社会学，北京：东方出版社，2001年，p. 122。

言，科学知识绝不是"不变的真理的积累"①。与其他知识一样，科学知识、特别是科学理论也受制于文化而非实在的信念体系，由于文化是变动不居的且受到时代、地域以及文化本身变迁方式等的影响，因而不同时代和不同社会的人关于自然的信念就会不同，也就不存在判定或评价何种信念是唯一合理的真理的标准。因此，与其将科学视为围绕着认识自然而形成的一种自主而独立的制度，还不如将其理解为与政治、经济、宗教等活动相类似的诸多社会文化实践活动之一，正如杰罗米·拉韦兹（Jerome Ravetz）所指出的："在任何方面，科学研究都是一项技能性的活动，它依赖于大量非形式化的、部分具有默会性质的知识。"②由于科学的认识内容是社会建构的，因此科学一致性与自然界的事实关系不大，科学研究中形成的共识具有偶然性、暂时性和不确定性，深受科学研究的社会与境（social context）和社会过程的影响，或者用托马斯·库恩（Thomas S. Kuhn）的话来说，深受科学"范式"的影响。库恩认为，只有在常规科学时期，由共同的专业教育背景和师徒关系联系在一起的科学共同体在既有范式的支配下开展研究，无论是研究的对象与问题还是理论与方法才会具有高度的一致性；而当旧的既有范式不能解释新的科学发现时，由旧范式所决定的评价程序和评价标准的一致性就出现了危机，人们不得不在相互竞争的不同研究范式之间进行选择，而选择所涉及的"价值问题只有用完全处在常规科学外面的准则才能回答"③，这一时期就是科学革命时期；不过，一旦新的范式确立，科学的一致性重又建立起来，新的常规科学才随之形成。

　　在社会建构论者看来，不仅科学与非科学没有截然的区分，而

---

① 巴里·巴恩斯著，鲁旭东译，科学知识与社会学理论，北京：东方出版社，2001年，p. 7。

② 转引自：米歇尔·卡龙，科学动力学的四种模型，载：希拉·贾撒诺夫、杰拉尔德·马克尔、詹姆斯·彼得森、特雷夫·平奇主编，盛晓明、孟强、胡娟、陈蓉蓉译，科学技术论手册，北京：北京理工大学出版社，2004 年，pp. 23－49。

③ 托马斯·库恩著，李宝恒、纪树立译，科学革命的结构，上海：上海科学技术出版社，1980 年，p. 90。

且科学产品及其生产过程之间也存在差异。巴黎学派的代表人物之一布鲁诺·拉图尔（Bruno Latour）将科学比喻为两面神雅努斯（Janus）的两副面孔，"一副是关于我们知道的，一副是关于我们还不知道的"，前者代表科学产品，即"既成的科学"（all made science），后者代表科学产品的生产过程，即"形成中的科学"（science in the making）。①这两者在许多方面都存在本质的差别，例如："既成的科学"具有客观性与普遍性，"不会向多数意见屈服"，而"形成中的科学"则是由多数人的意见所决定的②；在"既成的科学"中，"自然是使争论能够被解决的原因"，而在"形成中的科学"中，"自然将是争论解决的结果"③，等等。拉图尔反复强调，当我们谈论科学时，必须明白同时有这两种相互矛盾的科学存在。不过，在"既成的科学"和"形成中的科学"之间并没有明确的边界，因为后者中的一部分可以通过一系列复杂的社会过程进入前者的领域中。因此，在科学知识生产的复杂的社会过程中，科学与政治等其他领域之间的边界也是"社会约定"的，因而是临时性的且可变动，并非传统科学观所认为的那样是先验的、必然的与一成不变的——这样的主张不过是为了建立与维护科学的认知权威地位而已。④显然，这一结论也是对排斥外部干预的科学的柏拉图式例外论的质疑。

二、科学例外论的解构与科学政策变迁

在社会建构论者通过学理分析对传统科学观进行解构的同时，科学政策专家对科学自主性和科学共同体的自我调节机制等传统科学观的核心概念提出了质疑，特别是随着国家对科学巨额投入的不

---

① 布鲁诺·拉图尔著，刘文旋、郑开译，科学在行动，北京：东方出版社，2005 年，p. 12。

② 同上，p. 53。

③ 同上，p. 166。

④ 托马斯·吉瑞恩，科学的边界，载：希拉·贾撒诺夫、杰拉尔德·马克尔、詹姆斯·彼得森、特雷夫·平奇主编，盛晓明、孟强、胡娟、陈蓉蓉译，科学技术论手册，北京：北京理工大学出版社，2004 年，pp. 300 – 341。

断增长以及科学诚信和产出率问题的备受关注，许多科学政策制定者和科学研究管理者也加入到西方经典科学政策思想的质疑者的行列，认为科学自主性或科学自治在本质上是不可能的，要求科学走出虚幻的、甚至是自私的"象牙塔"，以承担起更广泛的社会责任。

　　哈维·布鲁克斯（Harvey Brooks）批评了将"科学共和国"的概念运用于科学政策制定的局限性，指出这一概念"在政府决定公共资源应以多大比例投资于科学事业以及投资总量应该多大的问题上，似乎是不可行的"①。其实，早在 20 世纪 60 年代初期美国政府对科学的投入持续大幅增长时，关于政府如何在不同的学科领域或科学问题之间进行选择的争论就开始了。与以往科学家一贯坚持只能由科学共同体根据学术价值进行选择的观念不同，阿尔文·温伯格（Alvin M. Weinberg）指出，作为在某个领域具有专长的科学家无疑可以判断研究应当"如何"进行的问题，但是却不能回答"为何"自己的领域比其他领域重要的问题，因而他提出了科学选择的一套新准则（即温伯格准则），包括内部准则和外部准则两部分。内部准则可运用于评判特定科学领域内部的问题，如：该领域在科学上是否具有进一步发展的基础？科学家是否有能力进行该领域的研究？外部准则可运用于回答特定科学领域以外的与技术价值、科学价值和社会价值相关的问题，如：该领域的研究能否实现所需技术的开发？该领域的研究能否促进其他学科的发展？该领域的研究能否为社会目标的实现有所贡献？温伯格认为，内部准则的评判可以由研究共同体（往往以同行评议的方式）进行，而外部准则的评判则应引入研究共同体以外的力量。②布鲁克斯指出，到了 70 年代，人们已经基本达成共识，"科学家不能决定社会目标，而政治家或公众

---

① Harvey Brooks, The Problem of Research Priorities, in Gerald Holton and Robert S. Morison (eds.), *Limits of Scientific Inquiry*, New York: W. W. Norton & Company, Inc., 1978, pp. 171 –190.

② Alvin M. Weinberg, Criteria for Scientific Choice, *Minerva*, 1963 (I): 159 –171.

则不应决定科学方法或研究策略，也不应影响研究结论"①。他认为，尽管同行评议在用于甄别"好科学"之"真"时非常成功，但是并不适宜于判定科学之"用"。即使不是科学领域的选择而是具体科研项目的遴选，如果涉及应用科学项目，其评议准则都应同时考虑科学的内部价值与外部价值两个方面。

不过，对科学自主性更严峻的挑战来自围绕着针对科学诚信问题的解决方案而展开的争论。以美国为例。根据美国的政治传统和科学传统，政府一直将其对科学的影响限制在十分有限的范围内，相信科学共同体有能力对科学实行自我管理。但是，随着战后公共财政对科学研究投入的不断加大，国会议员开始"怀疑迅速增长的经费没有得到很好的利用"②。起初，决策者对科学活动的质疑还只是限于研究内容之外的事务性问题，以所谓的"换喻"方式要求科学实现自身对社会的承诺，即试图以可见的且容易理解的部分（如财务的可靠性）作为表征，来把握科学在整体上的绩效。③然而，当科学诚信的问题超出了财务审计领域进入到发生涉及科学研究本身的不端行为事件时，"政治家不再相信科学可以凭借自身完全实现诚信"④。科学不端行为事件的曝光对于科学例外论的解构无疑是强有力的。对科学不端行为的揭露与批判表明，同行评议未能阻止剽窃和造假等不端行为事件的发生，科学共同体自身不能承担起自我管理的责任，科学不再是人们心目中追求真理的神圣事业，从而使得

---

① Harvey Brooks, The Problem of Research Priorities, in Gerald Holton and Robert S. Morison (eds.), *Limits of Scientific Inquiry*, New York：W. W. Norton & Company, Inc., 1978, pp. 171－190.

② David H. Guston, *Between Politics and Science：Assuring the Integrity and Productivity of Research*, Cambridge University Press, 2000, p. 73.

③ Stephen P. Turner, Forms of Patronage, in Susan E. Cozzens and Thomas F. Gieryn (eds.), *Theories of Science in Society*, Indiana University Press, 1990, pp. 185－211.

④ David H. Guston, *Between Politics and Science：Assuring the Integrity and Productivity of Research*, Cambridge University Press, 2000, p. 6.

科学自主性受到了"直接的挑战"①。就决策者方面而言，对传统的科学例外论的解构，使他们在科学政策的制定中放弃了科学自我管理的传统模式，转而对科学研究采取了更加正式的激励和监管机制，不仅强化了宏观层面上通过预算审查等手段对科学事业的控制，而且发展了通过规范和审查不端行为投诉的调查程序与政策等管理科学的微观机制。其结果是，一方面政府在主观上试图通过更加积极主动的政策措施提高自身管理科学活动的水平，另一方面在客观上通过政治与科学更加密切的互动帮助政府与科学之间建立更加稳定的互信关系。此外，引入外部力量对科学进行监管与激励也在一定程度上保证了科学持久而健康的发展。

第三节 国家科学资助机构与同行评议

尽管培根和孔多塞等17、18世纪的欧洲哲学家已经预言了科学对国家繁荣和社会进步的积极作用，但直到第二次世界大战之前，科学的重要性还远没有被各国政府所认识。正是科学在第二次世界大战中所显示出的巨大威力，极大地提升了科学的地位，科学与政府之间开始建立起前所未有的紧密关系，现代科学政策的研究与制定也得以在第二次世界大战后的美国率先发展起来。②科学政策中的核心问题包括政府"为何支持"和"如何支持"科学研究这两个方面，而对这两个问题的系统回答都可以在现代科学政策的奠基之作——著名的万尼瓦尔·布什（Vannevar Bush）著名的报告《科学——没有止境的前沿》中找到答案，尽管也许并非是完整的答案。

一、国家资助科学研究的基本理论

关于政府"为何支持"科学的基本理论主要涉及两个方面：一

---

① Daryl E. Chubin and Edward J. Hackett, *Peerless Science: Peer Review and U. S. Science Policy*, Albany: State University of New York Press, 1990, p. 128.
② 戴安娜·克兰，科学政策研究，科学与哲学，1986 (5)：202。

个方面与经济例外论相联系，认为在科学发现、技术创新与经济发展之间存在很强的关联；另一个方面是所谓的"市场失灵"理论，认为科学生产的产品具有公共品的属性，不可能得到市场机制的青睐，因此科学是政府必须涉入的领域。

布什在《科学——没有止境的前沿》中，基于当时人们所熟悉的军事、农业、工业等方面的重要成就，如青霉素和雷达等重大发明的产生、合成纤维和塑料等新兴工业的兴起、农作物病虫害的防治等，指出科学对于取得这些成就的贡献，以此描述了他所理解的科学、技术与经济之间的关系。他在报告中指出：

> 基础研究导致新知识的产生，提供科学上的资本，创造出知识的实际应用所必需的储备。……今天，基础研究是技术进步的先行官，这一点比以往任何时候都更加确实。……一个在基础科学的新知识方面依赖于他人的国家，不管其机械技艺如何，其工业进步将是缓慢的，在世界贸易的竞争中将处于劣势地位。①

这就是现在已经众所周知的关于创新的线性模式，即基础科学将促进技术进步，而技术进步又进一步推动工业发展和经济增长。在这一线性模式中，每个阶段前后衔接，后一阶段的发展总是建立在前一阶段的基础之上，而作为源头的基础研究显然具有举足轻重的作用。不过，布什关于技术创新的线性模式在 20 世纪 60 年代中期后的几十年来遭到了经济学家、科技政策专家等的广泛质疑（也就是在一定程度上对科学的经济例外论的解构），但在质疑的基础上建立起来的技术创新的"并行模型"、"链式模型"等理论，不仅揭示了技术创新过程的复杂性与多样性，而且丰富了人们对基础科学、技术创新与经济增长之间的关系等问

---

① Vannevar Bush, *Science — the Endless Frontier*, United States Government Printing Office, Washington D. C., 1945, http：//www. nsf. gov/about/history/nsf50/vbush1945. jsp. 参见中译本：V. 布什等著，范岱年、解道华等译，科学——没有止境的前沿，北京：商务印书馆，2004 年，p. 64. 但此处未采用中译本的译文。

题的认识。①然而尽管如此，但是直至 21 世纪，我们仍然可以在不少官方报告中找到布什式的要求国家支持科学研究的理由。

> 创新是推动生产力发展和社会财富增长的核心力量。科学为创新原料的提供作出了重要贡献，即提供新知识和理解世界的新方法、解决问题的新技艺、新技术与新行业，不过，最重要的是提供受到良好教育的人才。总的来说，科学知识的生产及其利用使得我们可以做得更多更好，亦即，促进经济增长，提高生活质量，拓宽产业界和个人的选择空间，以及改进我们解决当前和未来的问题所需的方法。
>
> —— 英国《对创新投资》，2002 年 7 月 ②

> 由于意识到经济是以知识为基础的这一现实，并认识到科学知识及其研究（包括基础研究）领域的进展对于欧盟实现其经济和社会目标十分重要，因此……如今在欧洲整体层面上开展了许多基础研究，这些研究不仅属于多个国家政府间组织的活动，而且被纳入欧盟的框架计划之中。
>
> —— 欧洲共同体委员会《欧洲与基础研究》，
>
> 2004 年 1 月 ③

> 美国的经济实力和国际领先地位，在很大程度上取决于国家在科学技术发展方面保持领先的能力，以及能将科学技术的最新成果应用于现实世界的能力。促进科学技术成果应用的动力包括：生产……新思想和新工具的科学研究，给劳动力提

---

① Donald E. Stokes, *Pasterur's Quadrant*, Brookings Institution Press, 1997, pp. 58-89.

② U. K. Department of Trade and Industry, HM Treasury, Department for Education and Skills, *Investing in Innovation*, July 2002, http：//www. hm-treasury. gov. uk.

③ Commission of the European Communities, *Europe and Basic Research*, COM 2004 (9), 14 January 2004, http：//europa. eu. int/eur-lex/pri/en/dpi/cnc/doc/2004/com2004_0009en01. doc.

供……必要技能的强大的教育系统，鼓励首创精神、敢冒风险和具有创新思想的良好环境。

——美国科学技术政策办公室《美国竞争力计划》，2006 年 2 月①

欧共体委员会在《欧洲与基础研究》的报告中还指出，公共权力部门支持基础研究有三个方面的原因：一是科学研究对"经济竞争力、经济增长和更广泛的社会福利"的影响；二是科学研究的成本日益增长和跨学科性质日益增强，使得私人部门从经济风险方面考虑而不愿意承担；三是科学知识作为一种公共财产性质具有溢出效应，使得社会"必定有可以免费获取知识的渠道"，因此只有通过公共财政资助，"知识的价值才能够更容易得到保障"。②在此，后两个方面的原因涉及科学研究的市场失灵理论，是美国经济学家理查德·纳尔逊（Richard Nelson）和肯尼思·阿罗（Kenneth Arrow）在 20 世纪 50 年代末和 60 年代的研究中率先进行阐述的。他们的基本观点是，由于科学研究、特别是基础研究具有分散性、公共性和不确定性等三个方面的特点，导致了私人部门投资不足，必须由政府进行投资。这三个方面的特点及其影响的后果具体表现为：（1）分散性，同一商业领域的企业在相互竞争中可能面临同样的科学问题，如果企业各自为政则经济和社会成本很高，而如果这些问题由政府投资或联合企业力量加以解决，科学研究的风险和成本将大为降低；（2）公共性，科学研究的成果具有公共性，虽然最初的科学发现和技术发明可能是昂贵的，但模仿和学习则往往是廉价的，因此阻碍了私人部门在基础研究领域的投入；（3）不确定性，科学研究的过程及结果所具有的不确定性，也降低了私人部门投资科

---

① Office of Science and Technology Policy, *American Competitiveness Initiative*, February 2006, http：//www. ostp. gov/html/ACIBooklet. pdf.

② Commission of the European Communities, *Europe and Basic Research*, COM 2004（9），14 January 2004, http：//europa. eu. int/eur－lex/pri/en/dpi/cnc/ doc/2004/com2004_0009en01. doc.

学研究的积极性。[①]

　　不过，纳尔逊和阿罗的观点只注意了政府所支持的科学研究成果作为编码知识在经济活动中的作用，属于传统的市场失灵理论，公共财政资助的基础研究的效益远不限于此，还应当包括更为广泛的经济和社会效益——这些效益都不是通过市场机制本身的作用而能够获得的，如培训有技能的劳动力、研制新的科学仪器和建立新的研究方法、形成研究网络并促进社会互动、增强科学技术解决问题的能力、创建新企业等。[②]显然，公共财政资助基础研究所产生的上述效益，不仅应被看做政府支持科学研究的结果，而且也应被视为其理由。此外，还有的研究将市场失灵进行分类，建议政府可以针对不同的市场失灵类型，采取不同的研发政策。[③]

二、委托代理关系中的国家科学资助机构

　　在关于政府"如何支持"科学研究的问题上，布什的报告集中地体现了西方经典科学政策思想中的科学例外论，提出了政府资助科学研究的具体规则与方案，即科岑斯称之为"为繁荣而自主"的模式。"为繁荣而自主"模式的基本观点是，科学之"好"可以保证科学之"用"，亦即基于科学研究所具有的特殊性，只有让科学家在研究中拥有充分的自主性，政府资助的研究才能得到健康发展，才能最终实现国家繁荣经济和改善生活质量的目标。[④]在《科学——没有止境的前沿》中，布什这样写道：

　　　　公共和私人部门支持的学院、大学和研究所是基础研究的

①　Jarlath Ronayne, *Science in Government*, Edward Arnold Ltd, 1984, pp. 38 – 39.
②　Ammon J. Salter, Ben R. Martin, The economic benefits of publicly funded basic research: a critical review, *Research Policy*, 2001 (30): 509 – 532.
③　乔治·泰奇著，苏竣、柏杰译，研究与开发政策的经济学，北京：清华大学出版社，2002 年，pp. 85 – 88。
④　苏珊·科岑斯，郝刘祥、袁江洋译，二十一世纪科学：自主与责任，科学文化评论，2005 (5): 50 – 64。

中心，是知识和理解的源泉。只要这些机构是健康的和充满活力的，只要工作其中的科学家自由地追求无论会通向哪里的真理，就会产生新的知识流，流向能够将其用于解决政府、产业界或其他地方的实际问题的人。……科学在广阔前沿领域的进步源于自由知识界人们的自由探索，他们以探索未知的好奇心所支配的方式，研究自己所选择的课题。……在政府支持科学的任何计划中，都必须维护探索自由。[①]

在布什的方案中，政府与科学之间有着明确的界限，划分这样的界限的目的就是让科学免受外部的干预，因为"为了使得科学研究富有成效，研究必须是自由的——免于压力集团影响的自由，免于必须产出直接且实用的成果的自由，免于听命于任何中央委员会的自由"[②]。就政府支持基础研究的资助机制而言，布什建议成立由科学家自我管理的专门的科学资助机构。具体而言，政府将支持科学研究、特别是基础研究的资金拨付给一个专门的资助机构，资助机构的管理者来自大学和研究机构，由他们在"不危及学术自由与研究人员的个人独立性的条件下对基础研究给予直接的财政支持"[③]。在这一机构中，决定是否提供研究资助时不是依据"商业或生产标准"，而是由特定领域有专长的科学家根据研究的学术价值进行判断——这些评议人就是同行，而这种评议系统就是后来所称的同行评议。[④]

科学政策专家将以同行评议为标志的美国战后政府与科学之间的关系视为一种契约关系，即"科学的社会契约"。其基本含义是：政府承诺资助由科学家认可的最值得支持的科学研究，科学家则承

---

① Vannevar Bush, *Science — the Endless Frontier*, Washington：United States Government Printing Office, 1945, http：//www. nsf. gov/about/history/nsf50/vbush1945. jsp.
② 同上。
③ V. 布什等著，范岱年、解道华等译，科学——没有止境的前沿，北京：商务印书馆，2004 年，p. 175。
④ Bruce L R. Smith, *American Science Policy since World War II*, Washington D. C.：The Brookings Institution，1990，p. 45。

诺为社会提供能够转化为新产品、新医药或新武器的源源不断的科学发现之流。①政府与科学的关系可以更进一步地看做是一种特殊的契约关系——委托代理关系，亦即，政府（委托人）为了实现其自身没有能力达到的特定目标，将资源交付给科学（代理人）；科学（代理人）则利用其专长，使用这些资源以实现政府（委托人）的目标。②

然而，在现实世界的具体情境中，委托人和代理人可以是广义的政府与科学共同体，也可以是具体的立法机构和行政机构或政府专业机构、科学资助机构与同行评议专家等，有的机构甚至可以集委托人和代理人于一身，从而使得委托代理关系变得十分复杂。根据委托代理理论，政府与科学的关系具有四个方面的特征：（1）委托人和代理人各自有其自身的目标与利益，而且两者可能一致也可能存在冲突或部分重合。科学家的首要目标是追求知识，而政府的主要目标是追求经济繁荣，两者的目标显然不一致。因此，代理人有可能运用委托人的资源，去实现自己的目标，满足自己的利益。（2）委托人面临的最大的问题是与代理人之间存在信息不对称性，以及由此产生的"逆向选择"（即代理人并非最好或最合适）和"道德风险"（即代理人谋取私利）的问题。缺乏专业知识的政府与享有知识权威的科学共同体之间明显存在信息不对称性，当政府将发展科学等专业性很强的任务委托给科学家时，需要有一种好的遴选机制，以保证遴选出来的是最具专业能力的好的代理人；即便遴选出来的代理人是正确的，政府还需要一种好的激励机制，以保证科学家努力工作并与政府的利益保持一致。（3）为了避免和解决由于信息不对称而带来的问题，委托人有权对代理人进行监管（或监督），但由于缺乏足够的信息而无法自己进行

① David H. Guston and Kenneth Keniston, Introduction: the Social Contract for Science, in David H. Guston and Kenneth Keniston (eds.), *The Fragile Contract: University Science and the Federal Government*, MIT Press, 1994, pp. 1 –41.

② David H. Guston, Principal agent theory and the structure of science policy, *Science and Public Policy*, 1996, 23 (4): 229 – 240.

监管，委托人需要付出额外的监管成本。（4）委托人与代理人之间应当有基本的信任，因为这种信任有助于形成持续稳定的委托代理关系。长期以来，科学共同体凭借同行评议形成的内部控制机制，在科学活动中实现了相当程度的自治，因此在与政府的关系中，科学家坚持政府应当保持对科学自主的信任，不对或少对科学进行干预。[①]

在政府与科学的委托代理关系中，国家科学资助机构处于居间的位置，对于政府来说，资助机构是代理人，而对于科学共同体来说，资助机构又是委托人。科学资助机构也可以看做是政府委托的监管人，以解决政府自身由于缺乏足够的信息而在科学活动投资中所产生的问题。因此，资助机构必须比政府拥有更多关于科学知识和科学活动的信息，应当有更好的激励和监管机制，来解决政府支持科学研究中可能出现的问题。那么，政府科学资助机构是如何在政府（或确切地说，是公共出资人或纳税人）和科学共同体之间寻求利益平衡的呢？资助机构又采取了怎样的激励和监管机制来解决信息不对称性所带来的问题呢？科学资助机构作为"科学家议会"与"政府官僚制度"的结合体[②]，为了实现在政府的利益和科学共同体的利益之间寻求平衡的目标，其采取的基本策略主要有两个方面：第一，其管理者多来自科学共同体，尤其是科研一线的科学家。他们既熟悉科学活动的特点，了解科学共同体的利益，又对政府负有责任，因此无论是从任务目标还是从利益需求而言，资助机构都适合承担中间人的角色。第二，资助机构在确定资助对象时所采用的制度是同行评议，这是政府和科学共同体都能接受的方式——科学共同体通过同行评议对科学研究的质量进行控制，而政府则利用同行评议的结果力图保证资助经费分配的科学性。

---

① Barend Van der Meulen, Science policies as principal-agent games institutionalization and path dependency in the relation between government and science, *Research Policy*, 1998 (27): 397 – 414.

② David Williamson, Summary of the discussion: relations with other research institutions and the scientific community, in DSTI/STP/SUR (92) 2, OECD, Paris, 1992, pp. 31 – 32.

当然，对于同行评议具体运行方式的问题以及通过同行评议如何体现国家科学政策的问题，政府与科学共同体往往有不同的看法。

三、国家科学资助机构的同行评议

英、法等西方国家虽然自20世纪早期开始陆续设立政府资助科学研究的独立机构①，但直到第二次世界大战之后，以外部科学家通过同行评议的方式遴选资助项目为运行模式的国家科学资助机构，才开始在世界许多国家建立起来。与人们现在所熟悉的这类科学资助机构相比，此前的机构在决策方面往往更多地依靠其内部人员，就这一点而言，这些资助机构更像是纯粹的政府行政官僚机构，而不是"科学共和国"与"政府官僚制度"的混合体。②事实上，在政府大规模介入科学研究，尤其是基础研究资助活动之前，洛克菲勒基金会等私人慈善机构在资助基础医学等领域的科学研究时，就已经采用了征询外部科学精英的意见，而不是由基金会内部人员决定具体资助方向和项目的机制。③正是私人基金会这种在资助决策中依靠科学共同体的方式，扩展成为后来美国政府科学资助机

---

① 英国政府的第一个研究理事会——医学研究理事会（MRC）成立于1919年，德国于1920年成立德意志学术救济会（Notgemeinschaft der Deutschen Wissenschaft），美国国立卫生研究院（NIH）成立于1930年，法国国家科学研究中心（CNRS）成立于20世纪30年代中期。参见 Jarlath Ronayne, *Science in Government*, Edward Arnold Ltd, 1984, pp. 12 – 28; Arie Rip, The republic of science in 1990s, *Higher Education*, 1994 (28): 3 – 23; German Research Foundation, *From the Notgemeinschaft der Deutschen Wissenschaft to the Deutsche Forschungsgemeinschaft*, http://www. dfg. de/en/dfg_profile/history/history_of_the_dfg/dfg_chronology. html.

② Arie Rip, The republic of science in 1990s, *Higher Education*, 1994 (28): 3 – 23. 不过，德国的情况似乎是个例外。德意志学术救济会从成立之初就采用了外部专家评议的方式进行资助决策。German Research Foundation, *Mission and Constitution of the DFG Since 1920*, http://www. dfg. de/en/dfg_profile/history/history_of_the_dfg/index. html.

③ Paul Weindling, Philanthropy and World Health: the Rockefeller Foundation and the Leagues of Nations Health Organization, *Minerva*, 1997 (35): 269 – 281; Lily E. Kay, Rethinking institutions: philanthropy as an historiographic problem of knowledge and power, *Minerva*, 1997 (35): 283 – 293.

构以同行评议为核心的决策机制。

同行评议对于国家资助机构具有十分重要的意义。将广泛的外部科学家的同行意见作为其决策基础，这一方式不仅使资助机构避免了一般行政机构决策体系所具有的集中化和科层制的特点，也使得资助机构本身成为科学奖励系统的一部分。在传统的科学奖励系统中，得到同行承认是科学世界的"硬通货"（默顿语），在科学资助机构所构成的奖励系统的子系统中，获得资助是科学家所累积的科学资本中的另一种"可信性"（credibility）形式。阿里·瑞璞（Arie Rip）根据拉图尔与伍尔加著名的关于科学可信性累积循环图，绘制了政府科学资助机构可信性循环图（图 1.1）。他解释道，正因为政府科学资助机构采用了由科学精英评议项目的方式，于是，科学家获得该机构的资助项目，就意味着得到了科学共同体某种方式的承认（另外的承认方式还有论文发表等）；而通过提交新的项目申请并得到同行评议的肯定，科学家又开始了新的信用累积

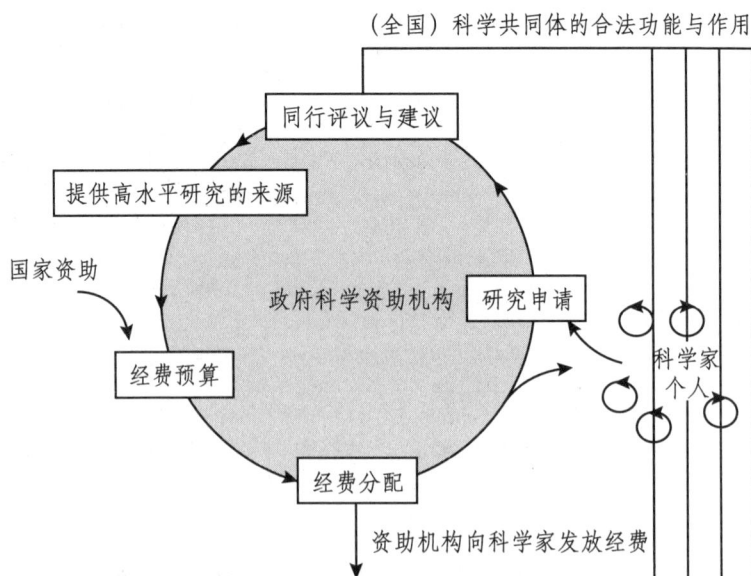

图 1.1 科学资助机构的可信性循环图

来源：Arie Rip, 1994.

周期。与此同时，资助机构由于采用同行评议而成为科学奖励系统的一部分，才有科学家源源不断地提交更多追求科学创新性的申请，保证了资助机构本身的吸引力以及进一步发展的基础。[1]因此该图还可以说明，从某种意义上讲，同行评议作为科学资助质量的控制机制，将政府、科学共同体和科学资助机构联系在一起，政府和科学共同体同是资助机构的"赞助者"，政府为其提供财政经费，科学共同体为其提供科学资本——只有科学家同行才能确保遴选出来的研究至少都是"好科学"，从而为资助机构建立良好的科学声望。

本－戴维指出，科学资助政策的主要问题是"如何运用政府的资金支持研究但同时又确保科学制度的活力、创意与独立性"[2]。从委托代理关系的角度看，对于内在于科学政策委托代理逻辑中的"逆向选择"和"道德风险"问题，美国战后的解决方案是在政府与科学之间建立起"盲目的代理关系"，即政府将分配研究经费的所有权利——包括科学研究的决策权、执行权和控制权——全部授予了科学共同体；到了20世纪60年代展开关于政府是否应当在研究领域的选择上具有一定合法性的讨论后，政府与科学又形成了"盲目的代理关系"加上"有激励的代理关系"的模式，即政府通过将研究经费向特定的领域加以倾斜来影响科学共同体的行为，但仍然以同行评议机制来解决科研微观决策中的逆向选择问题[3]；随着80年代以来科学研究本身的风险越来越引起社会的关注，科学共同体通过自我调节机制来解决"逆向选择"和"道德风险"问题的能力遭到质疑，科学资助机构传统的治理结构和管理机制也受到挑战，即便在美国国家科学基金会，90年代后期以来，强调研究应当同时具备科学和社会两个方面价值的"价值评议"一词，也在许多场合悄然替代了原先强调科学共同体作用的"同行评议"一词。

① 　Arie Rip, The republic of science in 1990s, *Higher Education*, 1994（28）: 3 – 23.
② 　Dietmar Braun, Lasting tensions in research policy-making-a delegation problem, *Science and Public Policy*, Vol. 30, No. 5, October 2003, pp. 309 – 321.
③ 　同上。

的确，政府与科学共同体各自有不同的利益与目标，处于政府与科学共同体之间的资助机构本身也有自身的利益，因此在现实世界中，资助机构不仅要平衡政府与科学共同体的利益，还要平衡自身与另外两者的利益。其结果是，一方面政府和科学共同体对于资助机构的同行评议政策及其结果评价不一；另一方面，资助机构平衡上述利益的行动在其同行评议政策措施中也有所反映。

科学共同体和政府对科学资助机构的同行评议的评价总的来说可以归为两类，一类涉及资助机构是否应该采用同行评议机制的问题，另一类评价则涉及同行评议应当如何运行的问题。

第一类问题源于科学共同体和政府在价值观上的分歧。在科学共同体看来，资助机构是否采用同行评议制度象征着科学是否具有自主性。由于科学共同体相信自主性是"好科学"存在的前提条件，因此，他们认为同行评议是资助机构唯一"合法"的资助机制；在政府看来，资助机构分配的是公共资源，公共资源配置的权力应当掌握在对公众负责的人们手中，而在科学以外的领域这样的人选是通过选举产生的官员及其任用者而不是科学家，所以，政府对科学家在科学活动的评议中能否主动满足公众的利益而不是自己的好奇心的问题表示怀疑。①自 20 世纪 70 年代中期以来，虽然关于同行评议的具体争论林林总总，但究其原因却主要是来自政府的质疑，从要求科学承担更多的社会责任到关注科学造假行为，从强调公众参与科学活动到开展科学研究绩效评估，政府从不同角度对资助机构同行评议提出了种种要求和建议。政府的要求以及资助机构和科学界的回应，不仅导致了资助机构在改进同行评议过程效率与透明度方面作出更多努力，也推动了政府与科学之间新的社会契约的重塑。

第二类评价涉及同行评议在具体运行过程中的问题。对此，政

---

① Daryl E. Chubin and Edward J. Hackett, *Peerless Science： Peer Review and U. S. Science Policy*, Albany：State University of New York Press, 1990, pp. 4 – 6.

府和科学共同体的意见既各有侧重也有部分重合，一般说来，政府的关注点主要在评议程序和结果的公正性方面，如评议中的利益冲突和评议结果的地理分布等，而科学共同体的意见主要集中在评议结果的科学性（即对科学本身发展的作用）方面，如评议结果往往对创新性研究和学科交叉研究支持不够等。综合起来看，此类问题可主要分为三个方面：一是资助机构对同行评议过程的引导作用和其他影响问题，涉及机构组织结构对评议的影响、评议准则的设计、监督机制的作用等；二是同行评议系统的管理问题，特别是公正性问题；三是同行评议在实现国家科学发展目标的功能方面的局限性问题，主要包括评议结果对遴选高风险创新性研究、培养青年人才和多样化人才、开展学科交叉研究等的不利状况。[①]本书后面几章基于 NSF 和 NSFC 的比较研究，就主要围绕这三个方面的问题展开。尽管这些问题出现在科学活动的评议过程中，但其构成因素却很复杂，有些因素远远超出了科学活动的范围，与更大背景下的国家经济社会制度、科学体制、文化传统等密切相关。

第四节　发展中国家科学政策研究：制度理论与比较分析

第二次世界大战结束以来的半个多世纪，现代科学不仅在其自发生长的西方国家继续发展，而且作为"移植体"或"舶来品"在许多发展中国家也成长迅速，特别是与发展中国家民族独立、国家自强的现代化进程相伴随，在世界经济、科学技术发展全球化的背景之下，发展中国家的科学体制、科研组织以及科学成就等均表现出不少不同于西方国家的特性。发展中国家的科学发展是受到国家内部社会、经济、军事需求等的驱动，还是全球化过程中西方科学

---

① Thane Gustanfson, *The Controversy over Peer Review*, *Science*, 1975 (109): 1060 – 1066.

47

扩张的结果？其科学体制及组织管理在多大程度上是与科学家所信仰的科学之普遍性相关联，又在哪些方面是由其所处的社会、经济、政治、文化环境所决定的？发展中国家科学体制的演变特征和发展路径与西方国家有什么不同？关于发达国家的科学政策研究已经有许多成熟的理论与方法，但这些理论方法能否直接应用于发展中国家的科学政策研究？正如科学知识的传播与利用并非线性模式那样简单一样，发达国家和发展中国家的科学体制化过程和科学政策变迁的模式也不是同一的和线性的，而是具有很强的异质性和路径依赖性，因为科学社会研究已经表明，科学是"通过特定与境中的人的行动而存在，绝不可能全然是价值无涉和价值中立的"[1]。本节试图简要说明发展中国家科学政策研究的主要理论框架与分析方法，重点突出制度理论和比较分析在研究发展中国家科学政策中的优势与便利，当然也会注意到由此带来的研究局限，因为本研究的展开就将建立在制度理论和比较分析的基础之上。

一、发展中国家科学政策研究的重要理论视角：制度理论

研究发展中国家的科学与科学政策大致有三种基本理论，即现代化理论、发展理论和制度理论。[2]现代化理论以发达国家的现代化过程为研究起点，并将以发达国家为对象研究而形成的理论方法应用于发展中国家的研究。基于该理论开展的对科学政策的研究关注科学、技术和发展之间的关系，重视国家科学技术发展的内部因素，认为现代科学具有一种利益扩散（trickle-down）效应，将发达国家科学的形态视为发展中国家科学的未来样式，将科学技术促进财富增长和工业化进程的作用看做是国家从传统向现代转变的重要

---

[1] International Council for Science Policy Studies, *Science and Technology in Developing Countries: Strategies for the 90s*, Paris: UNESCO, 1992, p. 17.

[2] 韦斯利·施勒姆、耶豪达·舍恩哈夫，欠发达国家的科学技术，载：希拉·贾撒诺夫、杰拉尔德·马克尔、詹姆斯·彼得森、特雷夫·平奇主编，盛晓明、孟强、胡娟、陈蓉蓉译，科学技术论手册，北京：北京理工大学出版社，2004年，pp. 627-683。

动因之一。尽管现代化理论也指出了发展中国家由于缺乏健全的经济基础结构而影响到对科学知识的吸收与应用，但它预设了从科学到技术再到发展的单向传递路径（即线性模式），因而强调科学技术在发展中国家现代化进程中的工具性作用。

发展理论的兴起以发展中国家为研究对象，将发展中国家的科学技术置于国际体系之中，虽然也强调了科学、技术与发展的互动，但是更加关注国际分工对发展中国家科学技术的影响。作为其中最主要的理论之一的依附理论（dependence school）认为，发达国家与发展中国家并非处于不同的历史发展阶段，而是处在同一阶段，只是由于国际劳动分工的不同，使得两者处于不同的位置。分工的结果是使得处于边缘地位的发展中国家对处于中心地位的工业化国家产生了依附关系，因此发达国家的发达不仅没有使发展中国家受益，反而成为发展中国家不发达的根源。[1]在科学政策研究方面，依附理论将西方科学视为发展中国家科学的"一种统治方式"，认为发达国家作为科学中心，吸引了大量发展中国家受过良好教育的科学技术人才，而从发达国家归国的科学精英则以西方国家科学发展的需要来主导本国的科学研究，因而使得发展中国家开展的科学研究不仅对经济增长的作用甚微，甚至还浪费了本国宝贵的科学资源。[2]该理论虽然注意到了发展中国家科学形成与发展的外部环境，但是，其关于科学、技术和经济发展之间关系的主张仍然属于线性模式——尽管是一种"反向线性模式"[3]。

从研究的关注点而言，现代化理论和发展理论都聚焦于"服务

---

[1] International Council for Science Policy Studies, *Science and Technology in Developing Countries: Strategies for the 90s*, Paris: UNESCO, 1992, p. 14.

[2] 韦斯利·施勒姆、耶豪达·舍恩哈夫，欠发达国家的科学技术，载：希拉·贾撒诺夫等主编，盛晓明等译，科学技术论手册，北京：北京理工大学出版社，2004 年，pp. 627-683。

[3] America T. Bernarde and Eduardo da M. e Albuquerque, Cross-over, thresholds, and interactions between science and technology: lessons for less-developed countries, *Research Policy*, 2003 (23): 865-885.

于发展的科学"（science for development）而非"服务于科学的政策"（policy for science）。这两种理论均从西方发达国家的经验出发，预设了科学、技术与经济发展之间存在"线性模式"或"反向线性模式"的关系，以此出发来探讨发展中国家如何通过科学技术进步促进经济增长，因此对发展中国家科学体制和科学政策的形成、发展与演变关注不够。

与上述两种理论不同，对于发展中国家科学政策而言，制度理论既可以用于研究"服务于发展的科学"政策，也可以用于研究"服务于科学的政策"。一方面，通过制度理论的研究注意到，发展中国家的科学、技术与经济发展之间形成了也许比发达国家更加复杂的互动关系；另一方面，制度理论试图探讨发展中国家科学体制产生与演变的过程，不仅探讨科学这一同构（isomorphism）或结构性等量（structural equivalence）——"由于在相似条件下的运作而表现出相似的结构特点和关系类型"①——的制度在全球扩展或被接受的原因，而且研究一个国家内部科学制度与科学政策形成及变迁的内生变量和外部因素及其互动关系，以及在这些因素共同影响下所形成的变迁形态。因此，在发展中国家的科学政策研究方面，制度理论具有特殊的优势。

第一，以新制度学派为代表而建立的制度理论是自 20 世纪 70 年代以来广泛应用于包括经济学、社会学、政治学等诸多社会科学领域的重要理论，以其大量的实证研究和出色的理论研究已建立起具有普适性的分析框架，特别是在社会转型和制度变迁研究中已成为不可或缺的研究视角。以制度理论来研究科学制度与科学政策，就意味着将科学制度的多样性和现代科学的复杂性置于科学与"经济、政治、组织以及社会诸领域之间的相互依存性"②中来加以考察。

---

① W. 理查德·斯格特著，黄洋、李霞、申薇、席侃译，组织理论，北京：华夏出版社，2002 年，p. 121。

② 青木昌彦著，周黎安译，比较制度分析，上海：上海远东出版社，2001 年，p. 3。

关于现代科学体制化历程的研究表明，科学在西方得以实现制度化绝非仅仅因其工具理性得到认可的缘故，而是由于现代科学自兴起以来就是与西方近代"整个社会结构和文化传统结合在一起的"①。一方面，不仅科学所体现的价值理性与启蒙运动以来崇尚理性的价值观相一致，而且西方近代以来出现了社会"对科学知识的系统需求"，发展起依赖于"基础性研究和探索性研究"的"发明产业"，建立了受到法律保护的知识产权制度②，这一切都有利于社会对科学的承认与支持，有效地提升了科学研究效率，推动了科学制度化的进程；另一方面，如同一个成功的制度产生的"社会、智力和价值后果"可以"蔓延"到其他制度领域一样③，现代科学制度对西方现代社会许多领域的发展产生了重大影响。从西方的传统科学观及其广泛影响可以看到，现代科学已经成为"制度化规则和模式的复合体"④，从科学的认知权威到科学共同体关于科学自主性的信念，再到以同行评议机制为中心建立起来的科学奖励系统，这些概念、规则与运行机制都是科学这一"复合体"的具体表现形式。

然而，当发展中国家在效仿或引入科学这一在西方经验中业已得到验证的成功制度时，其结果并不是西方模式在彼时彼地的重现，影响发展中国家科学制度和科学政策的形成及演变因素，特别是这些因素实际所发挥的作用，应当与其在西方国家的情况很不相同。例如，由于同行评议是发生在科学共同体内部的一种组织化程度相对较低的运行机制，在这种机制的运行过程中，关于信念、传统、文化等非正式制度发挥着重要的作用，那么，在西方国家基于

---

① 伯纳德·巴伯著，顾昕等译，科学与社会秩序，北京：生活·读书·新知三联书店，1991 年，p. 71。
② 道格拉斯·C. 诺斯著，陈郁、罗华平等译，经济史中的结构与变迁，上海：上海三联书店、上海人民出版社，1991 年，pp. 193 – 194。
③ 罗伯特·金·默顿著，范岱年等译，十七世纪英格兰的科学、技术与社会，北京：商务印书馆，2000 年，p. 4。
④ W. 理查德·斯格特著，黄洋、李霞、申薇、席侃译，组织理论，北京：华夏出版社，2002 年，p. 126。

科学共同体对科学自主性信念下的同行评议与发展中国家缺乏类似信念下的同行评议之间，是否其运行过程及其结果都会有一定的差异？在发展中国家科学制度构建和科学政策制定中，是否需要充分考虑科学制度与科学政策同本国政治、经济、文化等基础性制度与基础性政策相适应的问题？

第二，在科学政策研究中，特别适合于将制度理论运用于以国家和组织为分析对象的研究。当开展以国家为分析对象时，制度理论有助于从宏观层面考察科学制度与政治、经济等其他社会制度之间的关系，揭示国家科学制度在具体形态及其演化途径方面的多样性；当以组织（如国家科学资助机构）乃至科学家个体（如作为评议人）为分析对象时，制度理论又有助于在中观以及微观层面理解正式制度与非正式制度对科学政策及其实施结果的影响。

例如，从制度理论的角度来看，具有不同的经济或政治体制的国家在科学的性质、功能、科学体制的运行机制等方面均表现出不同的特点。艾特尔·索林根（Etel Solingen）根据国家的经济体制特征，区分了以市场为导向的多元主义体制和非竞争性的中央计划体制国家，对这两类国家的科学的社会性质、政治功能、经济功能等特点进行分析，并指出科学家的社会控制机制及其控制的组织形式等（见表1.1）。[①]在一定程度上，这样的区分也可以看做是西方发达国家和一些发展中国家之间在这些方面的区别。例如，在美国这样典型的以市场为导向的多元主义体制国家，科学的性质、其政治及经济功能与国家的意识形态和经济制度相一致。具体而言，人们相信，科学研究不仅为私人部门带来利益，也为社会提供公共品；在政治方面，前沿领域（如气候变化等）未取得共识的科学发现强化了政策观点的多元化；在经济方面，科学研究成果源源不断地通过技术转移等方式得到应用，降低了生产和服务的成本，提高了生产

---

① Etel Solingen, Between Markets and the State: Scientists in Comparative Perspective, Comparative Politics, October 1993, Vol. 26, No. 1: 31-51.

率。在科学家的社会控制机制方面，索林根指出，通过交换进行控制是指国家以物质与非物质激励的方式换取科学家的贡献，通过说服进行控制是指以教化或培训等方式使得科学家实现社会化的过程，而通过权威进行控制则是指科学家自愿或被迫服从于制度（包括国家）。[①]前两种方式更多地发生在科学共同体的奖励系统内部，而后一种方式则往往表现为外部力量对科学的干预。经验表明，在市场经济体制国家，科学家的社会控制倾向于更多地依赖于说服和交换的方式，即诉诸科学共同体内部的社会化机制和以同行评议为中心的奖励系统，而在计划体制国家，科学家的社会控制则更多地采用权威方式，而不是说服和交换的方式。这也从一个侧面揭示了关注同行评议的重要性。

表1.1　国家的形式、科学的性质与作用、科学家社会控制的
机制以及基于权威控制的组织机构

	国家的形式	
	以市场为导向的多元主义体制	非竞争性的中央计划体制
科学的性质	公共品 私有品	公共品
科学的政治功能	强化多元主义	使核心政治价值合法化
科学的经济功能	租金 生产率	分配 帮助制订计划
科学家的社会控制机制	交换 说服 权威	权威（包括人身强迫） 说服 交换
基于权威控制的组织机构	立法部门 行政部门	党 官僚制度 专业协会

来源：Etel Solingen，1993.

　　第三，从制度理论的视角来分析发展中国家的科学政策，有利于

[①]　Etel Solingen，Between Markets and the State：Scientists in Comparative Perspective，Comparative Politics，October 1993，Vol. 26，No. 1：31-51.

将社会建构论的研究成果应用于科学政策研究之中。社会建构论者将科学视为与其他职业或专业性活动类似的社会制度，认为科学无论是作为知识载体还是社会制度都具有"恒定的社会成分"①。以这样一种社会建构论的分析方法呈现给人们的，也许是更加真实的科学世界，布迪厄运用"科学资本"的概念对科学场（scientific field）②进行的分析——从某种意义上可以看做是对同行评议机制的微观分析——即为一例。

在探讨科学权威的结构及形成时，布迪厄将科学权威所拥有的资本分为两类，即科学资本和世俗资本（temporal capital）——前者是"严格的科学权威资本"，由同行对其科学贡献的承认而形成，往往具有国际性；后者是"能够通过并非纯粹的科学途径累积起来加诸于科学世界、并且根据世俗权力的官僚原则凌驾于科学场之上的权力资本"，由与国家科学体制和科学机构相联系的世俗权力（国家科研部长、科技部门、大学校长或科研管理人员等）所决定，具有国家性质。③两类资本虽然在特性与来源上不同，但两者之间可以进行转化或转译。这两类资本的关系及其发生转化的特点可以归纳为四个方面：第一，由于科学场不会具有完全的自主性，因此，科学权威同时拥有科学的和世俗（或社会）的两类资本。第二，科学场的自主性越强，其根据科学资本构成的层级分化越复杂，世俗资本对其产生的影响越小，甚至会产生相反的作用（极端的情况是，对于具有科研背景的位居要职的科技部门官员而言，其科学声望反而会因此下降）；而科学场越缺乏独立性，其建立在争夺科学资本的基础上的竞争就越不充分，竞争中社会权力（政治或经济的）的介

---

① David H. Guston, *Between Politics and Science: Assuring the Integrity and Productivity of Research*, Cambridge University Press, 2000, p. 26.

② 场或场域（field）是布迪厄理论的核心概念之一，是指相对自主并拥有自身规则的空间，其自主性反映在抵御外部世界影响的能力方面。在构成社会的诸多场域中，科学场无疑是其中之一。

③ Pierre Bourdieu, *Science of Science and Reflexivity*, trans. by Richard Nice, Polity Press, 2004, p. 57.

入就越多。第三，科学家在同行中的崇高科学声望（即科学资本）
向政治或其他社会声望（即社会资本）的转化往往是缓慢和滞后
的，但其政治资本向科学资本的转化则常常是容易和迅速的。第
四，对于科学发展而言，两类资本的相互转化并非完全是消极的影
响。科学资本向世俗资本的转化有利于科学自主性的获得与维护，
而一定范围内世俗资本向科学资本的适当转化，则有利于科学场获
得更多的社会资源。①事实上，战后的经验表明，在发展中国家科学
发展的过程中，国家的支持与调控的确发挥了十分重要的作用，无
论是直接以投资与控制的方式，还是间接以政策引导的方式。

根据布迪厄对科学场的分析，在科学场的自主性相对较强的西
方发达国家，诸如政治资本和经济资本等世俗资本向科学资本的转
化相对较为困难，世俗资本在科学权威形成过程中所发挥的作用也
相对较小②；而在发展中国家，由于社会各领域的分化程度不高，包
括科学制度在内的各领域的制度化程度有限，科学的制度化过程呈
现出"脆弱、破碎和非连续的特点"③，科学家从其他领域获得的世
俗资本可以在一定程度上转变成为科学资本。特别是在政治资本十
分强势的国家，不仅科学资本、甚至整个社会的各种资本都是"以
一种高度不分化的总体性资本（total capital）的状态存在着，而不
是以相对独立的资本的形态存在着"④。在这样的社会中，不仅政治
与科学之间的边界是由政治方面来界定的，而且科学资本也常常会

① 参见：皮埃尔·布尔迪厄著，刘成富、张艳译，科学的社会用途，南京：南京大学
出版社，2005 年，pp. 38 - 42；Pierre Bourdieu, *Science of Science and Reflexivity*,
trans. by Richard Nice, Polity Press, 2004, pp. 55 - 62, 以及中译本：皮埃尔·布尔
迪厄著，陈圣生等译，科学之科学与反观性，桂林：广西师范大学出版社，2006 年，
pp. 92 - 104。

② Pierre Bourdieu, *Science of Science and Reflexivity*, trans. by Richard Nice, Polity
Press, 2004, pp. 55 - 62.

③ Hebe Vessuri, The institutional process, in Jean-Jacques Salomon, Francisco
R. Sagasti and Celine Sachs-Jeantet (eds.), *The Uncertain Quest: Science, Technology
and Development*, Tokyo: The United Nations University Press, 1994, pp. 168 - 200.

④ 孙立平，实践社会学与市场转型过程分析，中国社会科学，2002 (5)：83 - 96。

打上政治的烙印——科学家通过政治资本的获取而成为科学精英或科学权威，因而在国家组织与科学的社会控制机制中所发挥的作用往往更大。

总之，作为发展中国家科学制度与科学政策研究的基本理论框架，制度理论具有独特的优势。关于这一点，本研究还将在以下章节通过具体案例分析加以说明。

二、发展中国家科学政策研究的基本方法：比较分析

伴随着近代地理大发现以来世界一体化情势的蔓延，20世纪一个引人注目的现象就是现代科学活动和科学制度在全球范围内的扩展，特别是第二次世界大战之后从发达国家向发展中国家的扩张。[①]其中，对发达国家的科学制度、尤其是科学组织的效仿，是战后发展中国家的普遍现象。然而，在西方发达国家所特有的社会经济环境中形成与发展起来的科学制度（包括组织管理模式）是否具有普适性乃至唯一性？导致所谓"跨社会效仿"现象的出现更多的是出于科学制度本身的全球性扩张还是内在于发展中国家的社会经济需求？发展中国家对西方科学制度的效仿是否能够有效地实现其促进科学、经济、社会等各领域发展的广泛目标？发展中国家在效仿过程中出现的成功的"模仿与创新"或者失败的结果是否进一步揭示了现代科学制度的普遍性基本特征或者预示着其多样性的前景？显然，要回答这些问题必须进行比较研究。正如韦斯特尼教授在她研究日本明治时期对西方组织模式移植的名著《模仿与创新》中所指出的那样，了解组织"在一个社会中的发展，包括了解组织对外来模型的效仿，不能只分析组织内部的变革过程，还要将这些过程置

---

① Gili S. Drori, John W. Meyer, Francisco O. Ramirez, and Evan Schofer, *Science in the Modern World Polity: Institutionalization and Globalization*, Stanford, California: Stanford University Press, 2003, pp. 3 - 4.

于一个更大的社会情境之下"①。当然，这样"一个更大的社会情境"应当是既包括作为效仿模型的组织（输出方）及其所处的社会背景，也包括对模型进行效仿而建立的组织（输入方）及其所处的社会背景，通过进行比较研究，才有可能揭示这两者趋同或趋异的过程及原因，以便进一步回答上述科学政策研究中的重要问题。

现代科学主要发源在西方，关于科学的性质与功能、运行与管理等观念在西方发达国家得到了较为充分的讨论与研究，因此，人们目前所熟悉的无论是观念层面的科学观与科学政策思想，还是实践层面的政府治理科学的体制与机制，都是在西方所特有的社会经济环境、国家政治制度和意识形态下发展起来的。相比之下，发展中国家的科学观、科学政策以及科学体制和科学活动运行机制的特点还没有得到充分的研究和理解；而比较研究——特别是针对发达国家与发展中国家的科学制度及科学政策的比较研究，将有助于拓展对这一领域的认识与理解。发展中国家之所以能够移植或效仿发达国家的科学制度和科学政策，或者换言之，在西方社会发展起来的现代科学制度与科学政策之所以能够向发展中国家扩散，说明现代科学制度与科学政策在一定程度上具有某种普适性。但与此同时，各国的科学制度与科学政策又的确具有特殊性，而且其实际运行的结果与绩效也很不相同，这似乎又表明，仅以普适性对此加以解释尚存在不足。科学政策研究的任务之一，就是要寻找各国科学制度与科学政策的共性和差异，以便在理论上对科学本身及科学制度有更深入的理解，在实践上为各国制定有效的科学政策提供依据，而比较研究的方法恰恰为寻求各国科学制度与科学政策的共性与差异的任务提供了分析工具。尤其是对于发展中国家而言，只有真正了解本国科学制度及其运行环境的独特性与局限性，才能"深思熟虑"地效仿和借鉴发达国家的经验，从而在科学发展中避免不

①　埃莉诺·韦斯特尼著，李萌译，模仿与创新：明治日本对西方组织模式的移植，北京：清华大学出版社，2007年，p. 1。

必要的混乱，少走不必要的弯路。

在比较研究中，"最大差异系统方案"（most different system design）和"最大相似系统方案"（most similar system design）是两种基本的比较分析方法，前者旨在寻求不同国家（地区）或体制下具有普遍性的变量，后者试图"在相似的系统中发现许多显著的差异"，以揭示具有独特性的变量。①这两种方法也就是密尔（John Stuart Mill）所说的"求同法"与"求异法"，虽然"求异法比求同法更能建立有效的因果联系"，但在具体的比较分析中，研究者常常"尽可能地将这两种比较的逻辑结合起来"运用。②在杰拉德（Jacques Gaillard）等主编的《发展中国家的科学共同体》一书中，作者在研究发展中国家科学制度化的路径与特点时，就同时采用了这两种比较分析的方法。

在三位主编合作完成的该书的"引言"中，研究者从"求同法"的视角出发指出，尽管各发展中国家的科学发展与科学形态具有不同的特点，但现代科学在发展中国家的制度化演进呈现出三个方面的共同特点，即：人们对科学的理解与科学的合法性、科学的样式与社会认知结构、科学共同体的形成与科学的职业化进程，这三个方面的特点也构成了研究发展中国家科学发展的理论性问题。③仅以科学的合法性为例。在发展中国家，由于现代科学是自发达国家"移植"而来的舶来品，因而作为一种知识系统，科学外在于传统社会的知识体系，作为一种社会制度也与传统的政治、经济、文化等其他社会制度很不一致，甚至存在冲突，因此科学在其整个制

① 奥勒·诺格德著，孙友晋等译，经济制度与民主改革：原苏东国家的转型比较分析，上海：上海人民出版社，2007年，pp. 36 – 38。

② 西达·斯考切波著，何俊志、王学东译，国家与社会革命：对法国、俄国和中国的比较分析，上海：上海人民出版社，2007年，pp. 37 – 38。

③ Jacques Gaillard, V. V. Krishna and Roland Waast, Introduction: Scientific Communities in the Developing Countries, in Jacques Gaillard, V. V. Krishna and Roland Waast (eds.), *Scientific Communities in the Developing Countries*, Sage Publication, 1997, pp. 11 –49.

度化的进程中必须在新的环境里寻求理解，进而建立并维护其在"原产地"所具有的权威（特别是认知权威）地位。而要做到这一点，科学首先需要得到政治上的支持，即获得政治合法性，因为在发展中国家，政治作为各种社会制度中最为基础的制度之一，往往具有极大的影响力。而且，从发展中国家科学发展的实际过程来看，科学的制度化进程始终伴随着政治力量或执政集团的干预，尤其是在科学制度形成的初期，科学往往需要"从政治或执政精英的直接干预中争得一定程度的自主性"，干预的结果或为积极或为消极——无论是科学机构的设立还是"大科学"的选择，无论是科学共同体地位的沉浮还是科学教育内容的取舍，政治在发展中国家的科学发展过程中都扮演着极为关键的角色。①但无论发展中国家的具体国情如何，其科学共同体从未获得过发达国家的同行所享有的"自主性"，这一点也反映在同行评议的运行上。例如，普鲁提（S. Pruthi）等人对印度中央政府研究资助活动中的同行评议进行的调查结果表明，受访的科学家与工程师中有超过 40% 的人认为政府部门对科研项目作出的资助决定与评议人的意见不一致，更有近一半的受访者认为同行评议程序受到了学术以外因素的影响。②

与此同时，研究者也依循"求异法"的逻辑，揭示了发展中国家内部不同国家和不同时期的科学发展模式，即他们所总结的殖民模式、国家模式和私有模式，这三种模式各具鲜明的独特性。③典型

---

① Jacques Gaillard, V. V. Krishna and Roland Waast, Introduction: Scientific Communities in the Developing Countries, in Jacques Gaillard, V. V. Krishna and Roland Waast (eds.), *Scientific Communities in the Developing Countries*, Sage Publication, 1997, pp. 11 –49.

② S. Pruthi, et al, Scientific Community and Peer Review-A Case Study of a Central Government Funding Scheme in India, *Journal of Scientific & Industrial Research*, 1997（56）：398 – 407.

③ Jacques Gaillard, V. V. Krishna and Roland Waast, Introduction: Scientific Communities in the Developing Countries, in Jacques Gaillard, V. V. Krishna and Roland Waast (eds.), *Scientific Communities in the Developing Countries*, Sage Publication, 1997, pp. 11–49.

的殖民模式是指殖民时期的印度、南非和阿根廷等亚非拉国家的科学发展模式，其科学发展深受其宗主国的影响，无论是科学内容、目标取向还是科学专业化水平甚至科学家的身份认同问题，都是如此；第二次世界大战之后，特别是逐步建立起相当规模科学事业的发展中国家在科学发展中呈现出国家模式的特点，不仅国家的科学机构和科学研究都是由本国公民所主导，研究领域和研究方向往往由国家的决策过程所决定，而且随着国家对研发投入的不断增长，政府的干预与协调在科学发展中始终起到主导作用；私有模式是进入20世纪80年代以来一些发展中国家科学发展的新趋势，亦即由于日益融入全球经济一体化、甚至参与到高技术产业领域的国际竞争中（如印度发展的信息技术），私人部门在国家科学、尤其是与高技术产业联系紧密的科学发展中也发挥着越来越重要的作用。

如果说对于殖民模式和私有模式我们还比较陌生的话，国家模式应当是我国科学家所熟悉的。从新中国成立到改革开放前封闭的国际环境下我国科学发展完全由国家控制的情形自不必说，正如本书后面的章节将会指出的那样，尽管改革开放以来我国科学共同体的自主性得到了发展，但近年来随着中央政府对科学投入的不断加大，国家通过资源配置手段调控科学的能力也在加强。但是，这在一定程度上却使得目前的科学政策制定陷入两难的境地——这也是处于全球化时代国家模式下发展中国家科学共同体往往会面临的共同的问题：科学的国家化要求科学为本土社会经济发展服务，而科学的全球化（当与科学的国家化相对应时，也可看做是科学的去国家化）又促使科学家在实际选择研究项目和研究方法时，倾向于与发达国家同行的前沿研究相一致。①这两种诉求的冲突不仅表现在科学政策的制定上，同样也反映在科学共同体开展的同行评议中——

---

① Jacques Gaillard, The behaviour of scientists and scientific communities, in Jean-Jacques Salomon, Francisco R. Sagasti and Celine Sachs-Jeantet (eds.), *The Uncertain Quest: Science, Technology and Development*, Tokyo: The United Nations University Press, 1994, pp. 201—236.

无论是事前评价还是事后评价都是如此。①

　　本研究将在比较分析中同时运用求同法和求异法的两种逻辑，通过比较研究，既揭示 NSF 和 NSFC 在科学资助活动中所面临的共同问题，也试图发现两者受制于国家体制、历史文化、社会基础、科学传统等制度环境因素，对同样的问题而采取的不同策略与解决方案。但是，本研究也会注意到比较方法本身的局限性。比如，进行比较研究时，面对复杂的现象常常会对一些假设的变量做简单化处理，将加以比较的对象单元视为相对独立的单元因而不得不忽略其相互之间的实际关联，等等。更重要的是，比较方法本身"不能替代理论"，因为单靠比较研究方法"不能界定要加以研究的现象"。②尤其是在以国家为中心的科学政策比较研究中，还存在着如何界定国家科学政策的边界（与教育政策、经济政策等相区别），以及如何衡量国家科学活动的成功与否（涉及国际合作和科学家从海外归国等因素对一国科学发展的影响）等问题。③

　　不过，值得庆幸的是，科学论以及制度主义的研究成果恰好可以弥补上述方面的不足，特别是本章前几节所简述的西方学者从不同学科背景和理论视角进行的关于科学知识的本质、科学制度的特点、科学政策的性质等研究，为发展中国家科学政策的研究奠定了重要的理论基础，提供了必要的分析框架。然而，要真正理解 20 世纪——尤其是 20 世纪下半叶以来越来越成为世界科学的重要组成部分的发展中国家科学事业的发展历程，以及发展中国家科学制度与

---

① 近年来，我国科学界围绕着如何看待 SCI 在科研评价中的作用问题进行了激烈的持续争论，而争论的逻辑也是如此：支持以 SCI 的相关指标作为评价我国科研机构乃至个人科研水平的一方认为，科学研究成果应当由世界范围的科学共同体来认定，所谓"国内领先"是没有意义的，只有在国际知名科学期刊上发表论文才可以至少从一个侧面反映出科研具有较高的水平和实力；但反对以 SCI 论文数和引文数作为评价指标的一方认为，由政府投资开展的科学研究首先应当致力于解决国家经济社会发展中的问题。

② 西达·斯考切波著，何俊志、王学东译，国家与社会革命：对法国、俄国和中国的比较分析，上海：上海人民出版社，2007 年，pp. 40 - 41。

③ Sheila Jasanoff, Introduction, in Sheila Jasanoff (ed.), *Comparative Science and Technology Policy*, Edward Elgar Publishing, Inc., 1997, pp. xiii -xxiii.

政策在这一历程中所发挥的作用，还必须结合制度理论的视角，深入考察具体国家科学运行的体制机制与制度环境，特别是要将科学制度的形成与变迁置于全球化背景下发展中国家现代化的历史进程之中，在更广泛和更深远的社会背景下，分析具体国别国家与科学间的关系、国家科学政策演变的动力机制、科学制度与社会其他制度之间的交互等问题，力图从不同角度勾勒出发展中国家科学制度形成与科学政策演变的全景。①本研究的宗旨亦在于此，以下各章将进入具体的比较研究。

---

① Benjamin A. Elman, New Directions in the History of Modern Science in China: Global Science and Comparative History, *Isis*, 2007（98）：517－523。尽管艾尔曼教授提出的研究"新方向"是针对中国近现代科学史而言的，但对其他发展中国家的研究也有借鉴作用。

第二章
国家与科学 —— 科学资助机构与
同行评议机制的建立

主要结构与重大进程在历史上就已经根深蒂固的巨大差异，有助于我们确定什么是必须解释的，并从时间和空间上对这种差异的背景给予可能的解释。事实上，这种差异有时也能提高我们对上述结构和进程的理解。[①]

—— 查尔斯·蒂利（Charles Tilly）

第二次世界大战对于世界范围的科学事业而言，都是具有分水岭意义的标志性事件。由于意识到以科学技术为基础的军事力量在战争胜负中起到了决定性作用，以美国为代表的一些国家在战后或出于军事需要或诉诸经济发展，都将支持科学技术作为政府应尽的责任。亦即重新构建国家与科学的边界，并通过一定的制度安排予以实现。然而，任何制度安排都处于一定的制度结构之中，其运行

---

① Charles Tilly, *Big Structures*, *Large Processes*, *Huge Comparisons*, New York: Russell Sage Foundation, 1984, p. 145. 转引自：奥勒·诺格德著，孙友晋等译，冯绍雷校，经济制度与民主改革：原苏东国家的转型比较分析，上海：上海人民出版社，2007 年，p. 14。

方式、结果和效率不仅取决于自身的特点，而且受到其所处的制度结构与制度环境的影响。第一章已经指出，国家科学资助机构是战后许多国家支持基础科学的重要制度安排，并且此类机构在运行方式上大都采用了同行评议机制，但是由于各国、特别是发达国家和发展中国家之间在政治经济制度、历史文化传统和科学体制化水平等方面存在较大的差异，因此，这些资助机构在国家科学体制中的地位与作用、自身组织结构以及同行评议系统的设立等方面也不相同。了解不同国家科学资助机构的建立与发展历程，可以透视不同社会结构和制度结构中国家与科学的关系，通过比较资助机构的组织结构与运行机制，还可以深入了解不同国家科学体制的特点。

美国 NSF 和中国 NSFC 的建立，分别发生在两国的科学体制转型时期，是各自国家科学制度变迁过程中的重要制度创新，标志着国家与科学的边界的重新构建——NSF 的成立表明美国政府在承担起支持科学研究职责的同时仍然将管理科学的责任留给了科学共同体，NSFC 的成立则是中国政府将微观层面上科研管理的部分责任委托给科学共同体的尝试。尽管 NSFC 在组织方式和运行机制上借鉴了 NSF 的经验，但是由于两者分别创建于不同的时代，更重要的是，两国在社会结构、科学体制，特别是国家与科学的关系等诸多领域存在很大的差异，因而必定在组织结构、资助运行以及同行评议系统等方面呈现出不同的特点。本章将比较 NSF 和 NSFC 在成立的过程中所体现出的国家科学制度变迁及其背景的异同，分析两者在各自国家科学体制中的地位与作用，并考察两个机构组织结构与评议系统的基本特征。本章还将试图说明，当国家科学体制和科学政策发生重大变革时，必然反映在国家与科学之间边界的重新构建上；内生性的制度变革将伴生一套与之相应的制度安排与运行机制，从而使得重新构建的国家与科学的边界逐步实现稳定化；强制性的制度变革所带来的制度安排具有一定的偶然性，而且在其发展过程中也具有不稳定性。

第一节 NSF 和 NSFC 成立的比较制度分析

过去 20 年，伴随着苏联——东欧解体后的经济转轨和制度变革、亚洲金融危机、世界新一轮能源危机等全球性事件的发生，关于不同制度的经济绩效、治理能力以及制度变迁特征的研究，成为经济学、政治学、社会学等相关学科的研究热点。在科学领域，人们承认科学定律、研究方法、逻辑结构是具有普遍性的，但是，不同国家的科学制度是否也存在普遍性？抑或其特殊性远大于普遍性？发展中国家对发达国家科学制度或科学政策的效仿是可能的吗？一个国家科学制度的发展演变在多大程度上受到更为基础的政治经济制度的制约与影响？发展中国家科学体制变迁与西方国家科学制度演变的路径是否相同？类似的制度安排在不同的国家会呈现出哪些不同的特点？对于这些问题的解答，应当是科学政策研究，特别是比较研究的重要议题。

本节将以 NSF 和 NSFC 的成立及其相关背景比较为中心，从具体的案例研究入手，分析 NSF 和 NSFC 成立所体现的两种制度变迁的路径与特点，揭示在两国不同的政治经济制度下科学体制化的特征以及科学制度与政治经济制度之间的关系，以此对上述更具普遍性的问题进行探讨。

一、制度创新的两种类型：诱致性制度变迁与强制性制度变迁

经济学家和法学家等在针对制度变迁的研究中，区分了两种不同类型的制度变迁，即诱致性制度变迁与强制性制度变迁[①]，或自发模式与变法模式[②]。在解释这两类制度变迁之前，有必要首先对

[①] 林毅夫，关于制度变迁的经济学理论：诱致性变迁与强制性变迁，载：R. 科斯、A. 阿尔钦、D. 诺斯等著，刘守英等译，财产权利与制度变迁——产权学派与新制度学派译文集，上海：三联书店上海分店、上海人民出版社，1994 年，pp. 371-418。
[②] 周汉华，变法模式与中国立法法，中国社会科学，2000（1）：91-102。

65

几个基本概念进行解释。①（1）制度安排：是为决定人们的相互关系而人为设定的一套行为规则，可以是正式的（法律、组织、合同等）也可以是非正式的（习俗、传统、规范等），可以是初级的（或基础性的）也可以是次级的，可以是暂时性的也可以是永久性的。一般情况下，"制度"一词常常就是指一项具体的制度安排。（2）制度结构：社会中正式的与非正式的制度安排的总和，不仅包括不同方式的制度安排，也包括社会各个领域的制度安排。（3）制度环境：在经济学中，制度环境是指用来建立生产、交换与分配等经济活动基础的基本政治、社会和法律基础规则。在一般意义上讲，国家基本的政治、社会和法律制度都是具有公共品性质的初级或基础性制度安排，构成了其他安排的制度环境；而其他制度安排则建立在这些基础性制度之上，其发展也受到由这些制度安排所形成的制度环境的限制。

经济学家将制度变迁视为制度需求者与制度供应者之间的博弈所产生的结果，博弈的起点是制度结构原有的均衡状态被打破。②当社会或其中某一领域面临危机，危机会冲击原本均衡的制度结构；当这种均衡遭到破坏，就会出现发生制度变迁的机遇。这就是所谓的制度变迁（或制度创新）危机论。当然，"单独的外在冲击还不足以产生制度变迁"，外在冲击仅仅带来了对新制度的需求，必须同时还有适当的，甚至是有效的制度供应，才能够产生制度变迁。③正如

① 对这些概念的界定参见《财产权利与制度变迁》（R. 科斯、A. 阿尔钦、D. 诺斯等著，刘守英等译，财产权利与制度变迁——产权学派与新制度学派译文集，上海：三联书店上海分店、上海人民出版社，1994 年）的相关章节：L. E. 戴维斯、D. C. 诺斯，制度变迁的理论：概念与原因，pp. 266 - 294，林毅夫，关于制度变迁的经济学理论：诱致性变迁与强制性变迁，pp. 371 - 418。

② 李·J. 阿尔斯通，制度经济学的经验研究：一个概述，载：道格拉斯·C. 诺思、张五常等著，李·J. 阿尔斯通、思拉恩·埃格特森等编，罗仲伟译，制度变革的经验研究，北京：经济科学出版社，2003 年，pp. 28 - 35。

③ 青木昌彦，沿着均衡点演进的制度变迁，载：科斯、诺思、威廉姆森等著，克劳德·梅纳尔编，刘刚、冯健、杨其静、胡琴等译，制度、契约与组织，北京：经济科学出版社，2003 年，pp. 19 - 45。

政治学家所指出的那样："危机状况在国家制度发展中会成为分水岭，而为应对'危机'挑战所采取的行动，往往导致新的制度形式与权力的建立，以及（打破传统的）先例的产生。"[①]在下面分析NSF 和 NSFC 成立的情形中可以看到，在对新制度的需求方面，NSF是在第二次世界大战对美国传统的政府与科学间关系的冲击下成立的，而 NSFC 的成立是"文化大革命"结束后中国政府对科学家呼唤国家建立支持科学新制度（也可视为科学家呼吁建立国家与科学间的新型关系）的回应；在有效制度的供给方面，NSF 所采取的支持科学家个人自由申请项目以及科学共同体对项目申请开展同行评议的方式，借用了第二次世界大战前私人基金会等的做法，而 NSFC 的资助机制则直接借鉴了美国等发达国家科学资助机构（特别是 NSF）的经验。

然而，正如制度学派再三强调的那样，制度具有历史规定性，制度变迁的过程具有很强的路径依赖性。由于任何制度安排都处于制度结构之中，亦即社会中的各种制度相互关联、彼此制约，因此，即使包括法律制度在内的正式规则可以通过强制力量发生巨变，但诸如习俗和行为规范之类的非正式规则，不可能在一夜之间改变，尤其是有些非正式规则已经深深地渗入社会的基础性制度环境之中，不仅决定着人们的行为方式，而且长久地左右着人们的思想观念。所以，一般情况下，制度变迁是"渐进的，而非不连续的"，哪怕是改朝换代式的非连续的变迁，事实上也很少是完全非连续性的。[②]这也是为什么相同或类似的制度安排在不同的制度结构中，其实施效果会存在很大差异的重要原因。制度经济学将制度变迁进行分类，就是试图揭示制度变迁的动因和路径。

[①] Stephen Skowronek, *Building the New American State: The Expansion of National Administrative Capacities, 1877 – 1920*, New York: Cambridge University Press, 1982, p. 10. 转引自: Daniel Lee Kleinman, *Politics on the Endless Frontier: Postwar Research Policy in the United States*, Durham and London: Duke University Press, 1995, p. 18. 引文括号中的文字为本书作者所加（本书以下出现同样的情况时，恕不再一一注明）。
[②] 道格拉斯·C. 诺思著，刘守英译，制度、制度变迁与经济绩效，上海：上海三联书店，1994 年，p. 7。

现代科学产生于西方社会，西方发达国家的科学可以看做是其内生的"自发秩序"，其形成与演变经历了漫长的历史时期。科学制度与其他制度之间虽然有过紧张甚至冲突，但科学本身所体现的价值理性与西方进入现代以来的主流思想观念在总体上是一致的，科学运行的规则也非凭空产生，而是从其制度环境与制度结构中内生的。然而，发展中国家的科学则与之不同，是从外部引入的"强制秩序"，尽管科学的工具理性已在一定程度上得到承认，但其与西方社会价值观紧密相连的价值理性，还远远没有融入科学运行的制度环境中。因此，我们可以将 NSF 的建立视为源于其社会内部需要而产生的诱致性变迁，将 NSFC 的建立看做是在特殊历史时期作为改革开放的一项特别制度安排而引入的强制性变迁。

根据制度经济学的界定，诱致性变迁（induced change）是指社会在响应由制度不均衡所引发的获利机会时自发产生的制度变迁，强制性变迁（imposed change）则是指在政府命令或法律规定下强制形成的制度变迁。[1]当然，诱致性变迁也不排除通过政府法令的手段来加以实现，但在此类制度变迁中，政府行动只是将社会已经接受的秩序和规则以法令的方式确定下来，而不是通过法令强行推行新的秩序与规则。仅从这一点，就可以看到两种制度变迁具有不同的特征，这也就是两种变迁的不同路径，即：诱致性变迁往往是制度环境与制度结构变革在先，制度安排变革在后；而强制性变迁是制度安排在先，制度环境与制度结构变革在后。从制度变迁过程的稳定性来看，诱致性变迁虽然历时较长，但一旦产生则较为稳定，基本规则很少改变；而强制性变迁尽管雷厉风行，但由于基础比较脆弱，在制度演变的过程中会呈现不稳定性。

从 NSF 和 NSFC 的成立与发展的情况来看，也符合这两个方面

---

① 林毅夫，关于制度变迁的经济学理论：诱致性变迁与强制性变迁，载：R. 科斯、A. 阿尔钦、D. 诺斯等著，刘守英等译，财产权利与制度变迁——产权学派与新制度学派译文集，上海：三联书店上海分店、上海人民出版社，1994 年，pp. 371-418。

的特点。NSF 的成立体现了第二次世界大战美国政府与科学的关系、国家与科学的边界方面的新变化，尽管在成立前关于 NSF 的任务与运行规则的争论在国会持续了五年，但也正是因为这些充分的争论与交流，为 NSF 的成立及后来的发展奠定了良好的基础。NSFC 的成立虽然在一定程度上取决于改革开放后国家经济体制的变革，但是在改革初期，无论权力机关还是科学共同体，对于新的市场经济环境下政府与科学的关系以及政府管理科学的基本规则，并没有一个十分明确且达成共识的看法。所以，在此情形之下，国家最高领导人决定"办起来再说"[1]，显然属于制度安排创新先于制度环境与制度结构变革的强制性变迁。在此类制度变迁中，制度环境与制度结构对创新性制度安排有很强的制约作用。

二、第二次世界大战后美国科学体制变革与 NSF 的成立

NSF 成立于 1950 年。但是，关于将要成立的这样一个机构的运行规则和管理方式的争论，从 1945 年就开始了；而关于联邦政府是否需要成立一个整合各相关部门与机构支持基础科学职能的部门或机构的动议和讨论，则可以追溯到美国的新政时期，甚至 19 世纪后期的艾利森委员会（Allison Commission）。[2]因此，NSF 的成立绝非政治人物一纸政令的产物，而是体现了美国科学政策思想、国家科学体制以及政府与科学关系的历史演变，而美国的科学政策、科学体制以及政府与科学的关系所具有的特点，又深深地扎根于其"文化背景、宪政传统和制度环境"之中。[3]

---

[1] 于维栋主编，科学基金制——科学研究永葆活力的催化剂，北京：科学技术出版社，1994 年，p. 73。
[2] 王作跃，为什么美国没有设立科技部？科学文化评论，2005 年第 2 卷第 5 期，pp. 36 – 49。
[3] Bruce L. R. Smith, The United States: The Formation and Breakdown of the Postwar Government-Science Compact, in Etel Solingen (ed.), *Scientists and the State, Domestic Structures and the International Context*, Ann Arbor: The University of Michigan Press, 1994, pp. 33 – 61.

（一）第二次世界大战前的传统

美国作为反对英国王权"独裁者"而建立起来的独立国家，自成立之初就对中央集权式的政府避之唯恐不及。1781年，这个新生国家的第一部框架性法律《联邦条款》，只规定了"一个很弱的中央政府"[①]。由于运转不灵，1787年的制宪大会对该条款进行了修订，形成了现在人们所熟知的美国宪法。尽管1789年正式生效的宪法赋予联邦政府以更大的权力，但这部法律的核心仍然是强调联邦政府和各州政府之间的权力平衡，并规定了行政、立法、司法三权分立的政府组织结构，试图最大限度地限制联邦政府及总统的权力，以保障各州政府的主权以及公民的自由权利。对于科学事务而言，美国宪法也"将联邦政府的权力限制在最低限度的必要作用上"，其中只有两个地方涉及了联邦对科学资源的动员、管理与协调，第一条第八款赋予国会"通过保证著作人和发明人对其著作和发现的独占权，以促进科学……进步"的权力，同一条款还允许国会规定"度量衡的统一"[②]。除此之外，与教育、文化、州内贸易等事务相关的权力保留在各州政府的手中，而科学研究则是宪法没有明确规定的领域，属于"人民"自主拥有的基本权利。

因此，在第二次世界大战以前的美国历史上，国家与科学分属两个界限分明且相互隔离的领域，政府与科学基本上是"井水不犯河水"的关系，不仅联邦政府和科学共同体相互疏远，而且双方都乐于保持这种隔离的状态。[③]不过，美国的政治精英并非科学的反对者，也不是对科学一窍不通，事实上，美国的开国元勋对科学及其对社会的作用都有相当深刻的认识，托马斯·杰斐逊（Thomas Jefferson）还是科学活动热情的资助人，而本杰明·富兰克林（Benja-

---

① 威廉·A. 布兰彼得，美国科学政策的法律和历史基础，科学学研究，2005（3）：289－297。
② Bruce L R. Smith, *American Science Policy Since World War II*, Washington D. C. : The Brookings Institution, 1990, p. 1.
③ Daniel S. Greenberg, *The Politics of Pure Science*, New York: The New American Library, 1967, pp. 51-52.

min Franklin）本人更是杰出的科学家。[1]然而，直到 20 世纪 30 年代初以前，政府及其领导人都愿意小心地在政府和纯科学（或基础科学）之间构筑一道"隔离墙"[2]——对未知世界的探索被认为是属于大学和非政府研究中心的领地，联邦政府对科学的介入则仅限于"实用"科学的领域，如：地质勘探、大地勘测、科学调查、武器制造、农业开发等。19 世纪有几次动用联邦经费建立国立大学和建造国家基础科学设施等的提议，在国会却从未获得通过。[3]

不过，现代意义的美国科学研究体系在 19 世纪中后期已经开始呈现。科学不再是业余爱好者的活动，而已经成为一种职业，科学家在三大部门——政府、产业界和高等教育机构——的多元化分布格局也基本形成，只是各部门为科学活动寻求财政支持是其自己的事情，从来不是联邦的责任。但是，随着科学事业的发展，这个正在崛起的新兴国家越来越迫切地呼唤着科学的"大规模集体化努力"，以及因之而带来的"科学的集中化、专业化和各部门之间的彼此依存与互动"。[4]尤其是在 20 世纪的第一次世界大战和 30 年代的大萧条中，国家对科学的需求开始影响到联邦政府和科学界的"自由放任"（laissez-faire）传统，催生了国家主义的兴起。但美国政府与科学之间关系的彻底改变，还要等到第二次世界大战之后。[5]

---

① Bruce L. R. Smith, The United States: The Formation and Breakdown of the Postwar Government-Science Compact, in Etel Solingen (ed.), *Scientists and the State, Domestic Structures and the International Context*, Ann Arbor: The University of Michigan Press, 1994, pp. 33 – 61.

② Milton Lomask, *A Minor Miracle: an Informal History of the National Science Foundation*, Washington D. C.: US Government Printing Office, 1976, pp. 34 – 35.

③ 威廉·A. 布兰彼得，美国科学政策的法律和历史基础，科学学研究，2005（3）：289 – 297.

④ Robert V. Bruce, *The Launching of Modern American Science, 1846 – 1876*, New York: Cornell University Press, 1988, pp. 1–6.

⑤ Bruce L. R. Smith, The United States: The Formation and Breakdown of the Postwar Government-Science Compact, in Etel Solingen (ed.), *Scientists and the State, Domestic Structures and the International Context*, Ann Arbor: The University of Michigan Press, 1994, pp. 33 – 61.

（二）传统的松动与第二次世界大战中的分歧

19 世纪末到 20 世纪初，随着美国工业化进程的推进，产业界的研究能力大为提高，工业巨头设立的慈善性基金会对科学研究的兴趣和支持也日益增大。南北战争期间到 19 世纪后期，联邦和各州政府在有关农业、采矿、天气预报、公共卫生等领域应用研究中的责任，得到了明确并逐步加强，但直至第一次世界大战之前，政府对军事部门的研究活动却一直较为忽视。①战争总是一个国家所遭遇的最严重的危机。第一次世界大战不仅促使联邦开始注意到政府在航空等军事领域技术与生产的不足，而且推动了大学、技术性企业、慈善性基金会和政府在相关领域科学研究和人才培养的合作与互动。不过，当战争结束后，各部门在战争期间建立起来的联系并没有制度化，政府与科学的关系基本上又回到了从前。②

始于 1929 年的美国经济大萧条和随之而产生的罗斯福新政（the New Deal），比第一次世界大战更为有力地动摇了国家与科学之间的传统关系。面对美国历史上前所未有的严重的经济危机，富兰克林·罗斯福（Franklin D. Roosevelt）总统主张政府应当承担起责任，将美国从危机中挽救出来。此时，以卡尔·康普顿（Karl T. Compton）和伊撒亚·鲍曼（Isaiah Bowman）为代表的新一代科学精英，既赞成政府向处于困境的大学研究伸出援手，也同意科学应当为国家经济复苏和社会进步作出贡献。他们不仅是杰出的科学家、全国性科学组织的成员，而且是大学和研究机构的领导人，还与工业实验室及相关政府部门有着广泛的联系；他们既在科学界享有崇高的威望，又具有组织管理能力，懂得如何与官僚、政治家和媒体打交道。③作

---

① Bruce L. R. Smith, *American Science Policy Since World War II*, Washington D. C.：The Brookings Institution, 1990, p. 29.

② Daniel Lee Kleinman, *Politics on the Endless Frontier：Postwar Research Policy in the United States*, Durham and London：Duke University Press, 1995, p. 31.

③ Robert Kargon and Elizabeth Hodes, Karl Compton, Isaiah Bowman, and the Politics of Science in the Great Depression, *Isis*, 1985（76）：301-318.

为科学界新的领导者，他们集科学资本和社会资本于一身，由他们作为穿梭于科学与政治、科学与社会之间的联系人，是再合适不过了。更重要的是，他们放弃了前辈所主张的政府对科学应当完全自由放任的观念，转而支持罗斯福总统的新政。与此同时，支持新政的政治人物和产业界代表，也对通过科学来重建经济与社会的思想兴趣甚浓。美国科学与政治及社会彼此分离的传统已经开始松动。

1940 年，随着纳粹军队陆续侵略法、英等国，整个欧洲战云密布，美国一些政治家和科学家不仅预见到国家卷入战争之必然，而且担心国家军事部门的研究能力不能满足战争的需要，科学精英甚至对军方保守的科研组织与管理状况也深为不满。是年 5 月，华盛顿的卡内基研究院院长、麻省理工学院前副院长万尼瓦尔·布什向罗斯福总统建议，成立国家防务研究委员会（NDRC），总统同意了该建议。布什成为 NDRC 的主席，并与同在 NDRC 效力的康普顿、詹姆斯·康南特（James B. Conant）和弗兰克·朱厄特（Frank B. Jewett）一道，在后来的岁月里成为第二次世界大战时期美国最重要的科学领导人。一年后，NDRC 扩展为权力更大的科学研究与发展局（OSRD），布什仍然是新机构的领导人。太平洋战争爆发后，OSRD 已成为一个握有很大权力的机构。OSRD 负责制定战时研究政策，动员与协调全国的研究力量。作为 OSRD 的领导人，布什不仅可以直接调用全国科学、工程、医学研究方面的资源，还可以直接接近总统，成为总统非正式的科学顾问。特别是 OSRD 获权代表政府，与大学和工业实验室签订合同，让其承担军事领域的研发活动——这一方式"不仅资助了战争武器研究，而且通过产品原型开发，填补了武器研究与政府购买（武器）之间的空缺"[1]；更为重要的是，承担政府的研究任务的科学家不必集中起来，而是各自分散

---

① J. Merton England, *A Patron for Pure Science: the National Science Foundation's Formative Years, 1945 - 57*, National Science Foundation, Washington D. C., 1982, p. 5.

在具有浓厚学术气氛的大学或实验室进行研究，在研究的过程中也保持着相当大的自主性。在突如其来的战争面前，由于军方没有时间建立新的实验室，也来不及培养新的专业人才，与国家命运生死攸关的研究任务只能寄希望于大学、工业实验室和非营利研究机构的科学家。因此，麻省理工学院、哈佛大学等名牌大学，贝尔电话实验室等少数大公司实验室，以及卡内基研究院等私立研究机构，承担了 OSRD 的绝大多数研究合同。

在战争期间，尽管人们对于美国政府的科学职责以及社会如何支持科学研究等问题不可能进行详尽的讨论，但是，具有平民主义倾向的新政派政治家们不同于持有精英主义思想的科学领导人，他们对战时科学研究分布的集中性、有利于大公司的专利政策等状况很不以为然。他们的代表人物是哈雷·基尔戈（Harley Kilgore）参议员。基尔戈利用自己国会议员的身份，在战争期间多次举行听证会，主张国家设立由广泛代表公众利益的人士控制的权力集中的政府机构，阻止由少数大公司和私立大学来主导国家的研究系统，充分发挥广大小企业和个人发明家的作用，积极开发所有与战争相关的专利和生产流程，以突破阻碍国家动员和调动科学技术资源的"瓶颈"。①

然而，布什等科学精英则担心战争总动员的方式会导致政府对科学控制太多，认为无论是这种方式本身还是其取得的效果（包括曼哈顿计划及其成就）肯定不可持续。布什基于自己与军方官僚之间的不愉快经历，担心政府定向采购式的资助方式会妨碍创造性研究的产生，甚至对自己所担任的 OSRD 局长一职也颇为不满，认为OSRD "对于和平时期的'科学活动'组织而言不够民主——局长的独裁权力太大"②，因而再三表示，战时的科研组织方式实乃权宜

---

① Daniel J. Kevles, The National Science Foundation and the Debate over Postwar Research Policy, 1942 – 1945, Isis, 1977, 68 (241): 5 – 26.

② J. Merton England, A Patron for Pure Science: the National Science Foundation's Formative Years, 1945 – 57, National Science Foundation, Washington D. C., 1982, p. 11.

之计和非常之举，一旦战争结束，OSRD 将立即解散；和平时期的政府需要建立新的科学资助机制，绝不应当是由庞大的集中式的政府部门来主导国家的科学体系，资助方式也不是附加很多硬性规定的程式化模式。[①]不过，布什所设想的和平时期国家资助科学的具体模式，还要等到他在提交给罗斯福总统的著名报告《科学——没有止境的前沿》中才有详细的阐述。

(三)《科学——没有止境的前沿》与 NSF 的成立

1944 年 11 月，在战争即将结束之际，罗斯福总统致信布什博士，要求他就如何将战时"协同合作研究的独特经验"有效地用于和平时期国家的发展问题提出建议。总统的具体问题包括四个方面：第一，在国家安全允许的情况下，美国如何消化与吸收战争中积累的科学知识储备？第二，国家如何组织研究计划，以继续战时与疾病作斗争所取得的重大进展？第三，政府怎样促进与帮助公立与私立部门的科学研究？第四，怎样更好地发现和培养美国青年的科学才能？[②]

为了回答总统的问题，布什召集了约五十位美国最优秀的科学家和教育家（包括前面提到的鲍曼、康普顿和康南特），组成了四个委员会，分别对上述四个问题进行专题研究。八个月之后的 1945 年 7 月 5 日，布什向杜鲁门（Harry Truman）总统[③]提交了研究结果，包括布什的总报告和四个专题的分报告。布什的总报告采用了一个激动人心的标题，即《科学——没有止境的前沿》——将美国不断开拓新疆界的拓荒精神与科学研究中永远探索新前沿的无尽追求巧妙地结合起来，使之成为战后美国科学政策，乃至西方科学政策中最具影响力的文献。布什指出，联邦政府不仅有权力，而且有

---

① Bruce L. R. Smith, *American Science Policy Since World War II*, Washington D. C.：The Brookings Institution，1990，pp. 34 – 35.

② V. 布什等著，范岱年、解道华等译，科学——没有止境的前沿，北京：商务印书馆，2004 年，pp. 42 – 43.

③ 罗斯福总统于 1945 年 4 月去世，杜鲁门接替了总统职位。

责任支持科学研究，这不仅由于科学进步将促进经济繁荣、国民健康、国家安全、公共福利等各领域的发展，而且由于美国"不能再指望把受战争破坏的欧洲作为基础知识的来源"，而"必须对我们自己发现这种知识给予更多的关注，尤其是因为将来的科学应用比以往任何时候更依赖于这些基础知识"。①

作为战后美国科学政策的奠基性文件，布什报告的重要性不仅在于强调了联邦支持科学研究的责任，而且在于提出了政府"承担（其科学）职责的条件与规则"②，即明确了应当由科学共同体而不是由政府来控制科学。布什指出，"必须小心谨慎地把战时采用的方法转用到非常不同的和平环境中去。……必须去掉我们（在战时）曾不得不实行的硬性控制，恢复探索的自由和为扩充科学知识前沿所必需的那种健康的科学竞争精神。"③他建议，联邦成立一个国家研究基金会，旨在"发展和促进国家的科学研究和科学教育政策……资助非营利组织中的基础研究工作……通过奖学金和研究补助金来培养美国青年中的科学人才……靠合同和其他方式支持军事问题的长期研究工作"④。按照布什及其科学精英团队的设想，这个基金会的基本职责是维护科学家探索的自由，包括"免于压力集团影响的自由，免于必须产出直接且实用的成果的自由，免于听命于任何中央委员会的自由"⑤。因此，其管理者"应该是与政府没有任何其他联系而且不代表任何特殊利益的人"，他们必须是"对科学研究和教育的特性有广

---

① V. 布什等著，范岱年、解道华等译，科学——没有止境的前沿，北京：商务印书馆，2004 年，p. 69。

② Claude E. Barfield, Introduction and Overview, in Claude E. Barfield (ed.), *Science for the Twenty-first Century: the Bush Report Revisited*, Washington D. C.: The American Enterprise Institute Press, 1997, p. 3.

③ V. 布什等著，范岱年、解道华等译，科学——没有止境的前沿，北京：商务印书馆，2004 年，pp. 54 – 55。

④ 同上，p. 88。

⑤ Vannevar Bush, *Science—the Endless Frontier*, United States Government Printing Office, Washington: 1945, http://www.nsf.gov/about/history/nsf50/vbush1945.jsp.

泛的兴趣和理解的人"①，即是科学共同体的成员。"为了保证选派最有能力和经验的人当基金会委员"以及基金会的主要管理人员，布什还建议，给予这些人以"特殊的授权"，让其保留在大学和研究所的职业，在基金会从事兼职的管理工作。②另外，为了避免受到政治的影响，同时不与产业界形成竞争的关系，布什指出，这个基金会不支持应用研究而只支持基础研究③，而且是在"公立或私立的学院、大学和研究所"等非营利性机构中进行的基础研究；这些机构在接受资助时，其"本身保留有关政策、人员、方法以及研究范围的内部管理权而不受干预"。④

正是在基金会的行政管理结构与科学控制权方面，基尔戈的方案与布什的方案存在无法调和的根本性分歧。基尔戈及其新政派同僚在 1942 年、1943 年和 1945 年陆续向国会提交了关于国家支持科学研究的立法草案，在此基础上最终形成了关于创建国家科学基金会的法案。⑤不同于布什的方案旨在推动基础科学发展的目的，基尔戈的方案认为，战争结束后，联邦应当将战时支持军事领域科学技术的活动直接转向经济社会领域，以解决国家环境、交通、卫生、贫困等方面的问题。所以应该说，在政府是否应当支持科学研究这一点上，科学家与政治家的主张是一致的，双方的态度都是确定无疑的。但是，在战后科学"谁主沉浮"的问题上，双方的想法却截然不同。双方基于各自不同的经历、立场、社会背景等而形成的关于科学控制权的信念差异，演变成国会关于建立 NSF 的长达五年的立法争论。争论的中心问题集中在五个方面：一是受资助研究成果

---

① V. 布什等著，范岱年、解道华等译，科学——没有止境的前沿，北京：商务印书馆，2004 年，p. 88，pp. 85 - 86。

② 同上，p. 93。

③ 直到 1968 年国会对 NSF 法进行修订时，才赋予其支持应用研究以及社会科学的职责。

④ V. 布什等著，范岱年、解道华等译，科学——没有止境的前沿，北京：商务印书馆，2004 年，p. 86。

⑤ George T. Mazuzan, *The National Science Foundation: A Brief History*, NSF-88-16, NSF Office of Legislative and Public Affairs, July 15, 1994, http://www.nsf. gov/pubs/stis1994/nsf8816/nsf8816. txt.

的专利归属问题，二是社会科学是否应当纳入基金会的资助范围问题，三是基金会是否只资助基础研究的问题，四是联邦研究经费地理分布的集中与均衡问题，五是基金会应当由谁控制的问题。①

在这场立法争论中，不仅有政治家和科学家、国会议员和总统、新政派与反新政派卷入其中，而且军方、产业界等诸多利益集团都表达了各自的立场。各方面的观念和意见的融合与妥协，不仅决定了 NSF 法的最终文本，而且对美国战后科学政策的形成与演变产生了深远的影响。1950 年国会授权成立 NSF 的最终法律文件看上去更多的采纳了布什的方案（表 2.1），但实际上，在一些重要的地方则是各方面意见折中的产物，有的建议到十多年后才成为现实。

表 2.1 NSF 立法方案和最终法律文本要点对比

	平民主义式的方案 （基尔戈）	科学家/专业性的方案 （布什）	1950 年 国家科学基金会法
协调/计划	强指令	弱协调指令	弱协调指令
控制/行政管理	工商界、劳动者、农场主、消费者	科学家（及其他专家）	科学家（及其他专家）
所支持的研究	基础研究和应用研究"社会科学"	只有基础研究	只有基础研究
专利政策	非独占许可	不实行非独占许可	不实行非独占许可

来源：Daniel L Kleinman，1995.②

关于 NSF 的行政结构问题。布什的方案主张基金会的主任由其委员会成员（来自科学共同体）聘任，从而不受政治的控制，但基尔戈的方案则强调基金会的控制权应当掌握在民选政治家的手中，以充分体现公众的利益。1950 年 NSF 法规定，基金会由 24 位来自

---

① J. Merton England, *A Patron for Pure Science：the National Science Foundation's Formative Years, 1945 - 57*, National Science Foundation, Washington D. C. , 1982, p. 5.

② Daniel Lee Kleinman, *Politics on the Endless Frontier：Postwar Research Policy in the United States*, Durham and London：Duke University Press, 1995, p. 138.

科学界和教育界的杰出代表所组成的国家科学委员会（NSB）和一位主任组成，NSB 是 NSF 的决策机构，而主任负责 NSF 的日常事务；NSF 主任由 NSB 成员推荐产生，但 NSB 委员和 NSF 主任都由美国总统任命并得到参议院批准。因此，NSF 的决策机构和日常管理工作领导人，同时向科学共同体和政治集团负责。

关于联邦研究经费的地理分布问题。布什的方案是根据大学和研究机构的研究能力，将 NSF 的经费切块分配下去。但基尔戈认为，这样会造成研究经费在地域与机构上的集中。最后的方案采取了对每一份研究项目申请进行同行评议的方式，既保证了最好的研究得到资助，也避免了整体研究实力较弱的机构得不到资助的情况发生。

关于 NSF 的资助范围问题。布什的方案是只支持自然科学中的基础研究，而基尔戈的方案则要求将应用研究和社会科学都包括在内。1950 年 NSF 法采纳了布什的建议，因为这既反映了当时具有很高社会威望的科学精英的看法和策略（即科学免受政治干预），也得到了军方和产业界的支持，同时还避免了由资助应用研究而产生的专利问题。不过，NSF 法在措辞上采取了一种模糊处理的策略，在明确表示了资助数学、物质科学、医学、生物学、工程学领域的基础研究之外，还在后面加上了"其他科学"的字样。

关于联邦资助的科学研究所获得的专利权问题。布什的方案提出赋予 NSF 一定的权限，使之能够根据具体情况，按照符合公众利益的准则，自由地与受资助方协商专利权问题；而基尔戈的方案则规定，凡是源自 NSF 资助产生的成果都是美国的国家财富，其专利权应当国有。但最终的方案由于严格地将 NSF 的资助范围限制在基础研究，也就回避了专利政策问题。

因而，建立 NSF 这样一个机构的新的制度安排，并非要取代已有的其他联邦机构，而只是对已有制度结构的补充。事实上，到1950 年 NSF 最终创建时，其规模和预算都比布什的预想要小得多，因为他原先方案中基金会支持国防和临床医学领域基础研究的任务已基本消失，由战后成立的海军研究办公室（ONR）、原子能委员会（AEC）以及国立卫生研究院（NIH）承担。不过，面对这样一种联邦支持科学研究多元化的状况，"科学家们很高兴有这样一种同美国的传统相一致的更加广泛的支持基础"①，而且他们可以通过更多渠道从联邦政府获得资助经费。

通过回顾美国科学体制的演变以及 NSF 成立的历史，我们可以说，当 NSF 这一新的制度安排产生时，自战前以来，特别是罗斯福新政以来一直处在变动中的国家意识形态、制度结构与制度环境已经为其铺平了道路，第二次世界大战期间及之后的各种观点争论和意见陈述，也为战后国家科学体制与科学政策的变迁奠定了基础。在这种情况下，NSF 的成立可以说是水到渠成。

三、中国科学体制改革与 NSFC 的成立

现代科学在中国的发展与在其他发展中国家相似，经历了从科学知识到科学制度移植的过程。中国科学体制化的早期历程是在与西方科学的互动中进行的，尽管如此，当时的政治精英和科学精英都将科学视为实现民族独立与国家富强——即改变国家命运的重要手段，发展科学的计划始终是国家实现现代化努力的一部分。②1949年中华人民共和国建立，国家发展科学的努力大为增强，与此同时，国家对科学采取的是高度集中的控制与管理，亦即国家与科学的关系基本上是控制与被控制的关系。计划体制的制度结构与独立自主的发展诉求，对中国过去半个多世纪的科学发展产生了深远的影响。1978 年改革开放以来，中国社会进入了又一个转型阶段，即从计划经济体制向市场经济体制的转型，国家与科学的边界得以重新建构，国家科学体制和科学政策随之发生转变。与这样的转变相

---

① V. 布什等著，范岱年、解道华等译，科学——没有止境的前沿，北京：商务印书馆，2004 年，p. 18。

② William C. Kirby, Technocratic organization and technological development in China: the nationalist experience and legacy, 1928 – 1953, in Denis Fred Simon and Merle Goldman (ed.), *Science and Technology in Post-Mao China*, Cambridge: Harvard University Press, 1989, pp. 23 – 43.

伴随，NSFC 应运而生。

（一）中国科学体制化的早期发展

虽然西方近代科学知识输入中国在明末清初的中西交流中就已经有过，但国人有意识地引进西方科学知识则始于 19 世纪下半叶的自强运动，而开始对西方科学制度的大规模移植则是 20 世纪二三十年代的事。[①]随着独立的民族国家初步建立，民族经济快速发展，包括科学教育在内的现代教育制度形成并迅速发展，一批从欧美留学归来的科学家不仅极大地提升了国内大学的研究水平和教育水平，而且将西方科学中诸如科学社团、学术期刊、专业学会、政府和非政府研究机构等重要的制度安排引入中国，这一蓬勃发展的势头直到日本发动侵华战争才被迫中断。中国科学制度化进程重要的标志之一，当属 1914 年中国科学社的建立。这个成立于美国康奈尔大学的中国留学生组成的科学社团，立意效仿美国科学促进会（AAAS），希望通过促进中国"学术思想之进步"，推动"民权国力之发展"。[②]而这一宗旨似乎就预示着中国科学在国家现代化过程中的特殊承载，即"启蒙"、"救亡"、"强兵"、"兴国"，而现代科学在西方国家所要求的自主性，在这里则始终缺乏足够的合法性。

不过，民国时期中国科学在制度化进程中学习西方经验的倾向还是相当明显的，无论是科学家的职业化模式还是科研人员及成果的评议标准，大都沿袭了欧美科学体制与管理机制。然而，随着 1949 年新中国的成立，欧美体制不能适应计划体制和新政权意识形态的要求，中国转而学习苏联，建立起高度集中化和国家化的科学体制。

---

① 郝刘祥、王扬宗，科学传统与中国科学事业的现代化，科学文化评论，2004（1）：18－34。

② 任鸿隽著，樊洪业、张久春选编，科学救国之梦——任鸿隽文存，上海：上海科技教育出版社、上海科学技术出版社，2002 年，p. 14。

（二）计划体制下的中国科学与科学体制

与旧体制相比，新体制的创建强化了国家研究系统，建立了大规模成体系的国立研究机构以及地方和行业研究机构，基础研究主要在国立研究机构进行，而应用研究则根据不同的专业大都分散在各行业部门的研究机构。对苏联模式的效仿导致了科研与教学的分离，全国设立了学科门类较为齐全（主要指自然科学与工程领域）的各类专业性高等学校，由这些高等教育机构承担科学教育的职责。在计划经济时代，中国科学技术事业得到了令人瞩目的发展，"两弹一星"成为这一时期最具代表性的科学技术成就之一。同时，国家也培养了大批满足国民经济建设需求的各类科学技术人才。

在这一时期，由于实行高度集中的非竞争性的计划体制，国家与科学的关系类似于国家与经济、社会等领域之间关系的状况，国家占据了绝对主导的地位——无论是研究方向的选择与学术荣誉的授予，还是科研经费的分配与学术成果的交流，科学共同体的意见都不可能是决定性的，有时甚至是无足轻重的。借用萨特米尔关于1957年前后中国科研组织中可供选择的两种模式，即专业模式与科层制模式，对其稍加改造，就可以成为更具有普遍意义的科研组织的两种不同模式，即，竞争体制下的专业模式与计划体制下的计划模式（表2.2）。中国在改革开放前对科学活动实行管理的主要是计划模式。

表2.2　科研组织的专业模式与计划模式

组织管理要素	专业模式	计划模式
科研活动的倡导者	科学家	行政与管理人员
领导权	有科研和组织能力的科学家	非科学家担任主要领导职务，但具体研究工作可以由权力小于管理人员的科研人员进行领导
权力集中度	权力分散于富有经验的科学家个人	权力集中于科研管理部门
人员招募	由科学家主持，以表现出来的才智能力为基础	由管理人员主持，以组织需要和传统做法为基础

组织管理要素	专业模式	计划模式
人才流动	自由流动，由市场需求和个人兴趣爱好决定	行政上统一管理，以组织需要和传统做法为基础
奖励与刺激	尽管希望在经济上获得丰厚的补偿，但是，最有意义的奖励却是科学界国际同行的承认。因而，出版文献以获得承认就是刺激，也有为国家服务的愿望，但首先考虑的是获得承认	给科学家以较高的薪酬以表明政府重视科学家，国家对政府承认的科研成就给予奖励；但是与此同时，对于大多数专业的科研人员而言，研究活动本身得不到奖励
研究方案选择	科学内部发展的作用，"范式"的影响	国家需求起决定性作用，表现在各种科技规划与计划中
研究方案控制	由有能力的科学家灵活掌握	由管理人员和科研人员协商掌握
项目评价	由优秀科学家、最终由科学共同体进行评价	参照计划，从行政上予以评价
信息交流	通过学术期刊和专业会议非正式地进行	按照组织程序正式进行；为了组织的利益和国家的安排，保密得到合法化，建立特殊手段进行信息传递和保密工作
国际合作	广泛的国际交流与合作	有限的国际合作在很大程度上受到政治的影响
代际关系	原则上是专业知识与成就而不是新老科学家的代际差别构成不同学术地位的基础	老一辈科学家具有相当的学术权威，但是有责任培养年轻科学家
非学术性活动	尽量不受非学术活动的干扰	政治活动必须参加，许多担任行政职务的知名科学家承担较多的行政管理事务

来源：参照萨特米尔的研究[①]，略作了一些修改。

尽管在政治目标的推动下以及在计划体制结构的特殊安排中，国家科学事业在 20 世纪 50 年代和 60 年代前半期得到了快速发展，

---

① 理查德·P. 萨特米尔著，袁南生等译，刘戟锋校，科研与革命，北京：国防科技大学出版社，1989 年，pp. 96 – 98。

但是随着政治运动的不断升级，科研秩序常常被打乱，无论是得到信任还是作为改造对象的科学精英或普通的科研人员，都在各种运动中受到不同程度的冲击。科研管理的计划模式的弊病也愈加突出，如科学资源的过分集中，具有政治优先性的科研项目不计成本，科学对国家经济发展的贡献极为有限，对科研人员从事研究的激励也很不够，而且缺乏学术交流的有效机制，等等。特别是到了"文化大革命"期间，国家政治、经济、社会、文化等各个领域都经历了"十年浩劫"，科学也遭受了空前的灾难，包括科学家在内的专家、学者成为社会最底层的"臭老九"，"学术沦为政治的附庸，导致学术边界丧失，科学边界丧失"①，国家的科学事业陷入难以为继的危机之中。然而，也正是在这一危机下，出现了改革的契机。

（三）改革开放与 NSFC 的成立

1976 年 10 月，"文化大革命"结束，中国开始重新回到以实现现代化为目标的发展轨道。1978 年 3 月召开的全国科学大会，向出席会议的经受了空前浩劫的优秀科技工作者表示"感谢和敬意"。大会明确指出，科学技术是实现"四个现代化"的关键所在。邓小平在开幕式上宣告，"文化大革命"中"肆意摧残科学事业、迫害知识分子的那种情景，一去不复返了。……一个向科学技术现代化进军的热潮正在全国迅猛兴起"。回顾共和国 20 多年的历史，他坦言："党对科学技术工作的领导，虽然积累了一些经验，但是……怎样科学地组织管理和领导好社会主义的科学事业，我们面前还有很大的未被认识的必然王国。"②正是在这次讲话中，邓小平提出"科学技术是生产力"、科学家"是劳动人民的一部分"的论断，不仅使中国的科学与科学共同体重新获得了政治上的合法性，而且预示着国家在

① 王扬宗，不当专家当农民——"文革"前科研人员参加体力劳动的政策与实践，科学文化评论，2009 年第 6 卷第 1 期，pp. 33－67。

② 邓小平，在全国科学大会开幕式上的讲话，载：邓小平，邓小平文选（第二卷），第 2 版，北京：人民出版社，1994 年，pp. 85－100。

科学技术组织管理方面即将发生重大转变。

1978 年 11 月中共十一届三中全会召开，国家经济体制改革正式启动。经济体制改革进一步导致了国家科学体制的改革以及科研管理方式的改变，科研活动在计划体制下完全由国家及其部门控制的局面得以改善，国家与科学的关系得到调整。最直接和具体的表现就是，国家改革了科研经费由中央政府切块分配到相关机构、再由各机构根据计划分配给研究人员的方式，设立了支持科学家自由选题开展研究的自然科学基金，并在科学基金项目遴选中引入了由科学共同体主导的同行评议制度。因此，与苏联东欧等其他转型国家科学体制改革的情况类似，同行评议的引入不应仅看做是科研管理方式的改革，而应视为更为广泛的国家科学与社会结构转型的一部分。①

如同美国 NSF 成立的动议来自科学精英一样，关于国家设立自然科学基金的动议也来自中国科学界的精英。所不同的是，成立 NSF 的动议的提出，是美国科学精英与政治精英互动的结果，而 NSFC 成立的动议则是中国科学共同体自己主动提出的。1981 年 5 月中国科学院举行第四次学部委员大会，当时中共中央和国务院主要领导出席了会议，给"全体学部委员以巨大的鼓舞"②。大会期间，数理学部的张文裕、谢希德等 48 位学部委员以及生物学部曹天钦、谈家桢等 41 位学部委员，于 5 月 15 日分别致信中共中央和国务院领导，就国家设立中国科学院科学基金提出建议。③在 48 位学部委员的信中，关于该基金的作用，他们指出："这个基金面向全国……可以在更大程度上调动科学工作者的积极性……可以打破部

---

① Mark S. Frankel and Jane Cave, Introduction, in Mark S. Frankel and Jane Cave (eds.), *Evaluating Science and Scientists*, Budapest: Central European University Press, 1997, pp. 1–6.

② 张文裕、谢希德等致邓小平、胡耀邦等人的信，1981 年 5 月 15 日，国家自然科学基金委员会档案。

③ 国家自然科学基金委员会编，国家自然科学基金发展历程，北京：国家自然科学基金委员会，2006 年，p. 1.

门之间的界限，鼓励各部门、各单位科学家之间的协作……可以对科学研究方向起一定的指导和协调作用。"关于该基金的运行方式，他们建议："课题的选择，经过学部组织同行评议，择优支持。"[1]41位学部委员的信则简要阐述了设立该基金用于"支持基础研究和应用基础研究"的重要性、必要性与可行性。他们特别指出，"科学发达国家通过国家拨款设立科学基金"用来支持科学研究，已经取得"巨大成效"。他们还预言，"设立中国科学院学部科学基金，是我国科学体制上的一项重大改革，必将对我国科学事业的发展，对四个现代化的建设起重大的作用"[2]。

提出这样一个建议，可以说具有一定的偶然性，因为在全国科学大会上审议通过的"文化大革命"后的第一个国家科技规划《1978—1985年全国科学技术发展规划纲要》中，并没有关于设立面向全国的科学基金的计划与安排；但这个建议的提出，也具有一定的必然性，因为"科学的春天"已经到来，科学技术的重要性已得到充分承认，科学共同体的地位与发挥作用的方式也在发生深刻变化。中国科学院作为国家自然科学领域最高的学术机构，于1979年恢复了学部活动，1979—1980年开展了学部委员增补工作。[3]更为重要的是，1981年5月的第四次学部委员大会对中国科学院的领导体制进行了改革，"全体学部委员以无记名投票的办法选举产生了由29人组成的中国科学院主席团"，并推选了新任的中国科学院院长和副院长。[4]这些努力的意图似乎都表明，科学精英希望在国家的科学事务中发挥重要作用，而这些努力的结果是，这段时间里以学部委员为

① 张文裕、谢希德等48位学部委员致邓小平、胡耀邦等人的信，1981年5月15日，国家自然科学基金委员会档案。

② 曹天钦、谈家桢等41位学部委员致邓小平、胡耀邦等人的信，1981年5月15日，国家自然科学基金委员会档案。

③ 王扬宗，中国院士制度的建立及问题，科学文化评论，2005（6）：5-22。

④ 樊洪业主编，中国科学院编年史：1949—1999，上海：上海科技教育出版社，1999年，p.269。在1984年1月5—12日举行的第五次学部委员大会上，方毅代表中共中央和国务院讲话，宣布"中国科学院实行院长负责制，院长人选不再由主席团推选，改由国务院总理提名，报请全国人民代表大会或人大常委会任命"（樊洪业主编，1999年，p.287）。

代表的科学精英的确在国家科学政策中产生了重要的影响。第四次学部委员大会期间 89 位学部委员要求设立科学基金的建议，迅速得到了国家最高决策层的回复，到 5 月 21 日，党和国家领导人都陆续作出批示，赞同设立这一基金。[1]

1981 年 11 月中国科学院科学基金委员会成立。1982 年国家向中国科学院科学基金拨付 3000 万元（少于建议中的 5000 万元），支持面向全国科学家（特别是高等学校、部门和地方所属科研院所）的基础研究工作。[2]至此，采用科学家自由申请和同行评议的机制来支持科学研究的科学基金，在我国建立起来。由于中国科学院科学基金委员会设在科学院，其委员全部由学部委员担任，并由中国科学院院长聘任，因此，这个科学基金委员会看上去完全是科学共同体自己的实行自我管理的组织。尽管后来成立的 NSFC 脱离了中国科学院的领导，成为一个独立的机构，但与国家其他科研管理部门相比，其前身所开创的科学家自我管理的独有特征，基本上一直保持了下来。

中国科学院科学基金的试行在全国科学界产生了巨大反响，也得到国家科技、教育、经济等相关领域主管部门的关注。1985 年 3 月中共中央颁布了《关于科学技术体制改革的决定》[3]（以下简称《决定》）。《决定》指出："长期以来逐步形成的科学技术体制存

---

[1] 国家自然科学基金委员会编，国家自然科学基金发展历程，北京：国家自然科学基金委员会，2006 年，p.1。

[2] 同上，pp.2–3。在此特别值得提及的是，在 1982 年 3 月 2 日中国科学院科学基金委员会第一次全体大会上，时任中国科学院院长兼科学基金委员会主任的卢嘉锡提出，中国科学院各研究所的研究人员一般不要参与申请科学基金，国家拨付的 3000 万元主要用于资助院外的高等学校、部门和地方所属科研院所的基础性研究。中国科学院在 1985 年还专门从事业费中拨款 1000 万元设立了院内基金，专门用于支持下属研究所的科研项目。这一举措不仅体现了老一辈科学家的全局观念和高尚品格，而且得到了全国科学界的普遍赞誉，为科学基金赢得了很好的声誉，同时对中国科学院以外的全国科研水平的提高起到了非常重要的作用。

[3] 1984 年 10 月 20 日，中国共产党第十二届三中全会审议通过了《中共中央关于经济体制改革的决定》，指出："随着经济体制的改革，科技体制和教育体制的改革越来越成为迫切需要解决的战略性任务。中央将专门讨论这方面的问题，并作出相应的决定。"在此所指的中央关于科技体制改革的决定，应当就是 1985 年颁布的中共中央《关于科学技术体制改革的决定》。

在着严重的弊病，不利于科学技术工作面向经济建设，不利于科学技术成果迅速转化为生产能力，束缚了科学技术人员的智慧和创造才能的发挥，使科学技术的发展难以适应客观形势的需要。我们应当按照经济建设必须依靠科学技术、科学技术必须面向经济建设的战略方针，尊重科学技术发展规律，从我国的实际出发，对科学技术体制进行坚决的有步骤的改革。"《决定》强调："在运行机制方面，要改革拨款制度……克服单纯依靠行政手段管理科学技术工作……的弊病。"《决定》还明确提出："对基础研究和部分应用研究工作，逐步试行科学基金制，基金来源主要靠国家预算拨款。设立国家自然科学基金会和其他科学技术基金会，根据国家科学技术发展规划，面向社会，接受各方面申请，组织同行评议，择优支持。"[1]

根据中央关于科技体制改革的精神，国务院科技领导小组立即组织有关部门，开展成立 NSFC 的筹备工作。然而，由于国家科技管理的相关部门在新机构设立（如何时成立以及机构归属等）、经费来源及其划转方式等问题上存在分歧，而且恰逢当时国家机关正在精简机构，因此筹备工作并不顺利。[2]1985 年 7 月，美籍华裔著名科学家、诺贝尔物理学奖得主李政道教授应中国科学院之邀访华，访问期间受到邓小平的接见。在接见活动之前的 7 月 3 日，李政道致信邓小平，信中提及国家应当设立独立的全国自然科学基金委员会之事。[3]7 月 16 日，邓小平在人民大会堂接见李政道教授，主管科技的相关部门领导陪同接见。李政道强调了基础科学的重要性，提议"建立国家自然科学基金委员会，（经费）应该完全用在基础研究和应用基础上，它必须要有浓厚的学术风气，必须有独立性。……负

---

① 中共中央关于科学技术体制改革的决定，1985 年 3 月 13 日，http：//search.most.gov.cn/radar_detail.do? id = 3201919.

② 国家自然科学基金委员会编，国家自然科学基金发展历程，北京：国家自然科学基金委员会，2006 年，p.16.

③ 同上，pp.16 – 17.

责人必须是第一流的科学家，对基础科学、应用基础科学有个人经验和全面了解。必须把权交给科学家，不是上面还有个行政机构来管。不然很难行使公正的评价"。①就这些具体建议而言，李政道心目中的 NSFC 看上去显然是以美国 NSF 为模板的。谈话中有人提起关于成立 NSFC 的事还有争议时，邓小平指出，"只要是新的事物，管它对不对，管它成功不成功，试验一下"。②1986 年 2 月 14 日，国务院发出《关于成立国家自然科学基金委员会的通知》，NSFC 正式成立。

从 NSFC 成立的过程可以看到，在中国特有的政治结构中，创新性制度安排往往是在国家政治领袖的强力推动下产生的，至少，领袖的政治力量与智慧所起的作用是决定性的。因此，中国的科学精英没有如美国同行那样，在社会各界广泛寻求同盟并最大限度地与各方面结盟，而是直接向政治领袖寻求帮助。③围绕着 NSFC 成立的分歧也不像当年 NSF 成立那样，集中在科学家与政治家由于不同的观念分歧而体现出的关于国家对科学活动的管理方式问题上，而是更多地反映出国家科技管理的相关部门之间进行的权力博弈。然而，这并不意味着在中国科学家与政治家对于科学活动的组织管理问题不会有分歧，而是可能要等到国家政治经济结构发生一定的变化之后，当科学家在国家科学决策中能够具有相当大的话语权时，科学家和政治家出于不同的价值考虑而形成的观念冲突才会凸显出来。

第二节　国家科学体制中的 NSF 与 NSFC

对于具有一定公共权力的政府机构而言，总是处于与其他相关

---

① 邓小平主任会见美籍学者李政道教授的谈话记录，1985 年 7 月 16 日，国家自然科学基金委员会档案。

② 科学技术部、中共中央文献研究室编，邓小平科技思想年谱（1975—1994），北京：中央文献出版社、科学技术文献出版社，2004 年，p. 203。

③ 科学家以致信国家最高领导人的方式来参与科学决策，是中国科学政策中一个特有现象。除了设立自然科学基金是一个著名的成功案例之外，还有国家高技术研究发展计划（即"863"计划）的设立等。

权力机构共同构成的场域之中，其地位和作用与同一场域其他机构的相对地位和作用密切相关。本节比较分析美国和中国的国家科学体制的基本特点，以及 NSF 和 NSFC 分别在各自国家科学体制中的地位与作用。

一、美国科学体制中的 NSF

在前面阐述美国科学与政府的关系时已经表明，两者的关系十分复杂，而且受到多方面因素的影响。在 20 世纪初前后，美国的科学体制就已经形成了分散化和多元化的特点，无论是科学投资渠道还是科学研究活动，都分布在不同的部门，包括政府、产业界、非营利机构和高等学校等。虽然经过了一个世纪的演变，但美国科学体制多元化的基本特征至今并没有改变。

美国科学体制的多元化主要表现在科学投资渠道多元化、研究机构的多样化和管理机构分权化。第一，从投资渠道看，根据《2006 年科学与工程指标》[①]，美国 R&D 投资的主要部门有产业界、政府（包括联邦政府和州政府）和非营利组织，2004 年总投资达 3121 亿美元，其中，产业界是最大的投资者，占美国 R&D 总投入的 64%，联邦政府占 30%，而州政府和非营利组织则占 6%。自第二次世界大战结束以来，联邦政府却一直是研究领域的重要投资者，联邦占 R&D 总投资的比例于 1979 年首次低于 50%，此后持续下降，到 2001 年降至最低（约 26%），后逐步上升，2005 年重新增长至超过 30%。2004 年联邦政府和产业界对应用研究的投入分别占美国应用研究总投入的 38.1% 和 54.2%，而在基础研究领域，联邦政府是最主要的资助者，2004 年其资金投入占美国基础研究总投入的 61.8%，超过了产业界的投入。第二，从研究机构看，在美国从事科学研究的机构有大学和学院（大学一般指综合性研究型大学，而学院则指规模较小的专业性院

---

① 此处的数据均来自 National Science Foundation, *Science and Engineering Indicators 2006*, National Science Board, 2006.

校)、联邦机构、联邦资助的 R&D 中心（FFRDC）、企业以及非营利组织等。其中基础研究主要在大学和学院进行，2004 年大学和学院承担的基础研究经费占全国基础研究总经费的 54.4%，联邦政府资助基础研究经费的 57.1% 都流向了这些大学和学院。第三，从联邦资助与管理机构看，仅涉及基础研究资助的联邦部门和机构就超过 15 个，而经费最多的前 6 个机构占据联邦基础研究经费的 95% 以上，只是除了 NSF 之外，其他机构的主要任务都不是支持一般性的基础研究。[①]这些支持科学研究的联邦机构可以分为两类：一类以支持应用研究为主，是所谓任务导向（mission-oriented）机构或称任务机构，有国家宇航局（NASA）、国防部（DOD）、能源部（DOE）和农业部（USDA）等；另一类以支持基础研究为主，只有两个机构，即 NIH 和 NSF。任务机构多有下属研究所或实验室，既支持其下属研究所或实验室的研究也支持美国大学的研究，而且与研究结果终端用户的联系也十分紧密，因此，其资助工作的重点突出，资助方式多以合同项目为主，对研究结果则强调其应用价值；而支持一般性科学领域科学研究的 NSF，则没有自己的研究机构或实验室，其主要任务是提高国家的整体研究能力，因此，主要资助对象为高等学校，资助方式以拨款项目为主，强调研究的学术价值和在人才培养方面的影响。

美国的宪政国体决定了联邦政治体制的基本特点是权力制衡。图 2.1 显示了美国联邦政府科学体制的基本组成。[②]如图 2.1 所示，虽然联邦科学政策的主要制定者属于行政分支（如总统科技政策办公室），但是由于行政分支各部门和机构的财政预算最后决定权在国会，而预算下达到各部门和机构之后，从某种意义上讲经费使用就与其批准的预算有关而与国家科学政策无关，因此，从整体上看，国

①　Albert H. Teich, The political context of science priority-setting in the United States, in Mark S. Frankel and Jane Cave（eds.）, Evaluating Science and Scientists, Budapest：Central European University Press, 1997, pp. 9 – 27.

②　David Dickson, The New Politics of Science, New York：Pantheon Books, 1984, p. 22.（本书引用时根据美国政府网站目前的机构设置情况进行了增减）

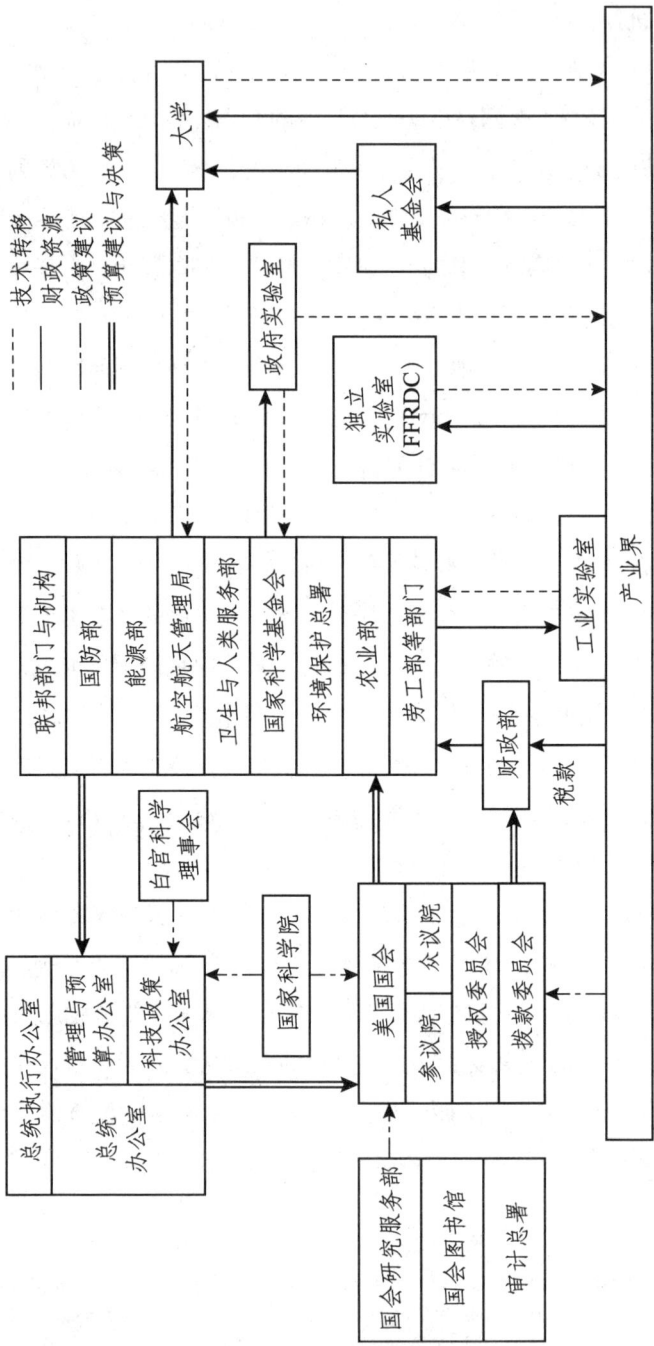

图 2.1 美国科学体制示意图

来源：David Dickson，1984.

会对白宫有相当大的钳制作用。因此，美国科学管理部门和机构是高度分权化和多元化的，没有一个单独的部门或机构能够在美国的科学体制和科学政策中起到主导作用，或者对全国的研发活动进行统一规划和管理；从另一个角度看，这样一种结构也可以使得相关部门和机构通过相互竞争与合作，既促进彼此的发展又保持相对稳定性。事实上，在过去的半个多世纪，美国的科学体制没有发生大的结构性变化。[①]

不过，这并不是说美国的科学体制支离破碎，或者是说其科学政策处于混乱无序的状态。美国特有的预算过程，在一定程度上保证了其科学体制的整体性和科学政策的一致性。政府的预算过程包括两个阶段：第一个阶段的主要协调者是白宫管理与预算办公室（OMB），即，联邦各部门和机构根据其目标、职责与任务，提出各自的经费预算，由 OMB 汇总后形成联邦预算请求，提请国会批准；在第二步的国会审批阶段，联邦政府的预算被分为 13 个部分，送到不同的拨款委员会。例如，NSF 和 NASA 的预算由负责退伍军人事务、住房与城市发展以及独立机构预算法的委员会审议，NIH 的预算由负责卫生服务、劳工和社会福利预算法的委员会审议，而 DOE 又属于另一个负责河流、港口和大坝建设等项目的委员会。因此，NSF 的预算并不与资助卫生领域研究的 NIH 或能源领域研究的 DOE 直接竞争，而是与也在数理科学领域资助经费较多的 NASA 相互竞争，同时 NSF 和 NASA 一道，还要与涉及退伍军人、住房、环境等方面的其他计划进行竞争。其结果是，"在预算范围内，科学研究并不是一个进行交易的领域，各（部门或机构的）研究计划也不是在一块唯一有限的蛋糕上彼此竞争着切分"[②]。这样就使得与科学

---

① OECD, *Steering and Funding of Research Institutions*, *Country Report: United States*, OECD, 2002, http://www.oecd.org/dataoecd/24/33/2507966.pdf.

② Albert H. Teich, The political context of science priority-setting in the United States, in Mark S. Frankel and Jane Cave (eds.), *Evaluating Science and Scientists*, Budapest: Central European University Press, 1997, pp. 9 – 27.

研究相关的各联邦部门和机构，可以为了发展科学的共同目标，利用各自的优势，从各自的角度促进科学进步。

NSF 于 1950 年成立之时，国会通过 NSF 法赋予其任务是："促进科学进步，提高国民健康水平，增进经济繁荣和公众福利，保障国家安全。"法律授权并指导 NSF 开展下列活动，即，"发起并支持：基础科学研究以及对于工程过程十分基础的研究；增强科学与工程学发展潜力的计划；科学与工程学各个不同领域和不同层次的科学与工程学教育计划；为政策制定提供信息来源的计划；促进这些目的的其他活动"。在过去半个多世纪，NSF 的法律授权有过几次重大的变化，如：1968 年授权 NSF 支持应用研究；1980 年授权 NSF 支持推动女性和少数族裔参与科学与工程学领域的活动；1986 年又通过修改组织法，将工程学在 NSF 的地位提高到与科学同等重要的位置。①通过这些法律授权的变化，虽然 NSF 的资助范围得到扩展，资助方式也更加丰富，但其基本职责没有变化。与其他针对特定任务领域开展研究资助活动的联邦机构不同，NSF 的资助范围涵盖了除医学领域之外的自然科学、工程科学和社会科学等所有学科的基础研究，通过同行评议的项目遴选择优机制，向最好的研究和最优秀的研究人员提供资助。NSF 每年资助超过 10000 项的新项目，既有科学研究项目也有科学教育项目，项目承担者多为科学家个人或小型研究组，分布在美国全国近 2000 所高等学校、中小学校以及公立与私立机构。

2004 年 NSF 的年度预算为 56.52 亿美元，占联邦 R&D 总经费的 4%，占联邦基础研究经费的 13%，占联邦资助高等学校基础研究经费的 21%。②从这几个数据可以看出，NSF 的主要任务是支持高等学校的基础研究，以促进基础科学各学科的健康发展。即使在美

---

① National Science Foundation, *NSF in a Changing World: the National Science Foundation's Strategic Plan*, NSF-95-24, 1995, p. 15.

② National Science Foundation, *Science and Engineering Indicators 2006*, National Science Board, 2006.

国这样科学体制多元化的国家，NSF 的资助经费在支持各学科基础研究的联邦经费总额中，也占有相当大的比例。表2.3 根据2003 年的数据，统计出资助基础研究各学科领域最主要的联邦机构所占的经费份额，可以直观地将 NSF 在各学科资助活动中的重要性显示出来。除了生命科学和心理学领域主要由 NIH 进行资助外，在计算机科学、数学、地球、大气与海洋科学以及社会科学等学科的基础研究领域，NSF 的资助经费都超过了联邦资助总经费的一半以上，计算机科学和数学甚至超过了3/4；即使在工程学的基础研究领域，NSF 的资助经费也占到46%；在涵盖物理学、化学、材料科学等学科在内的物质科学领域的基础研究中，NSF 的资助经费占40%。①

表2.3 美国资助各学科基础研究最主要的联邦机构及其

经费份额（2003 年）

学科领域	资助机构	资助经费份额/%
物质科学	NSF	40
数学	NSF	76
计算机科学	NSF	85
地球、大气与海洋科学	NSF	54
生命科学	HHS	88
心理学	HHS	95
社会科学	NSF	52
其他科学	NASA	35
工程学	NSF	46

来源：NSF，2006 年科学与工程指标。

在成立后的早期岁月，NSF 的确如布什所设想的那样，其主要工作集中在支持学术界高水平的基础研究和科研人才培养方面。但是，随着国家政治经济形势和制度结构的变迁，1956 年苏联人造地

---

① National Science Foundation, *Science and Engineering Indicators 2006*, National Science Board, 2006.

球卫星（Sputnik）发射成功，后来的越南战争和 20 世纪 70 年代初的能源危机等重大事件，美国科学政策受到了较大的冲击与影响，NSF 的资助政策、资助方式以及所发挥的作用也发生了相应的变化——或者更确切地说，是不断得到扩展。在继续其传统的对科学家个人和小型研究组研究项目的资助以外，NSF 还发起和参与国家大型科学技术计划，推动科研与教育的结合，建立全国性乃至国际性的重大研究设施，设立促进产学合作的研究中心或科学技术中心，等等。①在题为《向美国未来投资》的 2006—2011 年战略规划中，NSF 再次强调，其未来的愿景将继续是：推进知识前沿的科学发现以及在此基础之上的技术创新与科学教育，增进科学与工程领域未来劳动力的创新能力。②在知识经济时代，NSF 试图在包括知识的生产、传播与利用在内的国家创新体系的各个环节发挥作用，在促进科学发展的同时，努力帮助美国产业界提升国际竞争力，培养具有科学技术能力的 21 世纪的劳动力，增进全体美国国民的福祉。

二、中国科学体制中的 NSFC

与美国的科学体制相比，中国科学体制最突出的特点是单一性和集中性，包括科学研究投资渠道的单一性，研究执行部门的单一性，以及科学管理体制的集中性。与其他转型国家相类似，形成这种单一性和集中性的原因一方面是计划体制影响的遗存，另一方面也是国家在向市场体制转型的过程中，市场因素以及规范市场行为的制度结构的缺乏或不完善，使之尚不能充分发挥作用的结果。③

根据统计数据，2004 年我国 R&D 总投资为 1966.3 亿元人民

---

① V. 布什等著，范岱年、解道华等译，科学——没有止境的前沿，北京：商务印书馆，2004 年，pp. 6–7。

② National Science Foundation, *Investing America's Future*, *Strategic Plan FY 2006–2011*, NSF-06-48, September 2006.

③ Slavo Radosevic, Patterns of preservation, restructuring and survival: science and technology policy in Russia in post-Soviet era, *Research Policy*, 2003 (32): 1105–1124.

币，其中政府投入 523.6 亿元，占 R&D 总投资的 26.6%，企业投入 1291.3 亿元，占 65.7%，国外跨国公司投入 25.2 亿元，占 1.3%，而其他来源为 126.2 亿元，占 6.4%。[1]不过，应当特别指出的是，这里所说的企业投入中约有一半都是国有企业的投入，而不是市场经济国家的私人企业。因此，2004 年我国 R&D 支出的 62% 都直接或间接来自政府，只有 29% 来源于私人企业，而在美国，私人企业的 R&D 支出占到了 65% 以上，日本的这个比例则更高。[2]从这一点上看，我国的 R&D 投资渠道是以政府为主的，没有美国和日本等国在研发投入上的多样性。

从我国的 R&D 执行部门看，主要有研究机构、高等学校和企业。由于这三类机构的任务与特点不同，其 R&D 活动的经费支出结构也不相同（见图 2.2）。[3]从图中可以看到，基础研究主要在高等学校，研究机构也开展一些基础研究，但其一半以上的经费用于试验

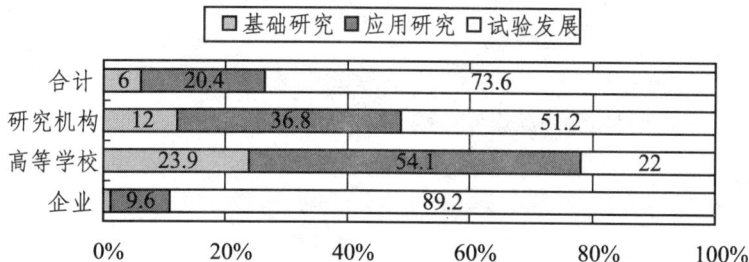

图 2.2　全国 R&D 经费支出按活动类型分布（2004 年）

来源：《中国科技统计数据（2005 年）》。

① 虽然《中国科技统计数据（2007 年）》已经发布，但为了便于国际比较，此处仍然采用 2005 年发布的数据。国家科学技术部，中国科技统计数据（2005 年），http：//www.sts.org.cn/sjkl/kjtjdt/data2005/cstsm05.htm.

② Ronald N. Kostoff, et al., *The Structure and Infrastructure of Chinese Science and Technology*, March 2006, http：//www.onr.navy.mil/sci_tech/33/332/docs/060307_chinese_sci_tech.pdf.

③ 国家科学技术部，中国科技统计数据（2005 年），http：//www.sts.org.cn/sjkl/kjtjdt/data2005/cstsm05.htm.

发展，而企业的试验发展经费更占到其 R&D 经费的近 90% 。由于我国具有从事科研能力的高等学校和研究机构多为国家所有，企业中能够开展基础研究的也多为大型国有企业，因此，从基础研究的执行部门来看，其所有制结构是很单一的。这样一种状况，使得国家政策和政府经费投入对我国的基础研究影响很大。

尽管近年来我国的 R&D 经费不断增长，但与西方主要国家以及俄罗斯和韩国等国相比，我国的科学研究经费，特别是基础研究经费占国家 R&D 总经费的比例还是明显偏低（见图 2.3）。①

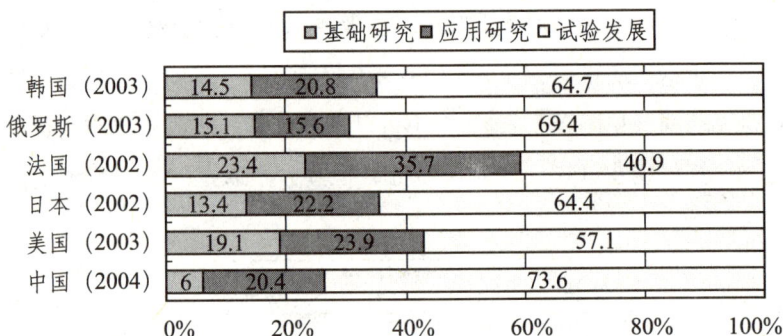

图 2.3 部分国家 R&D 经费支出按活动类型分类

来源：《中国科技统计数据（2005 年）》。

由于我国没有实行类似于美国那样严格而制度化的预算过程，因此政府的决策、执行、监督等管理职能基本上集中在行政部门。立法部门与行政部门的工作基本上彼此独立，至少在国家各领域和行政部门的经费预算方面，立法部门的作用十分有限。就行政部门而言，国务院是我国最高国家行政机关。国务院下设由总理主持、国家科技教育相关管理部门负责人联合组成的国家科技教育领导小组，是科技管理的最高协调与决策机构，但从实际运行来看，该领导小组更像是一

① 国家科学技术部，中国科技统计数据（2005 年），http：//www.sts.org.cn/sjkl/kjtjdt/data2005/cstsm05.htm.

个议事和协调机构，没有制度化的会议或工作机制，其本身不独立提出或形成政策文件，而只是审议与协调相关部门提交的政策建议。[①]

目前，国务院负责科技活动的部级部门和机构主要有国家科学技术部、教育部、中国科学院、中国工程院、国家自然科学基金委员会以及工业与信息化部、农业部、卫生部等行业部门（见图2.4）。对国家基础研究起到重要作用的部门分别是：科技部在国家科学发展的宏观战略与政策制定方面起到主导作用；教育部是国家教育事业（包括高等教育与学校的科学教育）的主管部门，其政策不仅影响到大学的科研工作，而且通过学位教育影响国家高层次科研人才的培养；中国科学院是国家级研究机构，在基础研究方面有着雄厚的实力，开展高水平的研究工作；国家自然科学基金委员会资助全国范围内包括自然科学、工程科学和管理科学等各学科的基础

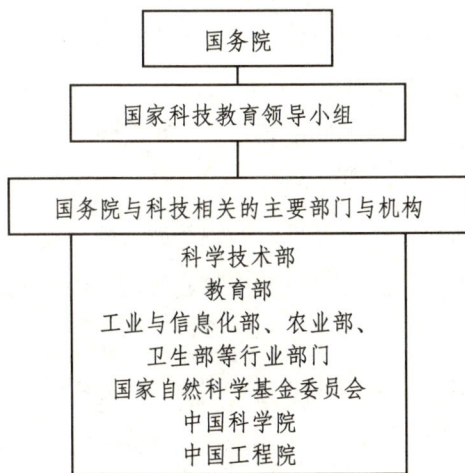

图2.4　中国科技活动的主要管理部门与机构

---

① 我国的国家科技教育领导小组类似于日本1959年成立的科学技术会议，而20世纪90年代中期开始的日本科技体制改革，于2001年撤销了原科学技术会议，新成立了综合科学技术会议。新机构的职能更接近于美国白宫的科技政策办公室，不仅在构成上包括了相关政府部门负责人之外的产业界和非政府组织代表，而且在政策制定方面更注重专业性，有不少科技政策专家为其提供专业性的政策咨询服务。详见：龚旭，构建经济强国的科技创新体制——日本科技体制改革的政策解析，中国科技论坛，2003（6）：32－36。

研究工作。与此同时，科技部也通过国家相关科技计划，开展对科学研究的资助工作，包括支持基础研究与应用研究的研究项目、国家重点实验室建设等；卫生部、农业部等行业部门针对特定领域的管理部门也有支持科学研究的经费，但这些部门负责的研究经费远不能与美国的同类部门相比。从我国的科学管理体制来看，应当说集中性的特点是很鲜明的。

2005 年，我国基础研究经费支出为 131.2 亿元，比上年增长 11.9%，但所占 R&D 总经费的比例却从 6% 下降为 5.4%。[①]中央政府对基础研究的支持，主要通过 NSFC 的国家自然科学基金、科技部的国家重点基础研究发展规划项目计划（"973"计划）、中国科学院的"知识创新工程"等三大渠道予以实施。2005 年中央财政向 NSFC 拨款 27 亿元，向"973"计划拨款 10 亿元[②]，而 2005 年中国科学院在基础研究方面的经费支出为 36.55 亿元[③]。由此看来，与美国有多达十几个联邦部门和机构以及私人部门资助基础研究的情况相比，我国基础研究的资助渠道是相当集中的。[④]国家资助基础研究的这三大渠道各自具有不同的特点。NSFC 的资助范围包括了自然科学、工程科学和管理科学的各学科领域，受资助者遍及全国的高等学校和研究机构，资助面最广、数量最大的一类项目（即面上项目）每年数以万计，但资助强度相对较低，一般从十几万到几十万

[①] 国家统计局、科学技术部、财政部，2005 年全国科技经费投入统计公报，2006 年 9 月 14 日。

[②] 国家科学技术部，中国主要科技指标数据库，2006 年，http://www.sts.org.cn/kjnew/maintitle/MainTitle.htm.

[③] 中国科学院，中国科学院年度报告（2006 年），http://www.cas.cn/html/Books/O6121/b1/2006/index.htm.

[④] 自 2006 年国家实施重大科技专项以来，中央财政支持基础研究的格局发生了很大的变化，具有支持"自下而上"的分散式研究特点的 NSFC 所占的经费份额越来越小，研究经费向部分机构和科学家个人集中的倾向越来越严重，而经费集中正是原先计划经济下科学体制的特点。这也从一个侧面反映出，如果制度变革不是内生性的，没有相应的科学政策观念和制度环境相配合，通过强制性制度变迁而变化的科学边界很难稳定下来。不过，对 2006 年以来我国科学体制和科学政策变化的评价不是本书的研究内容，在此不进行深入研究。

元不等，具有分散性的特点；科技部负责实施的"973"计划多支持农业、能源、信息、资源环境等有关国计民生的若干重点领域，项目数量有限（每年不到 50 个），但资助强度大，单个项目强度超过千万元，具有很强的集中性；而中国科学院的"知识创新工程"只支持其所属研究机构开展的科学前沿领域研究，最具部门色彩。

自 NSFC 成立之初，国务院赋予其任务是："根据国家发展科学技术的方针、政策和规划，有效地应用科学基金，指导、协调和资助基础研究和部分应用研究工作，发现和培养人才，促进科学进步和经济、社会发展。"过去 20 多年，NSFC 的经费得到较大幅度的增长（见图 2.5），根据国家科学发展的总体战略与方针政策，借鉴国外同类机构的经验，NSFC 始终将提升国家基础研究的整体水平作为其首要任务，逐步形成以资助研究活动和人才培养两大体系为核心及其与其他专项相互衔接配合的资助格局，在提高我国基础研究水平、培养优秀科学人才、促进经济社会发展方面发挥了不可替代的重要作

单位：百万元

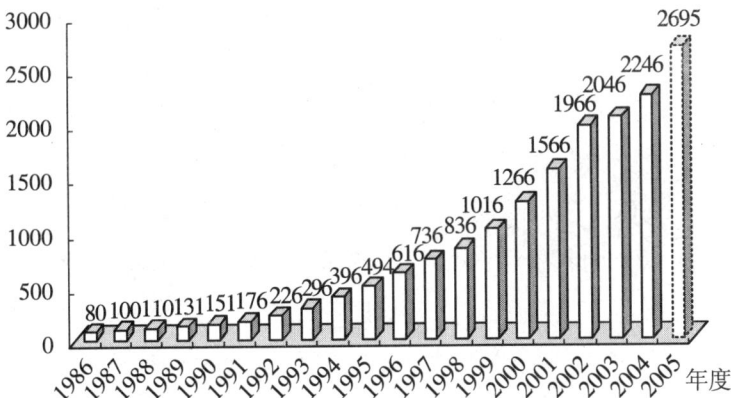

图 2.5　1986—2005 年 NSFC 财政拨款增长示意图

注释：图中 2005 年度的数据为估计值，实际值为 2701 百万元。[1]
来源：《国家自然科学基金申请指南》[2]，2005 年。

---

① 国家自然科学基金委员会，国家自然科学基金委员会 2005 年度报告，2006 年。
② 国家自然科学基金委员会，国家自然科学基金申请指南，北京：电子工业出版社，2005 年，p. 2。

用。在针对 2006 — 2010 年资助工作而制定的《国家自然科学基金"十一五"发展规划》中，NSFC 再次强调，"要坚定不移地支持基础研究，着力为提高我国原始创新、集成创新和引进消化吸收再创新能力提供支撑，为科技、经济和社会发展提供成果和人才储备；努力营造有利于科学家自由探索和自主创新的宽松环境；紧密结合国家战略需求，加强战略引导"①，试图在 21 世纪国家提升自主创新能力的科技发展总体战略中，切实发挥 NSFC 的独特作用。 然而，值得注意的是，虽然仅从学科领域的资助范围、受资助单位和个人、项目数量等方面来看，NSFC 的影响范围最为广泛，对于国家基础研究的整体发展具有很大的促进作用，但近年来随着国家对基础研究投入的大幅增长以及新增经费多向特定领域和人群集中，对 NSFC 在国家基础研究的经费配置方面所发挥的作用似有一定的不利影响。

第三节　NSF 与 NSFC 的组织结构及同行评议系统

如前所述，NSF 和 NSFC 的成立标志着美国和中国重新构建国家与科学之间边界的努力得以成功。然而对于任何一个机构而言，其任务目标与具体职责的实现需要通过一定的组织形式和运行机制来加以保障，亦即需要通过具体的制度安排使得重新划定的边界稳定化。NSF 和 NSFC 作为国家科学资助机构，由于其支持科学研究的基本职责相同，因此两者在运行机制上都选择了与科学奖励系统相联系的同行评议系统，不过其原因却并不相同：NSF 选择同行评议反映了美国战后"科学例外论"科学政策思想的盛行，而 NSFC 选择同行评议除了是改革开放的结果以外，在具体操作上更多的是对 NSF 经验的学习与借鉴。与此同时，由于这两个机构处于不同政治、经济、社会等制度背景之下，其组织结构必然会反映出不同国家政体的基本特征，而组织结构又会在一定程度上影响，甚至决定其运行机制。

---

① 国家自然科学基金委员会，国家自然科学基金"十一五"发展规划，2006 年。

一、NSF 的组织结构与同行评议系统

前面分析 NSF 成立的背景时曾经提到，布什对于第二次世界大战期间 OSRD 的组织形式颇为不满，认为对于科学组织而言，设置一个权力过于集中的管理者是不适宜的。因此，在《科学——没有止境的前沿》中，他提出了一个实行分权制的科学资助机构——国家研究基金会，完全不同于一般的政府行政部门或管理机构，而更像是采用公司组织结构的私人基金会。亦即一个由科学精英组成的国家研究委员会是该基金会的决策机构，委员实行任期制，而作为基金会最高行政官员的主任由委员会选聘，服从委员会的"指导和监督"。[①]在这里，这个委员会类似于公司的董事会[②]，而基金会主任类似于公司的首席执行官。最终成立的 NSF 虽然没有采用布什建议的机构名称，基金会主任也并非仅仅对委员会负责，但他所建议的分权制的组织结构却保留了下来。如果将 NSF 的组织结构与美国联邦政府的组织结构进行对比，可以看到，NSB 就像是掌握立法权力的机构，负责决策、监督和预算，NSF 是行使执行权力的行政部门，负责执行 NSB 的决策。NSF 的组织结构如图 2.6 所示。

在 NSB 成立 50 年（也是 NSF 成立 50 年）之际，NSB 曾对其半个世纪的历程进行了回顾。NSB 认为，在美国联邦政府科学机构中，NSB 和 NSF 之间的关系是"非常独特的"[③]，而美国能营造出"世界上最具活力和最有成效的研究环境，在很大程度上要归功于 NSB 和 NSF 之间奇特的伙伴关系"[④]。

---

① V. 布什等著，范岱年、解道华等译，科学——没有止境的前沿，北京：商务印书馆，2004 年，pp. 88 – 93。

② 其实从用词来看，National Research Board 中的"Board"与公司董事会中的董事会就是同一个词。

③ 关于 NSB 与 NSF 的关系，笔者有专文研究。详见：龚旭，美国国家科学委员会的决策职能及其实现途径，中国科学基金，2004（4）：245 – 248。

④ National Science Board, *The National Science Board·A History Highlights 1950 – 2000*, 2000.

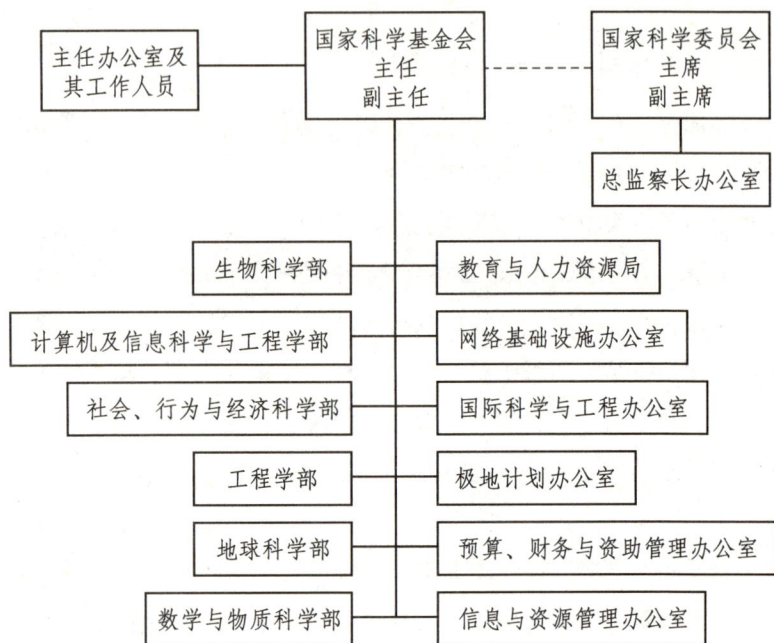

图 2.6　NSF 的组织结构示意图

来源：NSF 网站。①

　　在 NSF 的组织结构图中，NSB 下方有一个总监察长办公室
(OIG)。但实际上，OIG 并不是 NSB 的所属机构，而是国会所属的
审计总署的派驻机构，根据 1988 年美国公法 100—504 号②，其成立
于 1989 年 10 月。OIG 的工作由总监察长负责，总监察长直接向 NSB
和国会报告工作，其工作范围包括针对 NSF 的项目申请、项目批准、
资助格局、项目类型的作用、评议系统及其运行等相关状况，开展审
计、调查与监督，以提高 NSF 资助管理的经济性、效率与效用。OIG
还负责防止与调查 NSF 资助管理中是否存在造假、浪费、滥用和其他
不正当管理行为，调查与处理项目申请、评议、资助及执行中的不端
行为，检查影响 NSF 工作的相关法律法规是否合适，并每半年向国会

---

① NSF Organization Chart, http：//www. nsf. gov/staff/orgchart. jsp.

② 根据该法，包括 NSF 在内的所有联邦机构都应设立监察机构 OIG。

提交一份工作报告。OIG 有近 80 位工作人员，几乎都具有科研背景或法律、会计、审计等专业从业资格，OIG 的工作完全是独立于 NSF 的，有权调用工作所需的 NSF 所有档案、文件、报告、记录等相关材料，其审计、监察、调查和报告工作也不受 NSF 的任何制约。这也充分体现出美国在政府制度设计上的权力制衡思想。

（一）构成及运行独特的 NSB

根据 1950 年颁布实施的 NSF 法，NSB 的成立先于 NSF。NSB 由其 24 位兼职的委员组成，NSF 的专职行政负责人是 NSF 主任，也是 NSB 的当然成员。NSB 委员和 NSF 主任一样，均由美国总统任命，并经过国会审议和批准。根据 1950 年 NSF 法，NSB 委员的提名与任命应当考虑以下要求：（1）候选人应当是基础科学、医学、社会科学、农业、教育、研究管理或公共事务领域的杰出人物；（2）委员的遴选仅仅以候选人的杰出业绩为基础；（3）委员的遴选必须具有广泛的代表性，考虑到全国范围内地域的全局性，以及科学与工程领域不同观点的多样性。在提名过程中，总统应适当考虑女性和少数族裔人选，应适当考虑美国国家科学院、国家工程院、美国大学院校协会、州立大学院校协会或者其他的科学、工程或教育组织机构推荐的人选。[①]每个 NSB 委员的任期为 6 年，每两年重新任命 1/3 的委员，委员连任不得超过两届（除非在连任 12 年后又被任命为 NSF 主任）。如果 NSB 委员在任期未满时离任，接替者只能继续完成其前任未满的任期。NSB 的主席和副主席从其委员中产生，但主席或副主席的任职期限仅为两年。

对于由这些杰出科学家和教育家所组成的 NSB，法律赋予其两个方面的职责：一是作为 NSF 的决策机构，对 NSF 的各项活动进行监督与指导，二是作为独立的国家科学政策机构，向美国总统和国

---

① J. Merton England, *A Patron for Pure Science: the National Science Foundation's Formative Years, 1945 – 57*, National Science Foundation, Washington D. C., 1982, pp. 113 – 114.

会对全国性的科学政策与工程政策问题提出建议和提供咨询。NSB对 NSF 工作的指导和监督职责主要表现在：制定 NSF 的各项政策，研究 NSF 未来发展所面临的重大问题，批准 NSF 战略性预算的方向，批准 NSF 拟向白宫管理与预算办公室提交的预算报告，批准 NSF 的资助计划以及大型资助项目，等等。

NSF 法不仅规定了 NSB 的职责及成员构成，而且规定 NSB 应设执行委员会（EC），成员从 NSB 产生，代表 NSB 行使权力。NSF 法还规定，NSB 必要时可设立常设委员会、特别委员会或专门工作组，以及人数不超过 5 位专业雇员的办公室，帮助 NSB 行使权力。目前，NSB 共有 4 个常设委员会，即：审计与监察委员会（A&O）、教育与人力资源委员会（EHR）、计划与规划委员会（CPP）、战略与预算委员会（CSB），分别负责审议 NSF 资助管理中的相关政策，以及监督 NSF 相关工作的运行状况。NSB 大量的基础与背景工作就是通过其执行委员会、常设委员会、特别委员会以及根据需要临时成立的专门工作组等来完成的，NSB 办公室则为 NSB 及其各委员会（或专门工作组）提供服务。

NSB 一年通常举行 6 次全体会议，每年的年会一般在 5 月的第三个星期一召开。如果有 1/3 的委员提出书面请求，NSB 主席也可召集全体会议。出席会议的委员超过全体委员一半以上即满足会议的法定人数。在全体会议期间，出席会议的委员们听取并审议执行委员会和各常设委员会或专门工作组的工作报告，审议 NSB 拟向国会听证会提交的报告，以及讨论 NSF 的重大决策问题并形成决议，等等。另外，NSF 单个项目的年度资助经费超过 300 万美元或总资助经费超过 1500 万美元的项目，也要提交 NSB 讨论审批。①因此，NSB 的决策涉及 NSF 资助工作的所有重要方面，从 NSF 发展战略

① M. Kent Wilson, In Praise of Gatekeepers, in Fiona Q. Wood, *The Peer Review Process*, Canberra: Australian Government Publishing Service, January 1997, pp. 143－151.

到预算请求，从资助类型设立到优先领域确定，从同行评议准则到大型项目立项，从项目审计结果到资助管理监察，等等。NSB 是 NSF 名符其实的决策机构。

（二）NSF 的组织管理

科学例外论的思想往往与资格主义的观念相联系，因此作为专门从事科学资助活动的 NSF 的工作人员，人们对其专业资格和专门化工作的要求是相当高的。2005 年，NSF 的工作人员超过了 1500人，其中约 1200 人为固定人员，其他人员是来自大学和研究机构等临时或短期（一般为两年）为 NSF 工作的人员，他们大多都受过具体学科的博士学位训练并具有科学研究背景。根据 NSF 法，NSF 内部机构的设置由 NSB 和 NSF 主任依据实际工作需要商议决定，因此 NSF 的内部机构不时会发生变化。例如，鉴于日益发展的网络基础设施资源、工具与服务在 21 世纪科学与工程研究及教育活动中的重要性，NSF 于 2005 年设立了网络基础设施办公室。

从 NSF 的组织结构可以看到，其执行机构可以分为两大部门：一是资助部门，二是管理部门。资助部门分为两类：一类资助部门以学科为核心形成其资助计划，包括 7 个科学部，即：数学与物质科学部（MPS）、生物科学部（BIO）、地球科学部（GEO）、工程学部（ENG）、计算机及信息科学与工程学部（CISE），以及社会、行为与经济科学部（SBE）；另一类资助部门不以学科为核心形成其资助计划，其中：教育与人力资源局（EHR）负责科学教育和人才培养方面的资助计划，网络基础设施办公室（OCI）负责与网络基础设施相关的研究资助计划，极地计划办公室（OPP）负责极地研究及相关设施的资助计划、国际科学与工程办公室（OISE）负责国际合作计划。管理部门也分为两类：一类直接为各资助部门服务，有预算、财务与资助管理办公室（BFA）以及信息与资源管理办公室（IRM），前者负责协调 NSF 各部门的预算、进行财务管理、制定资助项目管理政策、审核与签发资助通知书等，后者为 NSF 提供信息管理服务；另一类主要为 NSF 内部管理服务，直接为 NSF 主任和副主任服务。这类部门只有主任办公室（OD），其下设总律师办公室、立法与公共事务办公室、平等就业办公室、综合活动办公室等。

由于 NSF 是一个"把研究工作看做是头等要事的业务机构"[①]，因此，不仅在 NSF 之上有一个由杰出科学家和教育家组成的 NSB 作为其决策、指导与监督的机构，而且在 NSF 的各资助部门和多数管理部门（主任办公室除以），都设有由相关领域著名专家学者组成的咨询委员会（AC），负责为包括科学部在内的相关部门的资助格局、资助方向与资助政策等提供指导及咨询意见。不过，虽然 AC 的名称是"咨询委员会"，但其咨询工作绝非是被动的，而是负有将学术界的最新动态和政策需求传递给 NSF 相关部门，同时为各部门的资助工作起到学术把关或业务指导的作用。

以生物科学部 AC 的工作为例，其主要职责是就以下事项向生物科学部提出建议：科学部的任务、项目计划和目标如何尽可能好地服务于科学共同体；科学部如何提高生物科学中研究生和本科生的教育质量；科学部的组织机构管理与资助政策；生物科学研究的优先投资领域；根据政府绩效与结果法（GPRA）的要求，评估本科学部在实现 NSF 绩效目标中的贡献；聘请承担科学部各资助计划绩效评估工作的外部专家组（COV）成员，并审议 COV 提交的评估报告[②]，等等。AC 每年召开两次全体会议（春季会议与秋季会议），时间分别固定在 4 月和 11 月，每次会期为两天。这样的时间安排是为了与 NSF 年度财政预算[③]制定与执行工作相衔接，春季会议讨论下下个年度生

---

① V. 布什等著，范岱年、解道华等译，科学——没有止境的前沿，北京：商务印书馆，2004 年，p. 85。

② NSF 每年对其 1/3 的资助计划实行绩效评估，评估各计划的资助管理以及资助结果目标达到状况，评估工作由 COV 承担。每次承担每个计划评估的 COV 成员不同，其名单都要得到 AC 批准；COV 的评估报告也要经 AC 审议后，向科学界和公众发布。

③ NSF 的财政年度自 10 月 1 日始，到下一年 9 月 30 日终。例如，2006 年 10 月 1 日至 2007 年 9 月 30 日执行 2007 财年的预算，2006 年 3 月至 9 月则要提出 2008 年度的预算请求。

物科学部的预算请求，而秋季会议则讨论在批准后的下年度预算约束下科学部及各学科处的资助工作。全体会议的主要工作包括：通过上次会议的会议纪要；听取生物科学部及其各处汇报资助工作进展；在分析生物科学发展趋势的基础上，为科学部的发展提出政策建议与指导性意见；遴选重点投资方向（包括研究设施）和优先领域；讨论并形成本科学部的预算请求；审议 COV 的评估报告等。除了全体会议之外，AC 还不定期地召开专题研讨会，就某一新兴研究方向（如微生物基因组学、生命科学中的计算等）或重要资助政策（如何加强对少数族裔研究人员的支持、如何促进生命科学研究中的产学结合等）进行研讨。

（三）NSF 的同行评议系统

NSF 超过 95% 的项目为竞争性项目，这些项目申请全部要通过 NSF 的同行评议系统进行遴选。NSF 的评议系统由评议程序（包括评议方法和评议准则等）、评议组织者、评议专家、评议的评估与监督等部分构成。

目前，NSF 的评议程序如图 2.7 所示。从评议程序可以看到，NSF 的评议方式共有三种，即：函评、会评以及函评加会评两次评议三种方式。从传统上看，过去数学与物质科学部主要以函评方式为主，因为在 NSF 成立前此类学科主要由海军研究办公室资助，在对项目申请进行评议时，海军研究办公室通常采用函评方式。因此，NSF 数学与物质科学部从成立之初就沿袭了这一方式；而生物科学部则沿袭了国立卫生研究院会评的传统。[①]函评的好处是，评议人有较为充裕的时间对项目申请进行深入细致的评议，且评议成本低；会评的好处是，对于涉及学科面较广的领域的项目申请，评议人可以面对面地充分交流意见，对同一计划的所有项目申请进行比

---

① M. Kent Wilson, In Praise of Gatekeepers, in Fiona Q. Wood, *The Peer Review Process*, Canberra：Australian Government Publishing Service, January 1997, pp. 143 – 151.

较；而函评加会评的方式则可以将函评的深入与会评的讨论结合起来。因此，在过去 20 年，尤其是过去近 10 年间，NSF 各资助部门仅采用函评的部门越来越少，而采用会评或函评加会评方式的部门越来越多。自 1996 财年到 2005 财年，只函评的申请数从 26% 下降为 9%，只会评的申请数从 41% 增加至 56%，采取函评加会评方式进行评议的申请数从 29% 增加至 33%。在函评中，每份申请一般都发至 5 位评议人，而回函中的有效评议意见不得少于 3 份；在会评中，由 25 人组成的评审组所评议的项目一般是 200 项，多数计划官员在会前提前让专家阅读需要评议的申请书；在函评加会评方式中，会评专家同时还必须阅读数百份函评专家的评议书，有的评审组不邀请当年参加函评的专家作为会评的评议人，而有的评审组则吸收函评过其中部分项目申请的专家进入评审组。①

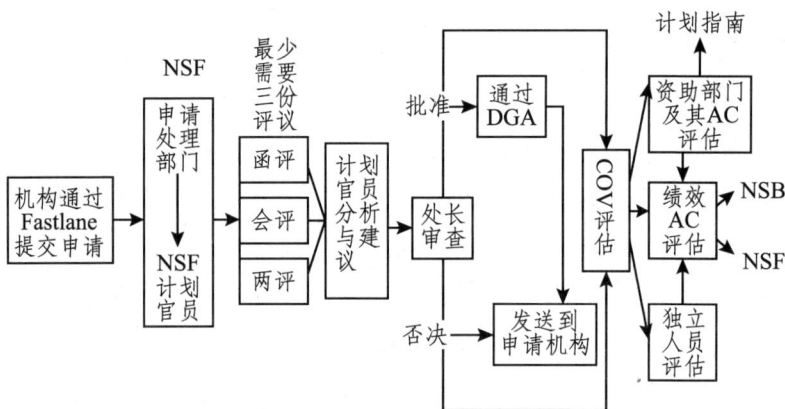

图 2.7　NSF 价值评议程序

注释：　（1）Fastlane（快速通道）是 NSF 项目受理与评议的电子系统。
　　　　（2）DGA 是预算、财务与资助管理办公室下属的项目与合同处。
　　　　（3）绩效 AC（AC/GPA）是预算、财务与资助管理办公室的咨询委员会之一，负责评估 NSF 是否实现了其绩效目标。
来源：2005 财年价值评议系统报告。②

---

① National Science Board, FY 2005 Report on the NSF Merit Review System, NSB-06-21, March 2006, p. 15.
② 同上，p. 3。

　　2005 财年，生物科学部、地球科学部、社会、行为与经济科学部、极地计划办公室都采用了函评加会评的方式，而网络基础设施办公室、计算机及信息科学与工程学部、教育与人力资源局、工程学部以及数学与物质科学部则主要采用会评方式，只有国际科学与工程办公室以函评方式为主。[①]

　　评议准则是资助机构指导评议人进行评议的重要形式，也是其资助政策的重要表现形式。NSF 在不同时期制定了不同的评议准则，反映了其资助政策的变化，本研究的第三章会有专门论述。目前 NSF 采用的评议准则是自 1997 年 10 月开始实行的，要求评议人在 NSF 所有的项目类型评议中都依循着两项准则进行评议，即"学术价值"（intellectual merit）和"广泛影响"（broader impacts）。为了便于评议人更好地理解和掌握这两方面的评议准则，NSF 还提出了评议人在每一项准则下具体考虑的问题。首先，在关于项目申请的学术价值方面，NSF 建议评议人考虑：该申请在促进本领域或其他相关领域知识的发展及其理解的重要意义何在？申请者（个人或团队）是否有能力开展该项目（如果认为有能力，还要求评议申请者过去的业绩）？在多大程度上该申请拟提出或探讨有创造性的且独创的思想？该申请是否思路清晰和组织有序？科研资源是否充足？等等。其次，在关于项目申请的广泛影响，NSF 建议评议人考虑：该申请在促进新发现的产生及其理解的同时是否也推动本领域或相关领域的教学、培训和学习活动？是否有利于"弱势族群"（女性、少数族裔、残疾人、偏远地区人才等）的参与？在多大程度上有利于研究和教育基础设施（如设备、仪器、网络和协作关系等）的使用和发展？其结果是否能够得到广泛的传播并提高人们对科学和技术的理解能力？该项目涉及的活动能为全社会带来哪些益处？等等。

① National Science Board, FY 2005 Report on the NSF Merit Review System, NSB-06-21, March 2006, p. 17.

NSF 评议活动的组织者是工作在各资助部门相关处的计划官员（PO）。尽管在 NSF 的资助部门存在三个管理层级（如各科学部的管理层级为：科学部主管、科学处主管和学科计划官员①），但是，除了计划官员之外，NSF 没有任何人有权组织项目评议，因此，计划官员是评议系统的核心。曾在 NSF 数学与物质科学部天文科学与数学科学处工作的威尔逊博士（M. Kent Wilson），称计划官员是 NSF 评议系统的"守门员"②。NSF 计划官员的职责是，指派评议专家，综合评议意见，提出资助建议。当然，计划官员的资助建议还不是最终的资助决定，还需提交其主管处长进行审核。

在评议专家的遴选中，计划官员必须严格遵守 NSF《申请与资助手册》中的相关条款，确保外部评议专家在评议中没有利益冲突。计划官员可以通过下列途径遴选外部评议人：自己的研究与教育背景、申请书所列的参考文献、新近的研究文献和专业会议、文献数据库以及其他评议人的建议等，也可以根据申请人的建议决定评议专家。

评议人对项目申请的意见以两种形式表现出来：一是对每个申请项目进行评分，二是对每个项目写出具体的书面意见。在综合评议人的意见时，计划官员不能仅仅根据评议人的项目打分，而是要仔细阅读评议人所写的书面意见（包括函评专家的书面意见和评审组讨论的综合意见），才能作出判断。由于不同的评议人对项目打分的尺度不同，即使是同一个评议人对同一个项目的评议中，也会出现评分与具体书面意见不一致（如高分与低评价或者低分与高评价）的情况，这就需要计划官员依靠自己的学术水平，或者进一步与其他专家商议后，作出正确的判断。因此，NSF 对计划官员的学术水平要求是很高

---

① 在每个科学部，一般有若干个科学处，而一个科学处下有若干个以学科为中心的资助计划。一个资助计划一般设一个计划官员，但如果一个资助计划所负责的项目申请量较多（比如超过 120 项或更多），也会设两个或多个计划官员，或一个计划官员和一个助理计划官员。

② M. Kent Wilson, In Praise of Gatekeepers, in Fiona Q. Wood, *The Peer Review Process*, Canberra：Australian Government Publishing Service, January 1997, pp. 143 – 151.

的，都要求其拥有与所管理的资助计划相关领域的博士学位和研究经历。为了保证计划官员对学术前沿的了解与熟悉，NSF采用了极具特色的人事制度——所谓"轮换者"（rotators）制度，即：直接聘请研究共同体的一线科学家（往往具有学术机构的永久性职位）担任计划官员职务，当他们在NSF服务一两年之后回到学术界，NSF再聘请新的一线科学家接替其工作。2005财年NSF的计划官员共有400人，其中固定人员与"轮换者"各占50%。"轮换者"包括三部分：一是所谓"访问科学家、工程师和教育家"（VSEE），占计划官员总数的10%；二是根据政府间人事法（IPA）[①]聘用的专业人员，占计划官员的28%；三是其他临时人员，占计划官员的12%。[②]这样一种特殊的制度保证了NSF始终是科学共同体的一部分。

计划官员在提出项目资助建议时，除了依据外部评议人的意见之外，还必须考虑下列因素：（1）对本计划研究领域人才培养和基础设施建设的潜在影响；（2）对于重要的研究问题采取不同研究方法与途径的平衡；（3）在有发展前景的新兴研究领域的能力建设；（4）为了推动某个领域取得重要进展而支持高风险的研究；（5）NSF的核心战略（如促进研究与教育结合）；（6）有助于本计划的某些特殊目标和动议取得成绩；（7）本计划各研究方向上的平衡以及其他经费渠道的资助情况；（8）在地域分布上的相对平衡。

尽管计划官员在NSF评议系统中具有十分重要的作用，但在项目评议中评议专家的意见仍然是决定性的，因为计划官员一旦选定了评议人（包括函评专家和会评专家），评议人对所评项目写出了合理的评议意见，而计划官员又没有充分的理由反驳评议人的意见的

---

① 政府间人事法（Intergovernmental Personnel Act，IPA）通过要求联邦机构聘请部分来自州政府和地方政府、私立和国立高等学校、联邦政府资助的研发中心以及与公共管理相关的非营利机构等的人员，在联邦机构作为"借调"人员聘用，以加强联邦政府与非联邦实体之间专业人员的合作与交流。NSF根据IPA聘用的人员，一般聘期为两年，至多不超过四年。

② National Science Board, *FY 2005 Report on the NSF Merit Review System*, March 2006, NSB-06-21, p. 22.

话，那么，这些意见就是决定每个项目命运的最终意见。正因为如此，NSF高度重视评议专家的遴选政策，制定了一系列指导计划官员选择评议人的政策条款，同时，NSF还非常注重专家库的建设，为计划官员遴选专家创造了良好的条件。NSF专家库不仅收录了各学科领域高水平的专家信息，而且注意专家库专家组成在学科领域、年龄分布、地理分布、部门分布、机构分布等方面的平衡。2000年NSF中心电子专家库的评议专家有25万人，2004年增加至30万人[1]，而到2005年则超过了30万人。2005财年约有5万名外部评议专家接受了NSF一份或多份申请的函评。约有4.1万人或参加了会评，或参加了函评，或既参加了函评也又参加了会评，其中大约有1.4万人是第一次参加评议。评议人遍及美国的50个州和华盛顿特区、波多黎各等地，另有5000多位评议人来自美国以外。[2]

　　NSF评议系统中对评议的监督与评估机制也是很有特色的，包括各资助部门内部对评议的监督，针对申请人的评议反馈与申诉，COV对评议活动的评估制度，等等。这一问题本书第四章将专门论述，此不赘述。

二、NSFC的组织结构与评议系统

　　如前所述，美国联邦机构成立的程序是，先有机构法，再依法成立机构。NSF的成立当然也是如此，而且NSF法对NSF的设立与构成、任务与职责、主要资助类型、资助管理程序、人员雇用等内容都有十分详细的规定。如果需要对NSF的任务职责或资助管理进行重大调整，须先对NSF法进行修订（目前的NSF法修订版有近30万字）。与美国的情况不同的是，我国没有一部具有机构法性质的

---

[1]　National Science Board, *Report of the National Science Board on the National Science Foundation's Merit Review System*, September 30, 2005, NSB-05-119, p. 3.

[2]　National Science Board, *FY 2005 Report on the NSF Merit Review System*, March 2006, NSB-06-21, p. 18.

NSFC 法①。NSFC 成立的依据是 1986 年国务院 23 号文件，即国务院《关于成立国家自然科学基金委员会的通知》（以下简称《通知》）。与 NSF 法相比，该《通知》显得非常简单，不足千字，共 5 条，涉及 NSFC 的归属、任务与职责、经费来源、资助范围以及机构情况等方面。

（一）NSFC 的组织管理结构

《通知》指出："国家（自然）科学基金（委员）会设委员二十五名，由科学家、管理专家担任，实行任期制。其中主任一人，副主任若干人。……国家（自然）科学基金（委员）会的重大问题由委员会讨论决定，必要时以表决程序决策。国家（自然）科学基金（委员）会的日常工作由主任负责。"②根据《通知》，NSFC 是一个委员会制的机构，决策权归属于 25 人组成的委员会，似乎在一定程度上类似于 NSB 与 NSF 相分离的分权体制——至少，按照《通知》的规定，NSFC 的"重大问题由委员会讨论决定"。不过，从 NSFC 和 NSF 的实际运行情况来看，在决策权方面，NSFC 由 25 位委员组成的后来被称为"全体委员会"③的机构与 NSB 不可同日而语，正如《国家自然科学基金委员会章程》第 6 条所规定的那样，

① 2007 年 2 月 24 日国务院以国务院令（487 号）的形式颁布了《国家自然科学基金条例》，该条例共七章 43 条。比较 NSF 法和该条例应当是颇有意思的，因为 NSF 法的内容主要集中在授权 NSF 开展的资助类型与资助活动、NSF 的组织结构和 NSF 的信息公开等方面，似乎更多地诉诸 NSF 的合法性以及规定 NSF 的组织结构与资助机构，很少涉及资助程序等资助活动的微观管理方面，从而将资助活动具体运行和管理的权力赋予了 NSF，也就是美国的科学共同体——旨在提升资助工作效率的具体管理方式等内容由 NSF 内部规章所规定，因而具有较大的灵活性；与 NSF 法形成对照的是，《国家自然科学基金条例》却主要着墨于 NSFC 的资助工作程序，主要规范其具体资助工作的运行，从申请与评审到资助与实施，再到监督与管理等等，多数内容已涉及对科学研究的微观管理，在一定程度上限制了资助管理工作的灵活性。《国家自然科学基金条例》见 http://www.nsfc.gov.cn/nsfc/cen/gltl/02.htm.

② 国家自然科学基金委员会编，国家自然科学基金发展历程，北京：国家自然科学基金委员会，2006 年，pp.18 - 19.

③ 国家自然科学基金委员会第一届第一次全体委员会议于 1986 年 12 月 25 日在北京召开。

是 NSFC 主任而不是全体委员会"对国务院负责"。①不过，从《通知》中对 NSFC 全体委员会的委员人数设置来看，25 人恰好等于美国 NSB 的 24 位委员加上 NSF 主任的人数，应当说文件中的 NSFC 全体委员会在人数的规定上体现了对 NSB 的效仿。尽管《通知》规定 NSFC 委员为 25 人，但是仅在第一届其委员人数上遵循了 25 人的规定，而到了第二届，其委员人数就突破了此限制，为 26 人，第三届更增为 28 人，第四届为 27 人，第五届减少为 24 人。从 NSFC 委员人数每届都在变动的情况看，《通知》的法律效力是很有限的，这也就是为什么此后 NSFC 一直希望国家颁布更具法律效力的《国家自然科学基金委员会法》或《国家自然科学基金条例》的原因之一；而美国 NSB 成立 50 年来，在 NSF 法的限制下，其委员人数一直保持在 25 人。

然而，进一步将 NSFC 的全体委员会与美国 NSB 进行对比，能够看到其中有很大的区别。第一，NSB 作为 NSF 的决策机构，是它而不是 NSF 直接向国会负责，与 NSF 政策相关的重要文件或报告（包括每年发布的关于同行评议系统过程的报告）都是以 NSB 的名义发布的；而 NSFC 的全体委员会则没有这样的责任，向国务院汇报工作、发布政策文件等重要工作都是以 NSFC 的名义进行。第二，NSB 的 24 位委员全部是著名科学家（多数来自大学，少数来自产业界）与教育家，没有政府其他部门的成员，而 NSFC 从成立之初就一直有部分委员来自政府部门，例如国家计划委员会（现为国家发展与改革委员会）、科学技术委员会（现为科学技术部）、教育委员会（现为教育部）、财政部、国防科学技术工业委员会、中国科学院以及相关工业管理部门。第三，NSB 的主席与 NSF 主任不是同一个人，可以相互制约，而 NSFC 全体委员会的主任与其机关的主任是同一个人，决策与执行非常集中。第四，NSF 除了主任是 NSB

---

① 国家自然科学基金委员会，国家自然科学基金委员会章程，2005 年 3 月 17 日五届二次全委会审议通过。参见 http://www.nsfc.gov.cn/nsfc/cen/zc/index.htm.

的成员以外，其他人员均不是 NSB 成员（NSF 副主任仅为 1 人，和主任一样同为专职官员，协助主任主持日常行政工作；NSF 另设助理主任多人，协助主任管理各科学部的资助工作；而且副主任和助理主任都不是 NSB 的委员）；而 NSFC 每一届的副主任人数都超过 5 人，而且均为 NSFC 委员。因此，在 NSFC 委员中，NSFC 主任和副主任的人数已经占到或超过全体委员的 1/4，这也从另一个侧面反映了其决策与执行的高度集中性。事实上，和中国几乎所有政府部门和政府机构一样，NSFC 基本上是一个集决策与执行于一体的组织。第五，NSB 每年举行 6 次全体会议，闭会期间由执行委员会和常设委员会代表 NSB 开展工作；必要时，NSB 设特别委员会或专门工作组，就某一方面的政策问题展开研究。此外，NSB 办公室还负责其日常工作。但 NSFC 的委员们通常每年只开 1 次全体会议（少数时候 1 年 2 次，通常 1 天），与决策有关的工作除了审议 NSFC 的五年计划/规划和优先领域之外，其他工作与资助决策的关系不大。

　　NSFC 的人员编制为 200 人。NSFC 管理机构的结构如图 2.8 所示。虽然 NSFC 也有一个监督委员会（成立于 1998 年）承担着受理针对项目申请、评审和执行等环节中不端行为的举报、调查和处理等工作，而且监督委员会每年要向 NSFC 全体委员会报告工作，其法律地位和人员构成等完全不同于 NSF 的 OIG。OIG 是美国国会 GAO 的派驻机构，不受 NSB 或 NSF 的直接领导，而且其工作人员全部为全职专业人员，以保证其工作的独立性和专业性；NSFC 的监督委员会成员中只有一位专职人员，其他近 20 人均为兼职科学家或 NSFC 的退休职工，具体的调查工作由其下设办公室（与 NSFC 纪检监察审计局监督处为同一单位）的人员承担。另外，NSF 的 OIG 有近 80 人，其工作除了受理投诉外，还主动开展审计监察工作，而且事前防范与事后处理并重，开展大量的宣传教育工作。而 NSFC 监督委员会限于各方面的工作条件，其工作则只能以处理投诉为主。

```
                    ┌─────────────────────┐
                    │  国家自然科学基金委员会  │
                    └──────────┬──────────┘
                               │          ┌──────────────┐
                               ├──────────│   监督委员会   │
                               │          └──────────────┘
        ┌─────────────┐        │        ┌──────────────┐
        │  数理科学部   │────────┼────────│   办公室      │
        └─────────────┘        │        └──────────────┘
        ┌─────────────┐        │        ┌──────────────┐
        │  化学科学部   │────────┼────────│   计划局      │
        └─────────────┘        │        └──────────────┘
        ┌─────────────┐        │        ┌──────────────┐
        │  生命科学部   │────────┼────────│   政策局      │
        └─────────────┘        │        └──────────────┘
        ┌─────────────┐        │        ┌──────────────┐
        │  地球科学部   │────────┼────────│   财务局      │
        └─────────────┘        │        └──────────────┘
        ┌─────────────┐        │        ┌──────────────┐
        │ 工程与材料科学部│────────┼────────│   国际合作局   │
        └─────────────┘        │        └──────────────┘
        ┌─────────────┐        │        ┌──────────────┐
        │  信息科学部   │────────┼────────│   人事局      │
        └─────────────┘        │        └──────────────┘
        ┌─────────────┐        │        ┌──────────────┐
        │  管理科学部   │────────┴────────│  纪检监察审计局 │
        └─────────────┘                 └──────────────┘
```

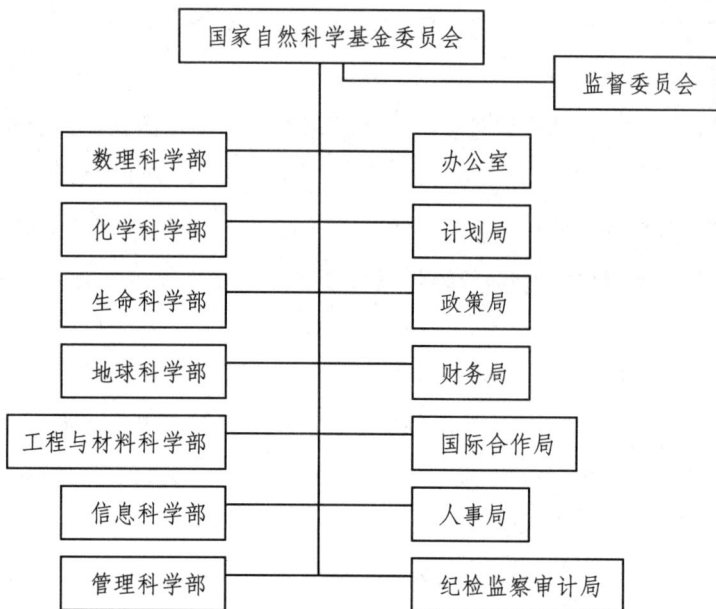

图 2.8　NSFC 管理机构结构示意图

来源：根据 NSFC 年度报告①中的机构设置部分而绘制。

　　NSFC 的内设机构同样分为两类，即资助部门和管理部门。7 个科学部是以学科为中心的资助部门，国际合作局和计划局也有部分资助工作，而其他部门如办公室、政策局、财务局、人事局和纪检监察审计局等所承担的多为内部管理工作。不过，与 NSF 相比，NSFC 内设机构设置变动要复杂得多，最后要由中央编制委员会办公室批准。然而尽管如此，鉴于近年来监察审计工作重要性的增强，NSFC 于 2001 年设立了纪检监察审计监督联合办公室，2005 年正式成立了纪检监察审计局。借鉴 NSF 的经验，自 2002 年起，NS-FC 各科学部设立了专家咨询委员会，为科学部资助决策提供咨询。但由于咨询委员会主任由科学部主任兼任，而且多数咨询委员会每年仅举行一次会议，因此，与 NSF 各部门的 AC 相比，NSFC 各科

---

① 国家自然科学基金委员会，国家自然科学基金委员会 2005 年度报告，2006 年。

学部咨询委员会发挥的作用也小得多。

(二) NSFC 的同行评议系统

在评议系统的建设方面，NSFC 借鉴了许多 NSF 的经验与做法。最突出的例子是计划官员的设置及其职责的赋予。虽然在 NSFC 其名称不同，如 2001 年前的学科主任以及其后直到现在的项目主任（科学处长通常会兼任某个学科的项目主任），但其职责与 NSF 的计划官员类似，包括承担遴选评议专家和综合专家评议意见的工作（尽管没有 NSF 计划官员可以否决专家评议意见和直接批准小额项目的权力），因此在同行评议系统中起到非常重要的作用。就这一点而言，美国 NSF 的计划官员和中国 NSFC 的项目主任不同于德国研究联合会（DFG）等欧洲大陆国家的资助机构执行部门的资助管理人员[①]。德国 DFG 采用了决策权与执行权分离更为彻底的分权体制，包括所有项目资助决定在内的决策权完全在决策部门，与执行部门无关（NSF 只是资助数额较大的项目决策权在 NSB）。DFG 的决策部门人员全部由外部专家学者组成，执行部门只是为决策部门提供日常的"技术性"服务，绝没有人会拥有类似于 NSF 计划官员那样的权力。具体而言，DFG 无论是选专家还是选项目的权力，都归决策部门评议委员会（Review Board）所有，而根据不同学科划分为 48 个评议委员会及其 201 个专业领域的 577 位成员，则由全德国科学家选举产生。[②]我国 NSFC 科学部各科学处管理人员的职责显然不同于 DFG 资助管理人员，而是与美国 NSF 的计划官员更为相似，可以说是借鉴了 NSF 的做法。

[①] 捷克在苏联东欧解体后成立的国家科学基金会（GACR）采用了与 DFG 类似的管理体制，未采用 NSF 的模式。在 GACR，遴选评议专家和资助项目的决策权也完全在外部科学家的手中。详见：龚旭，捷克科技体制转型的法制基础初探，研究与发展管理，2006（3）：121—127，132。

[②] German Research Foundation, *Mission and Constitution of the DFG since 1920*, http://www.dfg.de/en/dfg_profile/history/history_of_the_dfg/index.html.

NSFC 的评议程序不如 NSF 那样具有多样性，而是所有科学部都采用了同样的评议方式，即函评加会评。在函评阶段，每份申请书至少送给 3 位专家评议，回函中有效评议意见的数量要求同 NSF 一样，不得少于 3 份；在会评阶段，参加过部分项目函评的专家也可以参加评审会。不过，NSFC 每个评审会专家的人数少于 NSF 的 25 人，这大概是由于我国科学共同体，特别是具体学科领域研究共同体的人数比美国少而造成的。

在评议准则方面，NSFC 没有类似于 NSF 那样明确体现其资助思想的评议准则，只是在致评议专家的函中，要求评议人从创新性、研究价值、研究整体方案（包括研究内容、研究方法、研究队伍、研究基础、研究条件等）等方面对所申请的项目进行评议。关于 NSF 和 NSFC 评议准则方面具体的比较分析将在第三章中详细展开。

从评议活动的组织来看，NSFC 的评议组织者是各科学部下科学处的工作人员，包括科学处主管和项目主任。如前所述，NSF 的科学处主管不负责具体的评议组织工作，只有计划官员直接负责评议组织工作，但在最后提出资助建议之前，科学处主管须审核评议结果，科学处主管对计划官员可以起到监督的作用。与 NSF 的情况不同的是，在 NSFC 同一科学处工作的科学处主管与项目主任，都会负责某一个或多个学科的评议组织工作，在评议活动的组织中两者的职责相同，只是各自管理的学科不同而已。因此，仅从同行评议的组织方面来看，NSFC 科学处主管与项目主任的职责是一样的，都是遴选评议人、综合评议意见和提出资助建议。随着 20 世纪末以来 NSFC 项目申请数量的大幅攀升，评议组织者的工作量越来越大，而由于受到编制限制，NSFC 科学部人手紧张的问题日益突出。自 2001 年起，NSFC 借鉴了 NSF 的经验，设立流动项目主任的职位，选聘科研一线的科研人员到相关科学处担任项目主任。截至 2007 年 4 月，NSFC 共有在职流动项目主任 23 人，占评议组织者总数的 26%。①

2005 年 NSFC 评议专家库中的人数为 4 万多，实际参加评议的人数为两万多。②尽管 2005 年 NSFC 的项目申请数已经超过 NSF，但无论是专家库的人数还是实际参加评议的专家人数都远低于美国NSF，专家资源紧张成为影响 NSFC 评议工作的一大问题。这一问题的后果在后面第四章关于同行评议公正性的研究中还会有详细分析。

本章的比较研究表明，科学作为一种社会性制度，其发展与演变深受国家基础性制度的影响与制约，当国家基础性制度发生变革时，科学制度也会随之而改变。不过，在科学属于内在于其社会结构中的"自发秩序"的美国，科学制度的转型通常采取渐进的方式，这样的制度转型所产生的国家与科学的新边界往往比较稳定；而在政府强行干预下产生的科学制度的转型采取的是强制的方式，这种制度转型所带来的国家与科学间边界的变化则具有不稳定性。这是因为不同国家的基础性制度可以决定国家与科学之间的边界：在诸如美国这样成熟的市场经济国家，科学活动在很大程度上所遵循的规则与市场经济的规则类似。尽管第二次世界大战以后政府在科学发展中发挥了前所未有的重要作用（特别是在经费提供方面），但政府在微观领域的作用却是极为有限的，尤其是科学奖励系统的运行更多的是依靠科学共同体的自我管理来进行的 —— NSF 本身就是科学共同体的一部分；在像中国这样的政府力量处于强势的发展中国家，正如前一章所指出的那样，科学的制度化进程始终伴随着政治力量的干预（包括正面与负面的），科学制度甚至在一定程度上也采取了与国家政治制度类似的架构。虽然改革开放以来，中国政府的工作重心从政治领域转移到了经济领域，在科学活动中也借鉴

① NSFC 人事局干部处 2007 年 4 月 5 日提供的数据。
② 从 NSFC 办公室信息中心获悉的数据。

甚至效仿了美国等发达国家的经验，在一定程度上尊重科学自主性，设立了依靠科学家群体进行管理的 NSFC，然而，由于制度变迁具有很强的路径依赖性，NSFC 最终还是发展成为在职责任务、组织结构与评议系统等重要方面都不同于 NSF 的机构。这两个机构在上述方面的不同特点，加之所处的不同的制度环境，又进一步影响了其资助政策、评议政策及其效果。本书的后三章将对这些问题展开具体的分析与讨论。

第三章
资助与评议 —— 科学资助政策与
同行评议准则的演变

> 国家赞助必然会将政治带入科学中，也将科学带入政治中。这种赞助越慷慨，它所卷入的政治活动就越多。[①]
>
> —— 约翰·齐曼（John Ziman）

NSF 和 NSFC 是美国和中国政府支持本国基础科学事业的重要资助机构，其运行机制都是建立在科学共同体开展同行评议的基础之上，以实现对国家科学资源进行优化配置的目标。因此，两者作为国家资助机构，其资助政策必然会在很大程度上体现国家的科学政策；而作为资源配置机构，其资助政策又必须通过相应的同行评议政策，特别是评议准则的制定与实施加以实现。那么，影响国家科学政策形成与演变的因素有哪些？科学发展的内部逻辑与外部环境怎样共同构成科学政策发展与演变的动力机制？国家科学政策与国家资助机构的资助政策间的关系如何？其资助政策又通过怎样的方式与途径影响到评议政策？对这些问题的研究不仅将有助于更好地理解国家资助机构资助政策的形成与演变机制，而且也有助于资助机构制定更为合理有效的评议准则。

[①] 约翰·齐曼著，曾国屏、匡辉、张成岗译，真科学，上海：上海科技教育出版社，2002 年，p. 91。

第二章的分析显示，自第二次世界大战之后，在美国特有的民主政体下，政治（或者更广泛的社会）与科学之间存在越来越明显的互动关系，而政治与科学作为平等的双方进行的博弈使得国家与科学的边界处于变动之中，对于国家科学资助机构而言则体现在资助政策的变化上。与美国的情况不同的是，中国政府无疑是主导着包括科学政策在内的各个领域国家政策的强大力量，但在改革开放初期即拨乱反正的特殊时期，科学界确曾对国家科学体制改革（包括 NSFC 的成立）产生了较大的影响，促使国家与科学间的边界得以重建。然而，当新的边界确立之后，改革重新回到"自上而下"的模式，而基础研究一直是政府不熟悉的领域，因此当科学共同体难以通过制度化的渠道参与科学政策制定时，政策制定往往呈现出"摸着石头过河"的特点，各个层面的政策本身也常常不够明确或者并非协调一致，甚至会发生摇摆和反复的情形。本章将展示美国 NSF 的发展历史，借此表明当自主性不再是科学为自身辩护的唯一理由时，NSF 将不得不通过调整其科学资助政策（包括改变资助方式以及修改同行评议准则等方式），试图通过制度化的方式在国家需求与科学家意愿之间寻找平衡点，这也从一个侧面反映了美国科学政策过程的博弈性质。在针对中国 NSFC 的资助政策演变分析中可以看到，在改革开放的早期岁月，政府对基础研究的认识尚不清晰，即使在以支持基础研究为宗旨的 NSFC，其对基础研究的理解也是到 1995 年前后才开始变得明确起来；不过尽管如此，但 NSFC 一直没有形成类似于 1997 年 NSF 通过修改其同行评议准则而反映出来的十分明晰的战略意图和政策导向，这在一定程度上会影响同行评议的有效性。

第一节　国家科学资助机构政策演变的机制分析

科学政策的制定无疑与人们，特别是政策制定相关者对科学本身的认识密切相关，而人们在不同时代对科学——包括科学知识及其生产与利用——的认识和理解，又在相当大的程度上取决于科学所呈现出来的特点及作用。正如本书第一章所指出的，现代科学政策始于第二次世界大战结束之后，在过去 60 多年的时间里，随着公共部门和私人部门两方面对科学研究的投入越来越多，无论是科学的资助环境还是科学本身的特点，都已经发生了很大的变化。尤其是冷战结束后的近 20 年来，政府与公众对公共财政所支持的科学活动提出了新的要求。这些变化都在重新塑造着国家与科学的关系，影响着国家科学政策的形成与变迁。本节将考察自第二次世界大战结束以来科学知识及其生产方式特征的变化，特别是从第二次世界大战结束到冷战结束以来国家科学政策及其环境变迁，通过分析"基础研究"这个科学政策中的基本概念的提出与演变，解析 NSF 将来自外部的强制性要求转译为其政策主张的过程，揭示国家科学资助机构政策演变的动力机制。

一、科学研究特点及其环境的演变

科学知识是科学活动最基本的载体。正如第一章所指出的那样，自现代科学在西方产生以来，关于科学知识性质的看法一直以后来被称为"实证主义"的科学观为主，即认为"科学是对发生在自然现象界的事物、过程和关系提出精确解释的学术活动"，科学知识是建立在自 17 世纪发展起来的具有严格操作规范的观察与实验基础之上的，是对自然事实的客观揭示与描述，因而是真实、超然而无偏见的。①因此，科学知识的生产——亦即科学——常常被认为是以好奇心为驱动，以求真为终极目标，远离实际应用的一种智力活动，很少受到利益和其他主观因素的干扰。这样的科学具有高度一致的学术文化和高度分化的学科体系，被称为"学院科学"②。齐曼

① 迈克尔·马尔凯著，林聚任等译，科学与知识社会学，北京：东方出版社，2001年，pp. 26–27。
② Edward J. Hackett, Science as a Vocation in the 1990s: The Changing Organizational Culture of Academic Science, *The Journal of Higher Education*, May-June 1990, Vol. 61, No. 3: 241 – 279.

认为，尽管学院科学作为"科学最纯粹形式的原型"，并不完全等同于现实世界中的科学，但是冷战以前的现代科学大都具有学院科学的基本特征，与后来逐渐兴起并在 20 世纪后期形成的"后学院科学"很不相同。①

齐曼从后学院科学的知识生产特征，即集体性、效用性、产业化、官僚化等方面，总结了当代科学所发生的以下变化：（1）集体性是指科学不再仅仅是高度个人化的探究活动，"大科学"研究不仅集中了大批科学家、工程师和技术支持人员，而且也集中了大量的资金和大型研究设施，跨学科研究团队和研究网络的形成，以及多作者合作研究成果的日益增多，都反映了科学研究集体化的趋势；（2）效用性是指科学研究不再能继续陶醉在"为科学而科学"的价值观中，研究对公共财政的需求使之不得不接受科学界以外的"绩效评估"，科学在维护其自主性的同时，也必须承担其应尽的社会责任；（3）产业化是指随着越来越多的科学知识可以资本化，导致科学、技术和产业之间的界限日益模糊，研究部门和产业部门之间的关系也越来越密切和复杂，即使是研究本身有时也具有浓厚的商业色彩；（4）官僚化是指当代科学越来越多地依赖于正式组织的作用，无论是申请国家资助机构的项目经费还是参与国家或国际大型研究计划，科学家都少不了与各种评议组织和协调机构打交道，在此过程中必须付出大量的时间和精力，完成所要求的文书工作。②

上述特征所反映出来的不仅是科学知识生产过程本身的变化，也是科学、技术与创新之间关系的变化，同时还是科学与政府、科学与产业界，甚至是科学共同体内部不同群体（如科学精英与普通研究人员）之间关系的变化。以科学、技术与创新关系的变化为

---

① 约翰·齐曼著，曾国屏、匡辉、张成岗译，真科学，上海：上海科技教育出版社，2002 年，p. 37。
② 同上，pp. 84—99。

例。在学院科学时期，人们关注更多的是科学对技术的贡献，而忽略了技术对科学也同样具有促进作用，但最近半个多世纪的科学技术历史表明，"以两个平行的累积知识的河流来理解科学与技术的关系更好，两者有许多相互依赖和交叉的关系，而在这些关系中，其内在的联系远比从外部交叉的联系更为牢固"[1]。如果再从政策制定者的角度出发，考虑到国家需要将科学发现和技术创新最终转化为经济增长动力的问题，学院科学远离实际应用的特性就变得更加不可接受。认识到学院科学向后学院科学的转变，同样为技术创新和国家创新体系研究提供了新的思路，突破了关于创新的线性模式的思维局限，就科学发现、技术创新和经济增长的关系提出了远比线性关系复杂的"并行模型"、"链式模型"等等。[2]

当然，对于科学及其所处环境所发生的变化，科学政策研究者不只是从科学研究文化变迁的角度，以"学院科学"与"后学院科学"加以区别来揭示，还有从研究的过程、结果及其衡量价值等是否具有统一范式的角度，以"常规科学"与"后常规科学"加以区别[3]，以及从知识生产方式变化的角度，提出"模式一"与"模式二"加以区别[4]，等等。其中，近年来在科学政策界影响较大的，当属知识生产方式"模式一"与"模式二"的提出。

根据迈克尔·吉本斯（Michael Gibbons）等人的研究，科学知识的生产方式正在发生重大变化。从"模式一"到"模式二"的转变，不仅影响着科学研究怎样生产知识，而且影响着生产出什么知

---

[1] Harvey Brooks, The relationship between science and technology, *Research Policy*, 1994 (23): 477 – 486.

[2] D. E. 司托克斯著，周春彦、谷春立译，基础科学与技术创新——巴斯德象限，北京：科学出版社，1999 年，pp. 72–76。

[3] Silvio Funtowicz and Jerome Ravets, Three types of risk assessment and the emergence of post-normal science, in Sheldon Krimsky and Dominic Golding (eds.), *Social Theories of Risk*, London: Praeger, 1992, pp. 251 – 274.

[4] Michael Gibbons, Camille Limoges, Helga Nowotny, Simon Schwartzman, Peter Scott, Martin Trow, *The New Production of Knowledge: Dynamics of Science and Research in Contemporary Societies*, Sage Publications Ltd, 1994, pp. 17 – 45.

识，不仅关涉知识的生产在怎样的环境下进行，而且关涉知识的生产如何组织，包括其利用怎样的奖励系统，以及对知识产品的质量通过什么机制加以控制，等等。不过，他们也指出，在当今的科学研究中，"模式二"并未完全取代"模式一"，而是两种模式并存，而且采取"模式二"的方式进行的研究越来越多。"模式一"与"模式二"的差异如表3.1所列。①

表3.1 知识生产方式"模式一"与"模式二"主要特点对比

主要特点	模式一	模式二
问题提出与解决的环境	遵循认识规范与科学的社会规范	研究者、需求方与利益方等知识生产的相关者在应用环境下持续磋商
知识生产方式	围绕某一学科研究	围绕应用问题进行多学科、跨学科研究
知识生产组织的构成	高度的同质性	异质性与多样性
知识生产者的价值取向	科学自主性	社会责任与反思性
知识的质量控制机制	同一学科同行的评议	多方面价值的评议
知识生产者的基本单元	研究者个人	研究团队、研究网络

来源：根据吉本斯等人的研究整理而成。

可以看到，无论是"后学院科学"还是知识生产方式"模式二"的提出，都从不同的角度描述了当代科学的新特征，旨在揭示从第二次世界大战结束到冷战结束以来，发达国家科学研究所发生的重大变化。了解这些变化，对于认识科学与社会以及科学与国家的关系非常必要，进而对于理解科学政策和科学治理的社会环境十分关键。

显然，科学研究的上述变化并非依循科学自身的逻辑发展而形成的，更多的是由于科学研究环境的变化而导致的。在科学发达的

---

① Michael Gibbons, Camille Limoges, Helga Nowotny, Simon Schwartzman, Peter Scott, Martin Trow, *The New Production of Knowledge: Dynamics of Science and Research in Contemporary Societies*, Sage Publications Ltd, 1994, pp. 17-45.

工业化国家，一方面，科学以及以科学为基础的技术对于国家安全、经济实力、公共福利和国民健康已经至关重要，科学技术正如布什当初所希冀的那样，已经从国家政治和政策的"舞台两侧"走到了"舞台中央"①；另一方面，科学技术研究比以往任何时候都更加依赖于政府和产业界等来自外部的支持，科学不再是科学共同体的内部事务，甚至也不仅仅是科学共同体与政府之间的事情，而是形成了由学术界、政府和产业界相互交叉重合而共同组成的三螺旋（triple helix）结构（见图3.1）。②

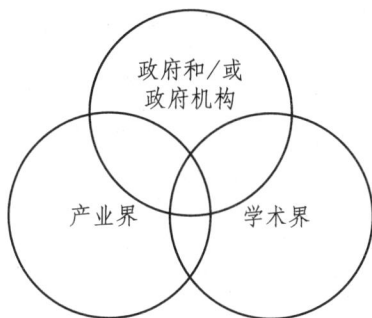

图 3.1　知识生产的三螺旋模型

来源：Lisa G. A. Beesley, 2003. ③

具体而言，自冷战结束以来，发达国家的科学研究环境所面临的变化包括以下几个方面④：第一，以基础科学研究为主的高等教

---

① Vannevar Bush, *Science — the Endless Frontier*, United States Government Printing Office, Washington D. C. , 1945, http：//www. nsf. gov/about/history/nsf50/vbush1945. jsp.

② Loet Leydesdorff and Henry Etzkowitz, Emergence of a Triple-Helix of university-industry-government relations, *Science and Public Policy*, 1996, 23（5）：279 – 286.

③ Lisa G. A. Beesley, Science policy in changing times：are governments poised to take full advantage of an institution in transition? *Research Policy*, 2003（32）：1519 – 1531.

④ Merle Jacob, "Mode 2" in Context：The Contract Researcher, the University and the Knowledge Society, in Merle Jacob and Tomas Hellström（eds. ）, *The Future of Knowledge Production in the Academy*, Buckingham：The Society for Research into Higher Education and Open University Press, 2000, pp. 11 – 27.

育部门正在经历一个转型时期，其与政府的关系在减弱，而与产业界的关系在加强。仅从 R&D 经费来源来看，根据美国的数据，1966 年至 2000 年，高等学校的研发经费中联邦政府经费所占的比例一直呈下降的趋势，而产业界经费的比例则基本维持增长的状况。①产业界对高等学校科学研究资助经费的增长，使得更多研究具有更强的应用背景，研究本身也更具跨学科性质，即更多研究是在"模式二"下进行的。第二，自冷战结束之后，国家出于军事目的支持科学研究的合法性受到挑战。经济全球化时代，政府必须有足够的理由让公众相信，支持科学研究的确会使国家经济发展受益，而且能比资助其他活动获得更大的收益。然而，由于科学研究的成果具有隐蔽性、多样性和长期性的特点，面对愈演愈烈的各种科学研究成果与绩效评估的活动，科学共同体和科学资助机构承受着越来越大的外部压力。在这样的压力下，资助机构比以往任何时候都更多地强调科学与社会需求的"相关性"（relevance of science）。第三，国家科学资助机构的研究资助系统正在发生变化。无论是在北美、欧洲还是澳洲，从 20 世纪 70 年代中期，特别是 80 年代起，国家科学资助机构都纷纷制定促进产学合作的资助政策；除了传统的项目资助方式以外，以加强学术界与产业界间的联系为目的、以产学合作中心为资助形式的所谓"中心运动"（centers movement）也在许多国家兴起②，如美国 NSF 的工程研究中心（ERC）计划，澳大利亚研究理事会（ARC）的合作研究中心计划（CRC），等等。这些新的资助方式也可以看做是知识生产"三螺旋"模式发展制度化的表现形式之一。③关于国家资助机构的政策演变，在下面的相关部分将会有更详细的

---

① National Science Foundation, *Science and Engineering Indicators 2002*, National Science Board, 2002.

② Arie Rip, The republic of science in 1990s, *Higher Education*, 1994 (28): 3–23.

③ Mats Benner and Ulf Sandstrom, Institutionalizing the triple helix: research funding and norms in the academic system, *Research Policy*, 2000 (29): 291–301.

论述。

应当指出的是，这些变化对科学所产生的影响并非全都是正面的。例如，经济因素过多地卷入科学之中，不利于经济整体增长所必需的知识的充分传播与利用，以及科学本身发展所需的最基本的学术交流与合作①；政府对科学活动的财政压力增大，不仅在一定程度上影响了资助机构和研究人员对研究风险的规避，甚至助长了学术界的浮躁情绪和造假行为；最重要的是，这些变化在某些方面侵蚀了科学与政府、科学与社会所形成的传统的信任关系，对科学未来的长远而健康的发展提出了严峻的挑战。因此，理解当代科学正在发生的变化及其根源所在，以制定有效的政策来应对由这些变化所带来的问题与挑战，是科学政策研究的重要议题。

二、基础研究——变化中的科学政策概念

过去半个多世纪科学研究及其环境的演变反映在科学政策方面，最具有代表性的当属运用最为广泛的"基础研究"这个科学政策基本概念的变化。由于不同时期科学所处的社会环境不同，因此各个时期发挥主导作用的科学政策文化也不相同，进而决定了人们对基础研究看法的变化。从 20 世纪 50 年代精英主义的学术政策文化，到 60 年代后期开始强调公众参与的市民政策文化，再到 70 年代呼吁社会相关性的经济政策文化与公共财政资助程式化所带来的官僚政策文化的联合，基础研究的内涵不断变化与扩充；而经过 80 年代对上述各种政策文化的综合以及随着冷战结束与知识社会的到来，科学政策作为科学的新社会契约的一部分，进入一个新的重大转型时期，因此，这一时期对基础研究定义的讨论，比以往任何时

---

① Richard R. Nelson, The market economy, and the scientific commons, *Research Policy*, 2004 (33): 455 – 471.

候更为集中和丰富。①

（一）基础研究概念的提出

不足为怪的是，首先提出基础研究这个概念并对其内涵进行明确界定的，是写出了奠定第二次世界大战后科学政策基础的重要文献《科学——没有止境的前沿》的万尼瓦尔·布什。就是在这个报告中，布什从研究动机与表现特征等方面阐明了基础研究的含义。即"进行基础研究不考虑实用的目的，它产生的是普遍的知识和对自然及其规律的理解"。不过，他旋即又指出，"基础研究是技术进步的先行官"②。将他定义的基础研究从"天上"拉回到"人间"，以唤起关注实际的人们对基础研究的重视。唐纳德·司托克斯（Donald E. Stokes）认为，布什关于基础研究这一"天上""人间"的表述，事实上在西方科学传统中早有其思想渊源，前者可以追溯到古代希腊对知识探究的态度，后者则可以在近代欧洲弗朗西斯·培根"知识就是力量"的格言中听到其回响。③不过，真正对布什在彼时彼地提出这一概念起决定性作用的，恐怕并不只是古人或前辈的传统与智慧，更重要的是他对战后美国科学所面临的发展困境与机遇的深刻理解。

也许今天热衷于大科学计划的人们难以理解的是，布什作为一个成功地发起并参与领导世界第一个大科学计划——曼哈顿计划的科学家兼工程师，为什么战后没有坚持在战争中发展出来的科学研究组织管理的成功新模式，却一再强调基础研究与应用研究的区别，再三呼吁政府有责任和义务保障科学探索自由？这的确与 60 多年前美国科学研究的社会环境以及布什的个人经历等因素

① 关于从 20 世纪 50 年代到 90 年代不同时期的科学政策文化的分析，参见：安特·埃尔津加、安德鲁·贾米森，科技政策议程的演变，载：希拉·贾撒诺夫、杰拉尔德·马克尔、詹姆斯·彼得森、特雷夫·平奇主编，盛晓明、孟强、胡娟、陈蓉蓉译，科学技术论手册，北京：北京理工大学出版社，2004 年，pp. 438-456。

② V. 布什等著，范岱年、解道华等译，科学——没有止境的前沿，北京：商务印书馆，2004 年，pp. 63-64。

③ D. E. 司托克斯著，周春彦、谷春立译，基础科学与技术创新——巴斯德象限，北京：科学出版社，1999 年，p. 3，pp. 21-27。

密切相关。在第二章阐述 NSF 成立的背景中，笔者已经较为详细地分析了《科学——没有止境的前沿》出台的背景与过程，这里只简单重申两个方面的问题：一是布什为何强调基础研究与应用研究的区别；二是他如何看待基础研究对于美国的重要性。

关于第一个问题，在为布什报告奠定重要基础的鲍曼委员会所提供的报告中有更清晰的阐述。该报告将科学研究分为三类，即：纯科学研究、背景研究、应用研究与发展。认为"纯科学研究是没有具体实用目的的研究，导致对有关自然及其规律的普遍知识和理解"；而地图绘制、气象观测、物理化学指标测量、动植物和矿物标本采集、药物标准制定等工作"都被归于背景研究之列"；应用研究与发展一旦成功，则其结果"肯定地具有实用或商业价值"。①因此，在鲍曼和布什这些当时既了解纯研究又熟悉应用研究的科学精英看来，科学研究中存在一条"反常的规律"，这就是，当纯科学研究与应用研究同时并存时，"应用研究总是要排斥纯科学研究的"②。同时，他们根据自己战时的经验以及新政派政治家的科学主张，出于维护科学自主性目的的策略考虑，坚持在纯科学研究（或基础研究）和应用研究之间进行区分，以使得基础研究较少地受到政治的干扰。这样的科学政策思想集中地体现了典型的学术政策文化。

关于第二个问题，布什清醒地认识到战争对欧洲科学、经济和社会的破坏，意识到美国的机遇在于通过发展自己的科学技术，而不是依靠欧洲来繁荣国家经济和促进社会福祉。③在布什看来，科学、技术和经济社会的关系在很大程度上是一个相继推进的关系，

① V. 布什等著，范岱年、解道华等译，科学——没有止境的前沿，北京：商务印书馆，2004 年，pp. 156-160。
② 同上，p. 160。
③ 有趣的是，在布什意识到美国不可能再依靠欧洲科学，强调美国应当转而发展基础科学的约半个世纪后，在日本出现了类似的情况。在 20 世纪 80 年代后期开始出现的长达十年的经济低迷中，日本政府也意识到其经济增长不再可能依靠其他发达国家的科学技术，而必须发展本国的科学技术、特别是基础科学，从而将第二次世界大战后的"技术立国"战略改为"科学技术创造立国"。详见：龚旭，构建经济强国的科技创新体制——日本科技体制改革的政策解析，中国科技论坛，2003（6）：32-36。

亦即，国家和平时期投入基础科学而产生的研究成果，将通过技术转化促进技术创新，技术创新又将推动经济的增长和国民健康水平的提高，因此，这样的投入是能够产生巨大回报的。显然，对于科学、技术与经济之间关系的这种描述，不仅使得在人们心目中深奥莫测的科学的作用变得简单易懂，而且也使得公众对建立在科学发展的基础之上的未来充满希望。

NSF 在其第二个财政年度的年度报告中扩展了布什的思想，将 R&D 活动分为基础研究、应用研究和发展三个阶段，并给出了相应的定义。NSF 关于基础研究的定义沿袭了布什的思路，即根据研究的动机与目的——"对自然及其规律的全面理解"——对基础研究进行描述。与此同时，NSF 根据其给出的定义又进一步指出，基础研究、应用研究和发展这三个阶段的"每个后续阶段都依赖于前一阶段。没有对基础研究的相应支持，即使是致力于应用研究和发展的无限扩展的努力也将失败"[1]。司托克斯指出，如果再加上 R&D 过程后的生产经营环节，那么，根据 NSF 对 R&D 各阶段的定义，从基础研究到应用研究，再从试验发展到生产经营，就构成了后来所称的创新的"线性模式"。[2]

在战后的 20 年间，这一关于创新的"线性模式"主导了西方国家，特别是 OECD 国家科学政策的形成与发展，推动了这些国家对基础研究投入的大幅度增长。"基础研究"也成为科学政策的一个基本概念，并通过 OECD 发布的系列性《弗拉斯卡蒂手册》而广泛流传。该手册是 OECD 关于其成员国科学技术数据统计与分析方面的指导性文件，因第一次同意其发布的会议于 1963 年在意大利弗拉斯卡蒂（Frascati）举行而得名。

---

① National Science Foundation, *The Second Annual Report of the National Science Foundation: Fiscal Year 1952*, U. S. Government Printing Office, Washington 25, D. C., 1952, p. 12.

② D. E. 司托克斯著，周春彦、谷春立译，基础科学与技术创新——巴斯德象限，北京：科学出版社，1999 年，p. 9。

（二）OECD 对基础研究界定的变化

《弗拉斯卡蒂手册》自 1963 年第一次发布，每隔几年修订一次，2002 年发布了第六版。该手册是 OECD 的官方科学政策报告，由于在编写过程中汇集了成员国科学政策部门的代表以及科学政策研究专家，因此可以说，手册关于基础研究的描述，反映了各成员国在科学政策方面的基本共识。通过手册中关于基础研究定义的变化，可以看到 OECD 国家对基础研究概念的基本认识与态度，也可以描绘出这些国家资助政策边界的变化轨迹。最初的《弗拉斯卡蒂手册》采用了 NSF 年度报告（1952 年）中对科学研究的分类，因为当时西方还处于苏联卫星事件所带来的冷战高潮时期，也是基础科学持续获得政府财政支持的"黄金时期"，OECD 国家对基础研究的认识基本上认同布什报告中的看法。

20 世纪 60 年代中后期，随着美国等国经济增长速度放缓，建立在不考虑任何实用目的的基础研究概念之上的科学政策开始受到挑战，科学本身所带来的环境等方面的一些负面影响也引起公众的质疑，政府对科学研究资助的增长势头开始停滞。1970 年 OECD《弗拉斯卡蒂手册》中关于基础研究的概念有了新的考虑，从过去只关注研究者的动机、强调与实际应用需求无涉，开始向考虑资助方利益的方向转变。手册指出，虽然基础研究不考虑实用目的，但是会"朝资助机构感兴趣的方向发展"，因此，可以将基础研究进一步细分为纯基础研究和定向基础研究（oriented basic research），而所谓定向基础研究是指资助方"引导研究人员的工作"在具有"科学、经济或社会……现实利益或潜在的利益"的领域开展的研究。1980 年修订后的手册坚持了这一划分，但提出用"战略研究"（strategic research）一词替代"定向基础研究"。然而，考虑到多年以来保持的数据统计的连续性，以及有人认为"战略研究"一词会引起歧义，让人误解为是关于国家战略的研究，还有其他一些方面的问题，因此，后来的手册又恢复了纯基础研究和定向基础研究的划分。①1994 年第五版和 2002 年第六版《弗拉斯卡蒂手册》都对这两种基础研究进行了区分，其对两者区别的描述是这样的：

> 开展纯基础研究是为了增进新知识，而不寻求长期经济或社会效益，也不致力于应用研究结果解决实际问题或者将研究结果向负责其应用的部门进行转化。
>
> 开展定向基础研究是期待着产生可能解决问题的广泛的知识基础，这些问题可以是当前已经意识到的，也可以是现今预见到未来会出现的。②

如前所述，《弗拉斯卡蒂手册》是 OECD 国家关于科学技术活动相关指标统计的报告，其分析基础研究概念的直接目的，主要是为了满足统计工作的需要。然而，基础研究概念显然不仅关涉科技统计，而且与科学政策制定密切相关。在科学系统日益复杂化的今天，科学研究与技术创新活动的联系日益紧密，使得 OECD 所定义的基础研究与应用研究的界限已变得模糊，因此，仅仅从研究者的目的动机等方面来理解基础研究实在是太简单了，从维护科学的自主性的角度要求国家对基础研究的支持也已经不合时宜。

鉴于基础研究概念在科学政策中的重要性，OECD 于 2001 年 10 月，专门在挪威奥斯陆组织召开了题为"基础研究：关涉定义与指标的政策"的研讨会，旨在考察科学系统相关各方对基础研究概念

---

① D. E. 司托克斯著，周春彦、谷春立译，基础科学与技术创新——巴斯德象限，北京：科学出版社，1999 年，pp. 55–59。尽管后来的《弗拉斯卡蒂手册》中没有采用"战略研究"的提法，但在 OECD 其他的政策文件中却不时使用"战略研究"一词，指虽然不能马上得到应用但从长远来看具有应用价值的基础研究。有人认为，"战略研究"一词避免了"基础"与"应用"相分离的思想（甚至没有使用"基础"的字眼），鼓励科学家在科学与社会之间建立广泛的联系，是政治家与财政官员所愿意接受的术语。参见：Jane Calvert and Ben R. Martin, *Changing Conceptions of Basic Research?* Background Document for the Workshop on Basic Research: Policy Relevant Definitions and Measurement, September 2001.

② Organization for Economic Cooperation and Development, *Frascati Manual 2002*, Paris: OECD, 2002, p. 78.

的使用情况及其使用时的具体含义。所谓"相关各方"既包括制定优先领域和分配经费的科学决策者，也包括管理和从事科学研究活动的人员。原定参会代表为 60 人，但实际吸引了约 100 位代表出席，人数比预计的增加了近一倍。几乎所有的 OECD 成员国都派代表参加，包括负责科学政策事务的政府官员、公共研究机构的负责人和国际科学组织代表，还有科学家以及产业界人士。①

研讨会的目的包括三个方面：第一，"分析基础研究在科学政策和研究数据统计中的相关概念"，以更好地理解各类研究在知识积累和经济活动中的贡献，以及公共部门和私人部门在研究资助中的分工；第二，发现基础研究变化着的特征，以更好地运用基础研究概念制定科学政策；第三，开发用于统计目的的测量基础研究的一套指标，以更清晰地勾画基础研究的边界，帮助政策设计和统计工作。②会议分为四个议题：基础研究与应用研究的划分是否仍然有效？公共研究机构的任务如何界定——支持基础研究还是满足研究结果商业化的需求？产业界对于基础研究的作用怎样？与基础研究相关的数据采集等活动有哪些问题？从会议目的与四个议题可以看到，会议以基础研究概念的讨论为核心，涉及从科学界到产业界、从政府部门到科学政策研究界等相关各方普遍关心的问题。从提交研讨会报告的情况看，尽管不少专家对现行的基础研究概念，尤其是《弗拉斯卡蒂手册》中的概念提出了具体的改进意见，但要寻求一个统一的概念显然并非易事。③如果

---

① Organization for Economic Cooperation and Development, *Final Programme of the Workshop on Basic Research: Policy Relevant Definitions and Measurement*, 2001.

② Organization for Economic Cooperation and Development, *Summary Report of the Workshop on Basic Research: Policy Relevant Definitions and Measurement*, 2001.

③ 在本次研讨会提供给各位与会代表的背景文件中，卡尔特和马丁的研究论文详细分析了此前他们针对不同人群心目中的基础研究概念所作的调查。他们根据不同人群对基础研究的定义，按照定义所涉及的认识论特征、动机意图、与应用的关系、所在机构、成果形式、学科领域等方面，将这些定义划分为六种类型。他们的论文提到，不少受访者都直接指出了 OECD《弗拉斯卡蒂手册》定义所引起的问题。详见：Jane Calvert and Ben R. Martin, *Changing Conceptions of Basic Research? Background Document for the Workshop on Basic Research: Policy Relevant Definitions and Measurement*, September 2001.

不是为了数据统计而是政策制定的需要，给基础研究下一个新的定义，势必会影响到国家科学资助政策边界的重新构建，包括诸如优先领域的选择、研究议程的制定、资助准则的确立等具有指导性的重要政策，从而对未来的科学研究产生深远的影响。因此，会议最后建议，《弗拉斯卡蒂手册》可以暂时不改动其关于基础研究的定义，但是有必要对现有的定义作出更好的解释，特别是针对已经出现的理解上的问题予以解答。①

（三）应用引起的基础研究概念的提出与冷战后科学 — 政府新契约的形成

冷战结束以来，无论是在发达国家还是发展中国家，无论是科学政策界还是科学社会研究界，都围绕着科学知识生产、传播与利用的变化特征，展开了多视角、多层次、多学科的深入研究，从微观层面的基础研究与专利政策问题，到中观层面的科学研究与国家目标问题，再到宏观层面的知识生产与国家创新体系问题，试图建立与现实情况更相符的科学政策理论基础，形成对公众更具说服力的科学资助政策，寻求科学共同体与其他社会各界都能接受的科学治理方式，以实现科学与社会的和谐发展。这些研究不仅丰富和深化了人们对基础研究的认识，而且发展和影响了关于国家基础科学政策的基本理论。

司托克斯提出的"巴斯德象限"概念，特别是基于此概念对冷战后科学与政府新契约的形成所进行的阐释，十分富有启发性。司托克斯是美国的著名科学政策专家，并具有广泛参与 NSF、国家研究理事会（NRC）等机构的基础科学政策研讨与制定的经历。通过多年的研究和政策实践，他对传统的基础与应用二分法的科学研究一维图像进行了扩展，提出二维图像的四个象限，来描述与划分科

---

① Organization for Economic Cooperation and Development, *Summary Report of the Workshop on Basic Research: Policy Relevant Definitions and Measurement*, 2001. 应当指出的是，在此次研讨会后的 2002 年 OECD 发布的第六版《弗拉斯卡蒂手册》中，在给出纯基础研究和定向基础研究的定义时，特意举出了近年来一些国家实施的纳米技术研究计划以及私人公司开展的燃料电池技术研究作为定向基础研究的例子，以便于人们加深理解。

学研究的类型，特别是试图通过定义巴斯德象限——应用引起的基础研究（use-inspired basic research）——的研究，以解决在基础研究的传统概念中将认识目标与应用目标截然分离的问题（见图3.2）。

司托克斯基于对科学史的考察指出，传统上认为"认识目标与应用目标在本质上相矛盾、两种研究必然分离的观点，与科学本身的经历不符。……一些重要的研究实例表明，研究过程中不断进行的选择活动往往同时受到两个目标的影响"[1]。在他看来，路易斯·巴斯德（Louis Pasteur）的研究就是典型代表。作为杰出的微生物学家和疾病病理学的创立者，巴斯德的研究无疑在寻求基本认识方面具有很强的基础性，然而，他所选择的科学问题和研究领域又具有很强的应用性，其研究体现了认识与应用目标的完美结合。因此，司托克斯将此类研究命名为"巴斯德象限"，用来指"既寻求扩展认识的边界又受到应用目的影响的基础研究"，从而"完全跳出了布什报告的框架"。[2]

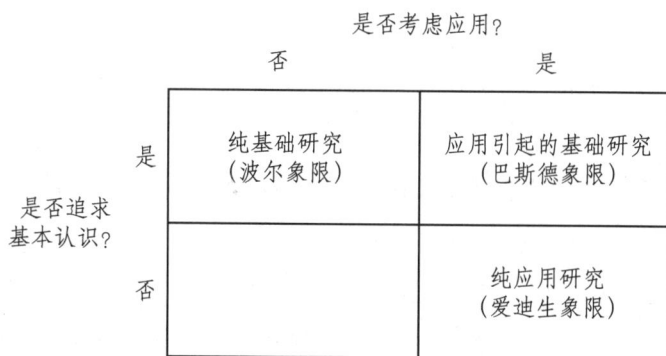

是否考虑应用？

	否	是
是 是否追求基本认识？	纯基础研究（波尔象限）	应用引起的基础研究（巴斯德象限）
否		纯应用研究（爱迪生象限）

图3.2　科学研究的象限模型

来源：Stokes，1997.[3]

---

[1]　D. E. 司托克斯著，周春彦、谷春立译，基础科学与技术创新——巴斯德象限，北京：科学出版社，1999 年，p. 10。

[2]　同上，p. 63。

[3]　Donald E. Stokes, *Pasteur's Quadrant*: *Basic Science and Technological Innovation*, Washington D. C.：The Brookings Institution, 1997, p. 73.

　　不过，司托克斯作为科学政策专家并非仅仅对科学研究分类本身感兴趣，他强调"巴斯德象限"的研究自有其用意。司托克斯认为，自 20 世纪 80 年代末开始的三个方面因素的发展，动摇了基于传统科学研究二分法的战后科学政策，导致了以布什报告为基础的科学与政府战后契约的"坍塌"①。如第一章所述，所谓科学与政府的战后契约，是指政府从增进公共利益的角度出发，承诺资助不可能由市场机制支持的远离实用的基础研究，并将研究的选择权交给科学共同体，由科学家同行决定最值得支持的科学研究，而科学家则承诺"为社会提供能够转化为新产品、新医药或新武器的源源不断的科学发现之流"②。然而，经过近半个世纪之后，当年"订立"契约的时代背景发生了变化，原来契约的内容似乎也变得不合时宜。人们发现，"源源不断的科学发现之流"并不那么容易转化为"新产品、新医药或新武器"，科学之"好"并不能自动保证科学之"用"。那么，开支越来越多的仅仅满足科学家好奇心的科学研究，还值得公共财政支持吗？尽管司托克斯是以美国的情况为依据进行分析的，但他所指出的导致这一战后契约破裂的原因，在西方国家，尤其是一些欧美国家是很有代表性的，而且美国的科学政策对世界其他国家有相当大的影响，因此，巴斯德象限的概念一经提出，很快就引起了科学政策研究界的关注，近年来在中国的科学政策研究文献中也频频出现。

　　司托克斯指出，导致美国科学与政府战后契约破裂的原因主要有三个方面：第一，冷战的结束。苏联的解体不仅使美国为构筑强大的军事基础而支持科学活动的理由不再适宜，而且消解了国家对科学技术的高投入能够维持苏联"帝国"之强大的神话，美国决策

---

① Donald E. Stokes, *Pasteur's Quadrant*: *Basic Science and Technological Innovation*, Washington D. C. : The Brookings Institution, 1997, p. 77.

② David H. Guston and Kenneth Keniston, Introduction: the Social Contract for Science, in David H. Guston and Kenneth Keniston (eds.), *The Fragile Contract*: *University Science and the Federal Government*, MIT Press, 1994, pp. 1 – 41.

部门领导人开始相信，"对基础科学的投资应通过其他的社会需要来提供"。第二，世界经济一体化。冷战之后，政府最首要的任务应该是保持和提升美国在全球经济中的竞争力，然而第二次世界大战后的历史表明，美国在基础科学领域的世界领先地位并没有使其在全球经济竞争中免受严峻挑战，这是否从一个侧面说明了主导战后美国科学政策的布什思想的不可持续？特别是战后日本经济发展的奇迹，在一定程度上否定了布什关于"一个在基础科学的新知识方面依赖于他人的国家……在世界贸易的竞争中将处于劣势地位"的论断，况且，关于技术创新和国家创新系统的研究也表明，科学、技术与经济的关系远比"线性模式"要复杂得多。第三，日益紧张的预算压力。冷战后美国的预算政策更多的受到广泛的利益集团的压力，要求国家投资的科学服务于经济社会目标的呼声不绝于耳，这样一种状况强化了政治家心目中关于基础研究与应用研究在根本上相互分离的思想。他们仍然希望将政府的投资严格限定在市场原则"失灵"的基础研究上，其结果是反而影响了国家对基础研究的大力支持。因此，司托克斯认为，在科学与技术日益密不可分的今天，"为科学而科学"或发展纯基础研究的主张，早已不能成为政府支持科学研究的根本理由；强调"应用引起的基础研究"——即巴斯德象限——的重要性，对于更新冷战后科学与政府的关系大有裨益。他尖锐地指出，无论决策部门多么坚定地相信支持基础研究是政府应尽的义务，但如果基础研究仅仅被看做是纯学术性的而与应用无关，那么"支持它的热情之火"终将"熄灭"。①更何况自 19 世纪后期以来，研究中应用方面的考虑已成为基础科学的动力之一，而 20 世纪的科学更是在解决经济社会各领域的问题中得到日益丰富和发展，绝不只是在科学的内在逻辑推动下得到发展。因此，无论是从制定科学政策的角度还是从认识科学动力的角度出发，强调由

---

① D. E. 司托克斯著，周春彦、谷春立译，基础科学与技术创新——巴斯德象限，北京：科学出版社，1999 年，p. 82。

应用引起的基础研究都是十分重要的。[1]

重新阐释基础研究的特点与作用，特别是理解基础研究中将认识目标与应用目标相结合的部分，是近十余年来美国科学政策研究界的重要议题。在司托克斯提出巴斯德象限之前，美国著名科学史家杰拉耳德·霍耳顿（Gerald Holton）就提出了"杰斐逊式研究"（Jeffersonian research）的概念，认为其研究特征"是一种结合模式"——既把"中心放在基础科学未知的领域"，同时"又处于一个社会问题的核心"，以区别于追求认识目标的"牛顿式研究"（Newtonian research）和追求应用目标的"培根式研究"（Baconian research）。[2]从这个定义可以看到，杰斐逊式研究与巴斯德象限的研究有异曲同工之妙。和司托克斯一样，霍耳顿也认识到，指出这样一种结合模式，将有利于补充和扩大人们对科学研究，甚至整个研究与发展活动的理解，为科学家和政治家讨论科学政策时提供更具合法性的思想基础。[3]

巴斯德象限研究或杰斐逊式研究概念的提出，的确为美国冷战后的科学政策提供了新思路。尽管新概念的提出并不是在"发明什么新的研究方式"，但是，关于基础研究的这一新视角，使历史上早已存在但未曾得到充分认识的重要研究模式变得清晰可见；新概念的提出更没有"取代联邦科学政策中的基础研究或应用研究"概念，而是让人们意识到，在传统二分法下的两类研究之间实际上并没有截然的界限。[4]一旦认识到基础研究其实大多来源于社会需求并将应用于社会需求的满足，人们就会再次燃起支持基础研究的热

---

[1] D. E. 司托克斯著，周春彦、谷春立译，基础科学与技术创新——巴斯德象限，北京：科学出版社，1999年，p. 82。

[2] 杰拉耳德·霍耳顿著，范岱年、陈养惠译，科学与反科学，南昌：江西教育出版社，1999年，p. 144。

[3] 同上，pp. 153-154。

[4] Lewis M. Branscomb, Gerald Holton, and Gerhard Sonnert, Science for society, in: Albert H. Teich, Stephen D. Nelson, Stephen J. Lita (eds.), *AAAS Science and Technology Policy Yearbook 2002*, Washington D. C.: American Association for the Advancement of Science, 2002, pp. 397 - 433.

情；而科学的统一性特征又会使哪怕是最纯的研究，也能够不仅因发现其所处领域巴斯德象限部分的应用价值而得到重视，而且从支持巴斯德象限所推动的该领域人才、技术、设备等方面的整体发展中受益；更为重要的是，应用引起的基础研究从一开始就受到其潜在应用价值的影响，从而减少了科学研究在成果转化或技术转移中的风险与不确定性。[①] 因此，政府应当放弃科学研究中认识目标与应用目标相冲突的观念，制定和实施更具有包容性和整合性的有效科学政策，不仅在微观层次上通过改造同行评议准则，在项目遴选中将科学价值的评判与社会需求的辨识结合起来，而且在宏观层次上通过制定优先领域和研究计划，加强政府所资助的科学研究中科学前景与社会价值的关联，以此促进科学研究在从纯粹文化考量到满足国家目标需求的整个谱系上的全面发展，同时在科学、政府与公众之间建立更为牢固的联系。

三、资助政策——在科学与社会之间"转译"

国家科学资助机构是国家科学体制的组成部分之一，其资助政策必然受到国家科学政策的影响。在西方发达国家，其战后科学政策经历了复杂的演变过程，国家科学资助机构的政策同样也经历了发展与变化的过程，而导致变化的动因同时来自科学本身与其所处的外部环境两个方面。处于国家与科学、或者公众与科学的委托代理关系之中的科学资助机构，必须体现、或者更确切地说是平衡双方的利益，必须将变化着的社会需求——通常以政治共同体的政策主张的形式——和科学家的意愿通过"转译"（translation）变成恰当的政策主张和政策措施，以赢得其生存与发展所必不可少的可信性。那么，这一转译的过程是如何进行的？转译的作用是什么？不同国家的科学体制是否会影响到这一转译

---

① D. E. 司托克斯著，周春彦、谷春立译，基础科学与技术创新——巴斯德象限，北京：科学出版社，1999 年，pp. 81-90。

过程?

"转译"原本是巴黎学派在分析科学与社会相互作用的异质建构过程时所使用的重要概念，是指所有与科学相关的"技术装置、语句和人"，在相互作用中将自己的角色转让给其他存在实体（entity）的方式。① 例如，科学家将实验中仪器显示的数据转译为图表，又将图表转译为解释性语句；企业通过投资研发将自己的利益转译为实验室资源，实验室资源又可以转译为科学家的研究设备和研究成果。不过，本研究在此将转译的概念用于科学政策分析，是指在国家科学资助机构的政策制定中，相关各方通过政治或其他方式的压力，促使资助机构接受其利益诉求并形成部分或全面反映其利益的相应政策主张和政策措施的过程。当然，科学资助机构并非只是被动地对外部压力做出反应，在某些时候也会主动调整自己的政策，通过满足相关利益方的需求，以实现与之结盟而共同促进双方利益的目的。在这里，借用"转译网络"的概念同样是重要的，因为参与和影响政策制定的利益相关者越多，则转译网络越大，转译过程越复杂。然而，转译过程的复杂性并不意味着转译结果不稳定。转译结果的稳定性与转译渠道的制度化程度相关，即，转译渠道的制度化程度越高，转译的结果就越稳定。

下面将以 NSF 针对实施《政府绩效与结果法》（GPRA）所采取的政策措施为案例进行分析，以说明科学资助机构的政策是如何在科学与社会之间进行转译的。

GPRA 是美国国会于 1993 年颁布实施的一部法律，旨在运用绩效手段改进政府机构的管理水平，提高联邦投资的各类计划及其开支的效率、效益和公共责任感。按照 GPRA 的要求，包括 NSF 在内的每个联邦机构必须制定本机构的长期战略目标和年度绩效指标，

① 米歇尔·卡龙，科学动力学的四种模型，载：希拉·贾撒诺夫、杰拉尔德·马克尔、詹姆斯·彼得森、特雷夫·平奇主编，盛晓明、孟强、胡娟、陈蓉蓉译，科学技术论手册，北京：北京理工大学出版社，2004 年，pp. 23-49。

并每年根据指标的实现情况提交绩效报告，而国会将结合每个机构绩效评估的结果，来审批其年度预算。[①] 很显然，GPRA 的要求与冷战结束以来美国各界要求科学回报社会的强烈诉求具有内在的一致性，反映了产业界、商业界、教育界，甚至普通公众对基础研究及其资助机构的态度，而且来自刚性的法律要求具有更大的强制力。然而，科学家仍然坚持认为，资助科学研究毕竟不同于其他领域的投资活动，对基础研究实行年度评估是十分困难的，甚至是完全不可能的。因此，从一开始美国的科学共同体就对 GPRA 产生了抵触情绪。不过，在科技政策专家看来，GPRA 的实施既是美国公众对政府的一次信任投票，也是对科学技术的一次信任投票，更是对联邦所支持的科学活动的信任投票，NSF 如果能够通过 GPRA 的实施，更充分地展示国家投资基础研究的巨大回报，就能够更好地赢得公众对 NSF 和科学共同体的信任。[②]

　　作为科学界和政府之间的纽带，NSF 既理解科学共同体的担忧也了解政府的要求，面对来自双方的压力，NSF 选择了积极回应争取主动的策略。1993 年秋，当 OMB 等机构尚未形成如何对科学资助机构进行绩效评估的具体方法，NSF 就主动要求成为联邦机构的评估试点，在与 OMB 等相关部门进行沟通，并广泛征询科学共同体

---

① 根据 GPRA 的要求，所有联邦机构必须制定覆盖未来五年的战略规划报告（且每三年修订一次），同时，每年发布将战略规划分解为定量化实施目标的年度绩效规划报告，并对照年度绩效规划中的定量目标检查其完成情况，形成年度绩效评估报告。国会预算审批部门、GAO 和白宫 OMB 将把对这三份报告的审议，与预算的批准过程结合起来，因此 GPRA 对各联邦机构造成了很大的压力。NSF 作为基础研究的资助机构压力更大，因为对基础研究的进展状况进行年度评估是十分困难的，甚至是不可能的。而且，由于 GPRA 的要求引起了科学界的极大反感，所以，NSF 首先还必须向科学家说明，GPRA 的实施是有益无害的。关于 GPRA 的相关内容以及美国科学界的反应等情况，详见：龚旭、夏文莉，美国联邦政府开展的基础研究绩效评估及其启示，科研管理，2003（2）：1-8。

② Susan E. Cozzens, Results and Responsibility: Science, Society, and GPRA, in Albert H. Teich, Stephen D. Nelson, Celia McEnaney, Tina M. Drake (eds.), *AAAS Science and Technology Policy Yearbook 1999*, Washington D. C. : American Association for the Advancement of Science, 1999, http://www.aaas.org/spp/yearbook/chap16.htm.

意见的基础上，探索既能够体现科学研究的特点，又能够满足公众的要求，还能够促进本机构提高管理能力的评估方法。1995 年，NSF 发布了根据其战略规划制定活动而形成的报告《变化世界中的NSF》；1997 年 NSF 向 OMB 和国会提交了第一份 GPRA 战略规划，提出 1997—2003 年度战略规划，2001 年和 2003 年又分别提交了 2001—2006 年度和 2003—2008 年度 GPRA 战略规划；从 1999 年开始，NSF 每年提交一份年度绩效计划和年度绩效报告。至此，NSF 根据 GPRA 的要求而开展的战略规划与绩效评估活动已经形成制度。

在从 GPRA 试点工作到建立起绩效评估制度的过程中，NSF 为了在其战略规划和评估政策中将科学共同体的利益和通过新立法而体现出来的社会需求协调起来，开展了大量的调研、沟通、协调工作，其中包括：通过战略分析活动，准确认识"变化世界"对 NSF 提出的新要求；通过参与国家科学政策制定与咨询活动，反映 NSF 对于 GPRA 的立场；通过与预算部门和科学共同体的沟通，将来自社会和科学双方的需求转译为适宜的绩效目标；最终通过实施GPRA，更好地承担起社会和科学共同体赋予 NSF 的责任。NSF 的这些活动表明，要将科学与社会的发展目标转译为其资助政策，以下几个方面的前提性工作是必不可少的：

第一，NSF 必须认识与理解自身所面临的挑战。《变化世界中的NSF》报告指出，在科学与国家利益的关系日益紧密的今天，NSF 为了继续发挥其在国家科学技术事业中的重要作用，必须发展惠及所有美国国民的科研、教育和劳动力培训的新观念与新方法，提出新的对策以适应科学技术在人们日常生活中不断增长的重要性，提升国家研究设施的现代化水平，以及适应日趋紧张的预算环境。①

第二，NSF 必须将来自外部的挑战转译为法律所要求的战略规

---

① National Science Foundation, *NSF in a Changing World*: *the National Science Foundation's Strategic Plan*, NSF-95-24, 1995, p. 6.

划与绩效目标。很显然，仅仅认识到自身所面临的挑战是不够的，制定可行的战略规划，特别是提出公众和科学共同体都能够认可的绩效目标，并形成相应的政策措施，更为重要。在1997年提交的第一份战略规划中，NSF 提出了衡量自己资助工作的四个结果目标：支持研究人员在科学与工程领域前沿的重要发现；加强这些发现及其利用与社会需求之间的联系；造就美国具有多样性和全球视野的科学与工程领域的劳动力；改善所有美国国民所需的数学与科学方面的技能。[①] 可以看到，在这四个目标中，第一个方面是由 NSF 基本职责而决定的"永恒的"目标，而后三个方面都重在回应公众的要求，尽管这些目标在以往的资助工作中已有体现，但可能还没有上升到战略与绩效目标的高度。需要指出的是，在制定绩效目标的过程中，与相关各方的沟通十分必要。例如，NSF 特别注意与预算部门（如 OMB）的沟通，NSF 指出，由于科学研究具有特殊性，因此，自己不可能和其他联邦机构一样基于年度资助工作的考察而开展绩效评估，即：NSF 不可能通过对资助对象的年度评估，去了解其是否"资助了将产生重要发现、新知识和新技术的项目，……（保证了）高质量的科学产出源源不断"，这样一来，NSF 就不必要求受资助者每年报告什么时候有重大发现，或者离重大发现还有百分之几的工作，也就解除了科学共同体对绩效评估的抵触与疑虑。[②] 不仅如此，NSF 还强调，要将评估的重心放在对其自身资助管理工作的绩效上，包括改进项目申请的评议准则，加强项目结题工作的管理，注重解决 COV 针对资助计划运行提出的问

---

① National Science Foundation, *NSF GPRA Strategic Plan FY 1997 – 2003*, September, 1997. NSF 的绩效目标分为三类：资助结果目标、资助过程目标与资助管理目标，结果目标通过受资助方的工作表现出来，过程目标反映评议过程的绩效，管理目标衡量 NSF 包括人事管理、信息系统管理等工作的绩效。

② Joseph Bordogna, The Here and Now of NSF and GPRA, in Albert H. Teich, Stephen D. Nelson, Celia McEnaney, Tina M. Drake (eds.), *AAAS Science and Technology Policy Yearbook 1999*, Washington D. C.: American Association for the Advancement of Science, 1999, http://www.aaas.org/spp/yearbook/chap14.htm.

题，等等。①这些绩效目标既针对了资助管理中的重要环节，也易于从外部进行考察，显示了 NSF 开展绩效评估的积极态度。

第三，作为国家科学资助机构，NSF 必须始终了解科学共同体的意愿，同时通过参与正在形成中的国家科学政策的讨论与制定，充分表达自己的立场。NSF 在联邦实施 GPRA 的过程中，积极参与国家科学政策中关于评估政策的讨论，以充分了解相关各方对评估的态度，表达自身对评估的看法。例如，参与美国国家科学院、国家工程院和医学研究院联合设立的科学、工程与公共政策委员会（COSEPUP）关于 GPRA 与联邦科研计划评估政策的研讨，参与白宫国家科学技术理事会（NSTC）和科学技术政策办公室（OSTP）于 1994 年和 1995 年举行的关于联邦评估基础科学活动的系列研讨活动，等等。

从 NSF 实施 GPRA 的过程可以看到，NSF 的政策随着国家政治、经济等其他领域的政策变迁而发生变化，同时也深受科学共同体的影响。在政策制定的过程中，NSF 要及时了解相关各方的需求，并尽量将这些需求转译为本机构的政策主张与政策措施——转译既是政策形成的结果，也是政策制定的技巧。在美国的体制中，参与政治与政策过程的利益集团形成了庞大的网络，重大政策的变迁总是以立法的形式表现出来，而立法本身就是相关各方利益表达、利益平衡与利益转译的过程，第二章论及的关于 NSF 成立的立法过程就是如此。从这一点上看，GPRA 在科学政策形成过程中所发挥的作用似乎是个例外——其作用不是在立法阶段而是在法律实施阶段，这大概是因为 GPRA 立法的本意不是仅仅针对联邦科学机构的，而是针对所有联邦部门与机构的。然而，包括 NSF 在内的相关机构即使没有太多参与立法的过程，但是在法

---

① Susan E. Cozzens, Results and Responsibility: Science, Society, and GPRA, in Albert H. Teich, Stephen D. Nelson, Celia McEnaney, Tina M. Drake (eds.), *AAAS Science and Technology Policy Yearbook 1999*, Washington D. C.: American Association for the Advancement of Science, 1999, http://www.aaas.org/spp/yearbook/chap16.htm.

律颁布之后，还是要寻求与相关各方的沟通、协调、适应与调整，各方在互动中最后找到可行的实施方案，而转译就是在这一过程中发生的。

此外，还应强调的是，由于 GPRA 的实施是在法律框架下进行的，因此，NSF 虽然每隔几年要更新其战略规划，每年要提交绩效计划和绩效报告，但是只要国家的政策环境没有重大变化，NSF 的战略目标和绩效目标就基本保持稳定。也就是说，尽管转译的过程复杂，但在法律的保障下，转译的结果基本上是稳定的。而在法律的约束作用不够强的其他国家，政策过程中的转译网络和转译过程也许要相对简单一些，但转译的结果不一定稳定，容易受到随机因素或不可预见因素的影响，而且这样制定出来的政策其时效与效力也比较有限。

第二节　NSF 与 NSFC 的资助政策及其演变

本章开头曾引用齐曼的话，指出科学与政治的关系随着国家对科学投入的增加而变得复杂，NSF 和 NSFC 的历史似乎能够说明这一点。尤其是在 NSF 的历史中，我们将看到，其资助政策是怎样在与国会以及白宫的争论、妥协、调整中发展和确立起来的。

NSF 自 1950 年成立以来，经历了半个多世纪的发展历程。在不同的发展时期，随着国家公共财政投资力度加大，NSF 面对来自国会和白宫甚至公众越来越大的压力，不断调整自己的角色，甚至在资助政策方面还有过困惑与彷徨。然而，在 NSF 法的基本框架下，不管 NSF 的职能怎样扩展，资助方式如何变化，正如布什当初倡导建立这样一个机构时所设想的那样，NSF 始终坚持促进基础科学的发展是其中心任务，而且总是探索最适合于自身的支持基础科学发展的方式，以满足国家需求。

NSFC 的历史则似乎呈现了另一幅图景。作为中国科学体制改革的产物，NSFC 在国内，特别是在科学界得到的多是赞誉；而作为国际科学共同体的一个后起组织，NSFC 又有不少的国际经验可以借鉴。因此，在 NSFC 的历史中我们将看到，尽管没有承受美国 NSF 那样强大的来自国内政治方面的压力，但是，NSFC 为了本机构的成长和发展，始终强调并保持自身在国家科学体制中的独特性，注重与政治精英以及科学共同体的联系，而且善于借鉴国外科学政策，特别是国外科学资助机构政策，努力改进资助政策与资助方式，试图在促进国家科学发展的进程中发挥更大的作用。①

一、NSF 的职能拓展与资助政策的历史

NSF 的官方历史学家乔治·马祖赞（George T. Mazuzan）曾指出，要知道 NSF 资助活动和资助政策的历史，必须了解其所处的更大范围内社会背景与政策环境的变化，同时还要熟悉其自创立以来所保持的特有的传统。对于后者，他指的是在布什报告中就明确下来的传统，包括通过项目拨款而非合同购买的灵活的资助机制，由科学驱动而非官僚决定的同行评议程序，以及 NSF 特有的人事制度以保证其工作人员在科学与工程领域具有很高的业务水平，等等；而对于前者，他将 1957 年苏联人造卫星上天和 20 世纪 60 年代约翰逊（Lyndon B. Johnson）总统所实施的"伟大的社会"施政计划，视为直到 20 世纪 80 年代中期影响 NSF 最重要的历史事件。他将 NSF 自成立到 80 年代中期的历史分为四个时期，即：从初创到苏联卫星时期（1950—1957 年）、从苏联卫星到黄金时期（1957—1968 年）、喧嚣的时代（1968—1976 年）、新关切与新机遇时期（1977—1985 年）。② 马祖赞对 NSF 的历史进行这样的分期，与科技政策专家

① 对于国际上不少后起的国家科学资助机构来说，美国 NSF 都是最好的榜样。日本学术振兴会（JSPS）在 2003 年成为独立行政法人后，明确提出自己的目标是成为日本的 NSF。

② George T. Mazuzan, *The National Science Foundation：A Brief History*，NSF-88-16，NSF Office of Legislative and Public Affairs，July 15, 1994, http：//www. nsf. gov/pubs/stis1994/nsf8816/nsf8816. txt. 在马祖赞的分期中，各个时期在年份上有的重叠（如 1957 年和 1968 年），有的不重叠，原文如此。

对 OECD 国家战后科技政策演变的分期十分相似。[1]这可以说明 NSF 的历史就是其资助政策演变的历史，而 NSF 资助政策的演变又深受美国，乃至整个西方社会科技政策演变的影响。如果再考虑到 1985 年以来的历史，冷战结束肯定是另一个重要的历史事件。NSF 在 1977—1990 年的历史可以称为和谐的时期，而 1990 年直到现在则可以称为新的机遇期。通过简要回顾 NSF 的发展历程，可以看到，这是一部其职能与资助政策不断拓展的历史。

（一）从初创到苏联卫星时期（1950—1957 年）

根据 1950 年颁布实施的 NSF 法，NSF 的主要职责是：研究并提出国家促进数学、物质科学、医学、生物学、工程学以及其他科学发展的基础研究与教育政策，发起并支持上述科学领域的基础科学研究，以及评估联邦政府其他部门所开展的科学研究计划等。[2]然而，NSF 的首任主任阿兰·沃特曼（Alan T. Waterman）和 NSB 的首届委员们深知，NSF 作为一个新生的机构，如果开展制定国家科学政策和评估其他机构科学计划之类的工作，必定意味着自找麻烦；他们坚持认为，支持学术共同体的基础研究和高水平的研究生教育也是 NSF 的法定职责。[3]因此，在初创时期，尽管 NSF 担负着支持广泛的基础科学领域研究与教育的任务，但与布什一样具有精英主义思想的沃特曼主任始终强调"质重于量"的资助原则，在科学研究项目和人才培养项目的遴选中，坚持以申请人的研究能力和

---

[1] 安特·埃尔津加、安德鲁·贾米森，科技政策议程的演变，载：希拉·贾撒诺夫、杰拉尔德·马克尔、詹姆斯·彼得森、特雷夫·平奇主编，盛晓明、孟强、胡娟、陈蓉蓉译，科学技术论手册，北京：北京理工大学出版社，2004 年，pp. 438—456。他们将第二次世界大战后到 90 年代前科技政策的演变分为四个时期：从珍珠港到人造地球卫星（20 世纪四五十年代），从人造地球卫星到越战（60 年代），社会关联时期（70 年代），和谐的政策（80 年代）。

[2] George T. Mazuzan, *The National Science Foundation：A Brief History*, NSF-88-16, NSF Office of Legislative and Public Affairs, July 15, 1994, http：//www. nsf. gov/pubs/stis1994/nsf8816/nsf8816. txt.

[3] Milton Lomask, *A Minor Miracle：an Informal History of the National Science Foundation*, Washington D. C. ：U. S. Government Printing Office, 1976, p. 73.

申请书的学术水准为唯一的评判标准。

总的说来，这一时期的 NSF 还是一个相当小的机构，资助的大学和人员都相对比较集中，体现了战后科学政策中的精英主义倾向，而联邦政府对科学研究的资助主要是通过海军研究办公室等任务机构来进行的。直到 1957 年，联邦拨付给 NSF 的经费只有 3863 万美元①，刚刚达到布什在《科学——没有止境的前沿》中所建议的该机构成立的第一年就应当拥有的预算水平。②不过，在这一时期 NSF 的资助计划中，除了成立之初就设立的基础研究计划和青年人才计划之外，还针对"大科学"的兴起和1957—1958 年国际地球物理年的活动，陆续开展了对射电天文学等研究领域所需的建立在大型科学设施与仪器基础上的研究中心的支持活动，以及参与全球大气和海洋学研究的国际科学合作。

（二）从苏联卫星到黄金时期（1957—1968 年）

1957 年 10 月 5 日苏联人造卫星升空，震惊了美国朝野。马祖赞称，"竞争"一词又一次回到了政府和公众的语言中，美国开始反省国家的教育、科学、技术、国防和工业实力，甚至还有美国精神的实质。他们发现，美国"争当第一"的传统正面临最严峻的挑战，尤其是在科学技术以及科学教育领域。③美国国会成立了讨论与制定科学技术政策的机构，通过了一系列旨在提升国家科学研究和科学教育水平的法律，包括 1958 年批准成立国家宇航局（NASA）的《国家航空航天法》，1958 年通过了《国防教育法》，1963 年通过了《高等教育设备资源法》（两年后扩展为《高等教育法》），等等。

---

① National Science Foundation，NSF Funding by Account：FY 1951-FY 2008，*FY 2008 Budget Request to Congress*，February 5，2007，http：//www. nsf. gov/about/budget/fy2008/pdf/15_fy2008. pdf.

② V. 布什等著，范岱年、解道华等译，科学——没有止境的前沿，北京：商务印书馆，2004 年，p. 95。

③ George T. Mazuzan，*The National Science Foundation：A Brief History*，NSF-88-16，NSF Office of Legislative and Public Affairs，July 15，1994，http：//www. nsf. gov/pubs/stis1994/nsf8816/nsf8816. txt.

《国防教育法》直接导致了 NSF 科学信息办公室的成立，以更广泛地收集、整理和分析国家科技统计数据，为政府科学技术方面的决策提供参考。改进科学教育方面的法律对 NSF 的影响在于：促使 NSF 的教育培训类计划由对机构的资助转变为对学生的资助，而且从过去资助"最好"的原则转变为同时考虑资助活动在地域和机构上的多样性；1957 年 NSF 大大提高了教师培训方面的经费预算，包括培训教师如何适应数学、物理学、化学和生物学的新教材；1960 年 NSF 增设了研究生科学设备资助计划；1961 年设立针对改善一流大学科学设备的资助计划；1964 年设立旨在提升 20 个顶尖大学之外的其他机构（second tier institutions）科学设备水平的资助计划——卓越中心计划，这一计划的设立不仅回应了外界对 NSF 资助过于集中的批评，也反映了自 1963 年上任的约翰逊总统建设"伟大的社会"的理想——这一理想继承了罗斯福新政的传统。在此期间，NSF 迅速成长起来。1958 年 NSF 的经费还只有 4000 万美元，1959 年就激增到 1.34 亿美元，到 1968 年，NSF 的经费预算已近 5 亿美元。[1]

20 世纪 60 年代国会致力于推动科学服务于国家目标的努力，联合白宫实施"伟大的社会"计划的力量，使得战后科学与政府关系中占主导地位的精英主义让位于代表社会更广泛利益的民主精神。1965 年，国会由达达里奥（Emilio Q. Daddario）领导的一个委员会开始对 NSF 法的内容进行广泛的评估，最终导致 1968 年出台了达达里奥修正案（Daddario Amendment，也称达达里奥－肯尼迪修正案），对 NSF 法进行了重大修改。修改后的法律授权 NSF "发起并支持学术机构和其他非营利机构的科学研究，包括应用研究。……支持……与解决国家涉及公众利益问题相关的应用科学研究"。尽管此

---

[1] George T. Mazuzan, *The National Science Foundation: A Brief History*, NSF-88-16, NSF Office of Legislative and Public Affairs, July 15, 1994, http://www.nsf.gov/pubs/stis1994/nsf8816/nsf8816.txt.

前 NSF 也支持部分工程学研究，但是，在达达里奥委员会的一位成员看来，NSF 支持其所称的"基础研究中的工程学"研究，显得"有些自相矛盾，因为工程学在本质上就包含着对科学原理的应用——换言之，（就是）应用研究"①。达达里奥修正案还带来了 NSF 对人类学、经济学、行为科学、科学哲学、科学社会学等社会科学领域名正言顺的支持。

（三）喧嚣的时代（1968—1976 年）

NSF 法的重大修改，给 NSF 带来了近十年的喧嚣、困惑、探索和成长的时期。尽管来自科学共同体的大部分 NSB 成员和 NSF 工作人员坚持 NSF 的职责应当是支持科学与工程领域的基础研究以及促进科学教育，但 NSF 也不可能对来自外部的强大压力置若罔闻。越战以及环境保护运动等政治与社会因素的影响，进一步加剧了美国科学与政府关系的改变，NSF 也注意到了社会对科学不信任情绪的增长，希望变被动为主动，重新建立科学与社会的良好互动关系。

为了正面响应达达里奥修正案，NSF 于 1969 年设立了"与社会问题相关的跨学科研究"（IRRPOS）计划，国会批准这一计划 1970 年的预算 600 万美元。然而，NSF 在该计划的项目资助工作运行中，仍然采取了科学共同体"自下而上"申请的方式，而不是由 NSF 进行"自上而下"的特别引导。国会和白宫预算部门对 NSF 的新计划运行并不满意，声称如果 NSF 能够集中资源解决国家所面临的问题，NSF 应用研究的资助经费将大幅增长。于是，NSF 于 1971 年出台了采取"自上而下"管理模式的新计划——"应用于国家需求的研究"（RANN）计划，针对四个问题领域：社会系统与人力资源、环境系统与资源、先进技术应用、探索性研究与问题评估，取代了原有的 IRRPOS 计划。②RANN 从一开始就是 NSF 的一个"异

---

① Dian Olson Belanger, *Enabling American Innovation: Engineering and the National Science Foundation*, West Lafayette, Ind.: Purdue University Press, 1998, pp. 78 – 79.
② National Science Foundation, *NSF Annual Report 1971*, Washington D. C.: U. S. Government Printing Office, 1972, p. 57.

类"，其组织申请不是以学科为中心而是以指定的问题为中心，其资助准则及管理也完全不同于 NSF 此前的实践，但 RANN 也让 NSF 意识到，在基础科学与国家竞争力之间的确可以建立起某种联系。直到 1977 年 RANN 计划被终止时，该计划累计得到经费约 5 亿美元。①

NSF 在这一时期的发展，还得益于 1970 年曼斯菲尔德修正案（Mansfield Amendment）的出台。这一立法要求国防部不能支持一般性的基础研究——除非能够清楚地说明研究的军事用途，因此，原先由国防部前瞻性研究计划处（ARPA）支持的一些研究，在曼斯菲尔德修正案生效后转到了其他部门，例如，对新材料研究实验室的支持就转到了 NSF。②

正如马祖赞所指出的，尽管这是一个喧嚣的时期，尽管这一时期 NSF 许多资助计划的预算都得到了增加，但是，NSF 的根本使命并没有改变，对基础研究的传统支持方式仍然占据了 NSF 的主要资助计划，只是受资助的机构和人员更多了，所以公众早期对 NSF 资助活动地域不平衡现象的批评也减少了。而且更重要的是，从历史上看，相关争论对 NSF 大有裨益，因为正是这些争论促使决策者和公众重新审视 NSF 的任务与作用，从而更清楚地认识到，什么样的资助政策与方式对于 NSF 是最适合的。

（四）和谐的时期（1977—1990 年）

这一时期经历了卡特（Jimmy Carter）和里根（Ronald Reagan）两位总统共 12 年的任期。虽然两位总统分属民主党和共和党，但是他们都反对"大政府"，主张削减联邦政府开支，维护自由经济。与此同时，卡特和里根却都认为，支持科学研究，特别是基

① George T. Mazuzan, *The National Science Foundation: A Brief History*, NSF-88-16, NSF Office of Legislative and Public Affairs, July 15, 1994, http://www.nsf.gov/pubs/stis1994/nsf8816/nsf8816.txt.
② D. E. 司托克斯著，周春彦、谷春立译，基础科学与技术创新——巴斯德象限，北京：科学出版社，1999 年，p. 106.

础研究，是政府的重要责任。只不过在卡特看来，支持基础研究是向国家的未来投资，尽管可能短期内没有明显的经济效益；而连任两届总统的里根则相信，纯科学应当壮大国防实力，应当通过增强国家高技术产业能力而促进经济增长。尽管两位总统在任期间都加强了预算控制，但 NSF 的预算还是在 1983 年首次突破了 10 亿美元。①

面对政府预算紧缩和发展经济的压力，NSF 积极拓展资助的新领域与新方式，以适应变化着的外部环境。扩展与加强工程学领域全方位和多渠道的支持，是这一时期 NSF 的重要成就。根据此前从IRRPOS 计划、RANN 计划以及支持应用科学的其他实践中得到的经验教训，NSF 认识到科学对经济的贡献不在于科学资助机构直接干预研发活动，而是在于建立科学与经济之间的长久性互动关系，即必须将科学研究与国家竞争力之间的联系具体化和制度化，而这一点可以通过加强对工程科学的支持加以实现。

鉴于工程学在研究方式、学术传统和大学建制等方面都有别于基础科学，1979 年 NSF 将自 1964 年起一直设在数理科学部的工程学处，升格为独立的工程学部，探索能够适合工程学领域高度跨学科研究特性，并能切实促进科学界与产业界互动的方式与途径。其结果是，一种被科岑斯称之为"知识共享"的资助模式开始在 NSF 发展起来。从 1980 年前后开始积极推进的产学合作研究中心（I/UCRC），到 1985 年开始设立的工程研究中心（ERC），再到 20 世纪 80 年代后期设立的科学技术中心（STC），NSF 不断探索在科学与经济、科学与社会之间建立伙伴关系的新机制，将以往科学向社会转移知识或者社会向科学提出需求的单向交流机制，转变为大学与用户在科学研究从发起到应用的整个过程中都能够分享知识与经验、交流人员

---

① George T. Mazuzan, *The National Science Foundation：A Brief History*, NSF-88-16, NSF Office of Legislative and Public Affairs, July 15, 1994, http：//www.nsf.gov/pubs/stis1994/nsf8816/nsf8816.txt.

与信息的双向交流机制。①这些中心不仅是科学界与产业界合作的中心，也是科学研究与科学教育结合的中心，还是科学家与州或地方政府发展伙伴关系的中心，当然，更是不同学科领域的研究人员以及技术人员交叉合作的中心。通过 NSF 的这些中心，科学家在满足经济社会需求的同时，也通过培养具有问题意识的新一代科学家与工程师，促进科学自身的进步，因而构建一个科学与社会和谐发展的世界。

（五）新的机遇期（1990 年至今）

冷战结束使得美国科学与政府的关系进入一个新的历史阶段。科学共同体和政府面临着同样的考验，双方都必须向公众表明，联邦政府为何要将公共财政用于支持科学研究，而不是用于解决就业或提高社会福利等问题？必须说明投资科学不仅是必要的，而且是具有高回报的。GPRA 的出台就是这一背景下的产物。如前所述，NSF 对 GPRA 的回应是积极的，也是卓有成效的。事实上，20 世纪 90 年代以来，NSF 与联邦政府建立起前所未有的密切与融洽的关系，不仅表现在 NSF 的经费预算逐年增长（分别在 1990、1995、2000、2003、2007 年突破 20 亿、30 亿、40 亿、50 亿和 60 亿美元），而且最突出的是 NSF 和 NSB 在国家科学政策制定中发挥了重要作用，包括 NSF 发起并参与支持国家纳米技术计划（NNI）②，NSB 向联邦政府提供了一系列重要的科学政策文件，如关于国家科学资源分配的指导性文件《科学资源的科学分配》等。

1995 年 NSF 明确提出了自己新时期的战略目标，即："确保美国在数学、科学与工程学的所有领域占据世界领先地位；促进新知识的发现、整合、扩散与利用，以服务于社会；为美国提供各个层次最优秀的教育，以实现国民在数学、科学、工程学和技术领域的高素质。"NSF 声称，这样的目标既反映了传统，也超越了

① 苏珊·科岑斯，郝刘祥、袁江洋译，二十一世纪科学：自主与责任，科学文化评论，2005（5）：50-64。
② 关于 NNI 以及 NSF 在其中的作用，参见：谭宗颖、龚旭，美国国家纳米技术计划与国家科学基金会，中国科学基金，2006（1）：38-43。

传统。[①]的确，20 世纪 90 年代以来，NSF 更积极地参与到联邦机构联合资助的科学活动中，如 1997 年起设立与多个联邦机构共同资助的重大研究设施（MRI）计划；更主动地应对国家突发事件，如在"9·11"恐怖袭击后立即启动了多项相关研究项目；更深入地开展促进公众理解科学技术（特别是基于科学前沿研究的高技术）的活动，如开展与推动公众理解纳米科学与纳米技术进步的社会意义相关的研究与教育活动，等等。1997 年，NSF 还正式修改了一直以来体现美国科学界精英主义传统的评议准则，将原来的准则整合为体现新时期 NSF 同时强调科学的学术水平和社会影响两方面价值的评判准则。

通过简要回顾 NSF 的历史可以看到，NSF 的资助政策深受国家科学政策的影响。同时，为了赢得政府和科学共同体双方的认可与信任，NSF 在法律的基本框架下，不断寻求满足双方需求的资助政策与资助方式，始终在美国基础科学发展中发挥着重要的作用。图 3.3 显示了 NSF 自 1951 年到 2001 年资助基础研究与应用研究的经

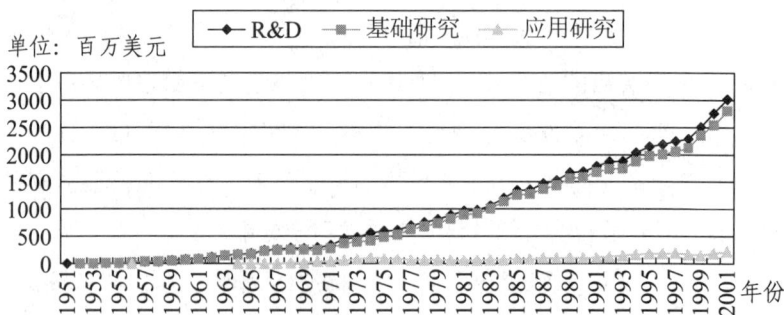

图 3.3　1951—2001 年 NSF 资助研发活动经费的增长情况

注释：2001 年的数据为初步统计值（资料来源中也有 2002 年的初步统计值，但本图未收入）；
1957—1982 年 NSF 还有资助开发活动的经费，但本图未单独显示。
来源：根据 NSF 的统计数据绘制。[②]

---

① National Science Foundation, *NSF in a Changing World: the National Science Foundation's Strategic Plan*, NSF-95-24, 1995, p. 17.
② National Science Foundation, *Federal Obligations for Research and Development, by Character of Work, R&D Plant, and Major Agency: Fiscal Years 1951−2002*, 2003, http://www.nsf.gov/statistics/nsf03325/pdf/hista.pdf.

费情况。显而易见的是，尽管 NSF 的职能和资助方式在不断扩展，但是，支持基础研究一直是其最首要的任务。正如丽塔·柯薇尔（Rita R. Colwell）在回顾基金会 50 年历史时总结的那样，NSF 是美国科学"发现之源泉"。[①]

二、NSFC 的资助政策及其演变

1986 年 NSFC 成立时，恰好是国家第七个五年计划的第一年。NSFC 重要资助政策的实施往往是在五年计划的框架下进行的，如："八五"正式设立独立的重点项目类型，自"九五"以来的优先领域资助政策，"十五"以来的重大研究计划，等等。到 2005 年，NSFC 已经历了四个五年计划，目前正处在第十一个五年计划后期。因此，NSFC 的历史可以根据几个五年计划作为分期的时间点，以展现其资助政策的演变。

（一）"七五"时期（1986—1990 年）

1985 年 3 月中共中央发布了《关于科学技术体制改革的决定》，开启了国家科学体制改革的进程。改革首先从政府削减许多科研机构经费开始[②]，因此在这样的背景下，于 1986 年成立的以"择优支持"为资助原则的 NSFC，对于从事基础研究的科研人员显得尤为重要，尽管鉴于当时国家的整体科研水平，其受益面还相当有限。1986 年 9 月 19 日，时任国家科学技术委员会主任、主管国家科学技术事务的国务委员宋健在 NSFC 呈报国务院的工作情况报告上的批示，也从一个侧面印证了这一事实。宋健指出，NSFC 的运行不仅对于"择优支持重要的基础（和）应用基础研究有长远意义"，而且

① Rita R. Colwell, The Wellspring of Discovery, in Albert H. Teich, Stephen D. Nelson, Ceilia McEnaney, Stephen J. Lita (eds.), *AAAS Science and Technology Policy Yearbook 2001*, Washington D. C.：American Association for the Advancement of Science, 2001, pp. 5 – 16.

② 中华人民共和国科学技术委员会、加拿大国际发展研究中心，十年改革——中国科技政策，北京：北京科学技术出版社，1998 年，p. 16.

由此增加了科技系统内部的"竞争性，也有利于大多数科技人员转向为当前经济建设服务"①。1987—1990 年，NSFC 自由申请项目的批准数目都在 2600 项左右，资助率都在 22% 以上，而 1986 年的批准数和资助率则要高一些，批准数为 3400 多项，资助率接近 29%。1986—1990 年 NSFC 的经费虽然在逐步增长，但其平均年度经费仅为 1.1 亿元。②

"七五"期间，NSFC 作为新成立的机构，其主要工作集中在规范内部工作制度，特别是项目评审制度，以及建立资助活动的基本体系结构等方面。1986 年 5 月 23 日，NSFC 发布了第一个规章性文件《关于申请项目评审工作暂行办法》，规定了项目申请、评审、批准的基本程序和条件要求。1986 年 12 月 25 日举行的 NSFC 一届一次全体委员会，明确了 NSFC 的评审原则是"依靠专家、发扬民主、择优支持、公正合理"，并确立了项目评审由通讯评议和会议评审组成的两级评审制度。1987 年 8 月 12 日召开的一届二次全委会，又通过了 NSFC 设立面上项目（其中包括自由申请项目、青年基金项目和地区基金项目等）、重点项目和重大项目三个层次项目的构想③，以构成资助活动的基本体系结构。其中，面上项目量大、面广、强度低，占 NSFC 资助经费的 60% 以上，旨在鼓励科研人员的自由探索，而重大项目主要以国家需求为导向，为多学科、跨部门的综合性研究，研究目标明确，资助强度大。鉴于 NSFC 拥有当时全国唯一专业全面且权威的专家系统，1987 年，相关部门陆续开始委托 NSFC 承担国家自然科学奖评选、国家重点实验室评估，以及国家高技术发展计划纲要中新概念、新构思探索课题的受理申请、组织

---

① 国家自然科学基金委员会编，国家自然科学基金发展历程，北京：国家自然科学基金委员会，2006 年，p. 180。

② 同上，p. 144。

③ 不过，此时设想的重点项目是从已立项的面上项目中遴选出来的需要加大资助强度的项目，还不是单独的项目类型，直到 1991 年，重点项目才成为独立的项目类型。

评审和项目管理等工作。[①]

与资助政策制定密切相关的是，NSFC 自 1987 年开始试点、1988 年全面启动了学科发展战略研究。具体的做法是，NSFC 以其资助的 50 多个学科为单元，组织各学科领域科研一线的优秀科学家和具有战略眼光的学术权威，开展了有史以来全国规模最大的学科发展战略研究工作。1988 年 6 月 NSFC 发出的《关于开展学科发展战略研究工作的有关规定》指出，此项工作的开展，是"为更好地贯彻十三大和全国科技工作会议精神，充分发挥（科学）基金制对全国基础研究和部分应用研究的指导作用……使（科学）基金工作更加符合国家的需要，为振兴中华经济和民族文化作出应有的贡献"[②]。此次战略研究的任务是：分析各学科领域发展的国际趋势与前沿，调研其国内研究现状与条件，明确其在科学技术和经济社会发展中的地位与作用，确定其近、中、长期发展目标与方向，提出其资助战略与政策措施。不过，为了突出 NSFC 的学科战略工作不同于以往行政部门所组织的学科规划工作，在后来以此次学科战略研究为基础而出版的系列研究报告总序中，NSFC 强调，报告"所提出的战略、目标、优先重点发展领域和措施等，是科学家的共识与预测，而不是行政的干预；是对研究方向或学科领域的引导，而不是对具体研究课题的设定……不但不会限制科学家的自由思维和项目申请，而是会启发和帮助他们更有效地进行思维，使科学研究的宏观指导发挥应有效益"[③]。这样一种表述，不仅是在解除科学家针对 NSFC 所组织的战略研究可能会产生的误解，而且也从一个侧面重申了 NSFC 所坚持的自己与科学共同体的基本关系。正是由于这一基本关系所体现出来的 NSFC 不同于一般行政部门的特点，使

---

① 国家自然科学基金委员会编，国家自然科学基金发展历程，北京：国家自然科学基金委员会，2006 年，pp. 29–33，pp. 180–181。

② 同上，p. 182。

③ 国家自然科学基金委员会，自然科学学科发展战略调研报告：管理科学，北京：科学出版社，1995 年，pp. xi –xii。

之能一直得到科学界的广泛认同与普遍赞誉。①

（二）"八五"和"九五"期间（1991—2000 年）

"八五"期间，由于国家针对基础研究的政策没有什么变化，因此 NSFC 除了继续制定和修订各类项目管理办法，增设各类专项基金以补充和发展其基本资助类型以外，其自身也努力借鉴国外经验以探索"发展与完善科学基金制"的相关政策。

尽管国家在 1993 年颁布了《中华人民共和国科学技术进步法》，但是，该法基本沿用了 1985 年中共中央《关于科学技术体制改革的决定》中确立的国家发展科学技术的基本方针，即"面向"与"依靠"（只是将原来的"经济建设"扩充为"经济建设和社会发展"）的方针，国家关于基础科学的政策没有进一步的发展。该法仅在第 29 条中以不足 70 字的篇幅，非常原则性地规定了"国家建立自然科学基金，按照专家评议、择优支持的原则，资助基础研究和应用基础研究"等内容。②因此，对于 NSFC 来说，这一时期政策发展的动力更多地是来自机构内部，而政策措施的创新则更多地来自对国外经验的借鉴。

1992 年 NSFC 组织了国家自然科学基金实施十周年的系列纪念活动，1993 年中共中央办公厅调研室与国家科学技术委员会、NSFC 共同组成调研组，开展"发展与完善科学基金制"的专题调研。通过纪念活动和调研活动，总结了国家自 1982 年设立科学基金以来的成功经验，肯定了以建立在同行评议基础上的竞争机制为核心的科学基金制所具有的独特优势，展示了 NSFC 成立以来在推动我国基础科学发展、培养高层次科学技术人才等方面取得

---

① NSFC 在成立 20 周年之际，以"我与科学基金"为主题，向全国科学家和参与科学基金管理工作的管理人员发起了征文活动，并将部分佳作集结成书正式出版。书中有多篇科学家撰写的文章都称赞 NSFC 与科学家之间的良好关系，如侯祥麟的《弘扬传统激励创新》、徐光宪的《我所认识的科学基金》、裴钢的《我们共同的家》等。见：国家自然科学基金委员会编，我与科学基金，北京：北京大学出版社，2006 年。

② 中华人民共和国科学技术进步法，1993 年 7 月 2 日第八届全国人民代表大会常务委员会第二次会议通过中华人民共和国主席令第 4 号公布，1993 年。

的重要成果，引起了国家领导人对 NSFC 的高度重视。国务院决定，从 1993 年起至"八五"末期，国家财政对科学基金每年增加拨款 7000 万元，增加的经费主要用于提高项目的资助强度。[①]1993 年国家自然科学基金资助经费达到近 3 亿元，1994 年近 4 亿元，1995 年近 5 亿元。[②]

此外，NSFC 在北京举行了一系列以科学基金政策为主题的国际研讨会，包括 1991 年 11 月 NSFC 主办"基础学科发展评估与资助政策国际研讨会"，1992 年 10 月 NSFC 发起并主办第一次以"完善与发展科学基金制"为主题的国际研讨会，1994 年 8 月举行"学科前沿与国家自然科学基金优先资助领域战略国际研讨会"等。1995 年 9 月 NSFC 还组团赴加拿大，出席第二届"完善与发展科学基金制国际研讨会"，并提交了政策研究报告。从这些国际研讨会中，NSFC 及时了解到美国、英国、德国、印度、俄罗斯等国科学政策发展的最新动态，"同行评议"、"国家目标"、"绩效评估"、"研究预见"等国外科学资助机构中的一些政策术语，也陆续成为 NSFC 的政策研究议题，推动了 NSFC 对资助政策的探索与创新。

1995 年 5 月，中共中央、国务院颁布了《关于加速科学技术进步的决定》（以下简称《决定》），确立"科教兴国"战略为新的基本国策。关于国家发展科学技术的基本方针，该决定有了新的表述，即"面向"、"依靠"、"攀高峰"，将"面向经济建设主战场"和"攀登科学技术高峰"一同作为发展科学技术的国家目标。《决定》强调："基础性研究要同人才培养有机结合。……重视支持科学家特别是优秀青年学科带头人自选课题的研究。创造学术民主的良好氛围，鼓励科学家探索新的科学规律，创立新颖的学术观点。"[③]将科

---

① 国家自然科学基金委员会编，国家自然科学基金发展历程，北京：国家自然科学基金委员会，2006 年，p. 187。

② 同上，p. 144。

③ 中共中央、国务院关于加速科学技术进步的决定，1995 年 5 月 6 日中发 [1995] 8 号。 见 http://oldgdstc.gov.cn/zhengce/3.htm.

学研究与人才培养结合，成为国家基础科学政策的一项新的具体要求。事实上，NSFC 从 1987 年起就设立了针对 35 岁以下受资助者的"青年科学基金"，一方面是为了解决当时国家所面临的人才断层问题，另一方面也是希望通过支持年轻人新颖而大胆的研究，促进学术繁荣。1992 年，NSFC 设立了针对 45 岁以下优秀科学家的"优秀中青年人才专项基金"，支持优秀青年学术带头人通过自选课题开展高水平科研（1995 年终止）。1994 年，在 NSFC 的倡导下，国务院设立"国家杰出青年科学基金"，由 NSFC 负责受理、评审和管理。1996 年，根据"科教兴国"的基本国策，国务院设立"国家基础科学人才培养基金"，并列入 NSFC 的专项进行管理。至此，NSFC 旨在发现和培养优秀科学人才的"人才资助体系"建立起来。

值得提及的是，1996 年国家科学技术委员会委托加拿大国际发展研究中心（IDRC）组织的国际专家组，对十年来中国科技体制改革的历史进行了回顾与评估。国际专家组对 NSFC 的工作给予了高度评价，认为"竞争性拨款制度的实行"是中国科学体制改革的一个主要特征，"确保让最好的研究人员有效利用有限的资源"。[①] 但是，国际专家组也指出，中国需要制定更明确的科学政策，"继续采取积极的态度"，支持好奇心驱动的研究、战略研究和大科学等三类不同的基础研究。国际专家组还特别指出，中国在跨学科和跨机构研究方面具有明显不足。[②] 而这一点也正是 NSFC 在参与国际专家组的讨论时，从科学基金实践出发所指出的中国基础研究中存在的首要问题。

1998 年国务院进行了大规模的机构改革，中央政府的科学研究资助结构发生了重大变化。原来负责产业部门的许多相关部委，在

---

① 中华人民共和国科学技术委员会、加拿大国际发展研究中心，十年改革——中国科技政策，北京：北京科学技术出版社，1998 年，p. 16。

② 同上，pp. 106—107。

改组后失去了支持行业科学研究的功能，政府的科研资助渠道变得更为集中。这一改革也推动了原政府相关部门下属数百个研究机构的转制进程①，致使国家进一步削减部分研究机构的经费，加剧了竞争性经费的竞争激烈程度。政府机构改革后，国家科学技术委员会更名为国家科学技术部，第一次设立独立负责基础研究的部门——基础研究司，不仅主导着国家基础研究政策的制定，而且直接资助和管理包括"973"计划在内的基础研究领域的重大计划。"973"计划的实施除了资助强度远高于 NSFC 的重大项目以外，在发布指南、项目评审和项目管理等许多具体运作方面与 NSFC 的重大项目颇为相似。

随着"九五"期间"科教兴国"战略的实施以及国家财政的不断增长，国家加大了对基础研究的投入，NSFC 的资助经费也不断增长，1999 年超过了 10 亿，2000 年更超过了 12 亿。"八五"末期制定的国家自然科学基金"九五"优先资助领域，在重点项目、重大项目，以及重大研究计划的立项过程中发挥了重要的导向作用。2000 年，NSFC 开始试点实施科学基金重大研究计划，借鉴国外科学资助机构的经验，"选择若干对我国经济社会发展和国家安全具有重大意义的学科前沿和关键研究领域……在统一的总体研究目标和方向之下，把不同学科和层次的研究项目有机地组织在一个计划之中，形成（研究）网络"，资助周期在 5 年甚至 5 年以上。②显然，这样一种资助模式与以往的重大项目相比，更有利于不同学科背景乃至不同学术观点的科学家之间进行学科交叉与学术交流，更有利于针对重大科学问题开展战略性、前瞻性和长期性的基础研究。

"八五"和"九五"期间，NSFC 进一步推进了与企业开展联合

---

① 方新、柳卸林，我国科技体制改革的回顾及展望，求是，2004（5）：43-45。
② 陈佳洱，科学基金工作的发展思路和 2000 年几项重点工作，中国科学基金，2000（3）：129-131。

资助的活动，以促进产学研结合，联合资助的伙伴不仅有国内的产业部门和大型企业，还有美国福特汽车公司等国外跨国公司。但NSFC的联合资助是以资助项目为依托开展的，而没有采取NSF资助产学合作研究中心或工程研究中心的模式。

（三）"十五"以来（2001年至今）

随着"九五"中后期国家大幅度增加对基础研究的投入，我国的科研产出也相应呈现出大幅增长的态势。自1999年起，主要反映基础研究状况的我国SCI收录论文的总数持续增长，我国SCI论文占世界SCI论文总数的比例和排序位次也不断提升（除了2005年占世界SCI论文总数的比例比2004年低以外，见表3.2）。但与此同时，从主要反映基础研究质量的SCI论文被引频次来看，我国的数据却没有论文总数所反映的情况乐观，1994—2003年十年间，我国SCI论文被引用次数排在世界的第18位，1995—2003年排在第14位，1996—2005年排在第13位。[①]这一组数字说明，我国在国际学术界真正有较大影响的成果还很不够，基础研究的原始创新水平有待提高。

表3.2　1998—2005年我国SCI论文总数、占世界SCI论文比例和

在国际上排序位次

年份	1998	1999	2000	2001	2002	2003	2004	2005
论文数量	19838	24478	30499	35685	40758	49788	57377	68226
比例	2.13	2.51	3.15	3.57	4.18	4.48	5.43	5.3
位次	12	10	8	8	6	6	5	5

来源：根据1999年至2006年各年的《中国科技数据统计》中的相关数据列出。

更为重要的是，在知识经济时代，国家经济领域的竞争力与科学技术创新能力已经密不可分。在这种国际环境中，进入新世纪以

---

① 国家科学技术信息研究所，2005年度中国科技论文统计结果，2006年10月；国家科学技术信息研究所，2004年度中国科技论文统计结果，2005年10月。

来，我国确立了通过提高科技持续创新能力（特别是自主创新能力）来提升国家竞争力的基本国策，国家经济社会发展对基础研究及其人才队伍提出了更高的要求。因此，"创新"成为这一时期科学政策的"关键词"，加强我国基础研究的原始创新能力，成为"十五"以来我国基础科学政策的首要目标。

不过，提出目标总是比找到达至目标的有效途径要容易得多。随着国家对基础科学投入的大幅增加，经费如何使用以及使用的绩效怎样等问题越来越成为关注的焦点。这种状况与第二次世界大战结束之后和冷战结束之后一段时间里，西方国家展开关于科学政策的激烈争论有某些相似之处。例如，是应当优先发展构筑国家科学基础的"小科学"，还是应当"豪赌大科学"？是应当根据严格的同行评议程序由科学家来主导科学资源的配置，还是应当由行政管理人员将经费分配到政府指定的特定研究领域？应当如何处理科学发展的短期目标与长远目标的关系？这些问题引起了中国科学共同体的普遍关注，甚至海外华人科学家也参与了对其中一些问题的讨论，乃至激烈的辩论。[1]然而，与科学界的兴趣点不同，政府更多关注的似乎只是哪些科学领域应该成为国家优先领域的问题。

如前所述，自 1998 年中央政府机构改革以来，国家资助科学研究的资源配置有集中化加剧的趋势。以科技部负责的主要支持六大领域（农业、能源、信息、资源环境、人口与健康、材料）重大关键问题基础研究的"973"计划为例，"十五"期间，"973"计划得到中央财政拨款共 40 亿元，新批准项目却只有 143 项，在研项目（"十五"期间及以前立项的项目）累计 229 项，参加在研项目的科研人员为 1.8 万人。[2]一方面是重点领域基础研究资助经费的集中

① 参见：Muming Poo, Big science and little science, *Supplement to Nature* (China Voices II), 18 November 2004, Vol. 432, No. 7015：18−23；《中国新闻周刊》209 期以"1000 亿科技经费资金如何分配"为主题的专刊，2004 年 12 月 16 日出版；Hao Xin and Gong Yidong, Research Funding：China bets big on big science, *Science*, 17 March 2006, Vol. 311, No. 5767：1548−1549.

② 国家科学技术部发展计划司，国家科技计划年度报告 2006 年，2006 年，pp. 45−47.

化,另一方面则是不断成长的科研队伍以及国家基础科学的迅速发展,对各学科领域一般性基础研究资助经费的巨大需求。

"十五"期间,NSFC 面上项目批准数超过 3.3 万项,申请数则超过了 17 万项,特别是 2003—2005 年新增申请数每年都在 1 万项左右,2005 年就达近 5 万项,而"十五"期间 NSFC 的资助经费总和为 100 多亿元。①NSFC 的资助工作面临着很大的压力。由于面上项目是 NSFC 学科覆盖面最宽、资助项目数最多、受资助面最广的项目类型,而且是科学家"自下而上"自由选题的项目,最能够体现研究人员的自主创新思想,因而对于构筑国家科学发展所需的广泛而坚实的学科基础具有十分重要的意义。因此,NSFC 在"十五"计划中提出,要以 60% 以上的经费保证对面上项目的支持②,"十一五"发展规划中还明确了"促进我国基础科学各学科均衡、协调、可持续发展"为 NSFC 的"重要使命"③,在"十一五"第一年的 2006 年,NSFC 提出,主要通过面上项目的方式,"确保 70% 以上的经费用于促进学科均衡、协调和可持续发展的研究"④。事实上,"十五"以来,NSFC 坚持"适度扩大规模、稳步提高强度"的资助政策,以最大限度地满足科学共同体的研究需求,努力营造有利于科学家自由探索和自主创新的宽松环境。2001 年起,NSFC 还启动了"小额预研探索项目",以支持探索性较强、风险性较大的创新性研究。

在大力推进基础学科建设、支持科学家自由选题研究的同时,"十五"以来,NSFC 也加强了在针对国家需求的重点领域对基础科

---

① 根据国家自然科学基金委员会从 2001 年到 2005 年历年的年度报告中的相关数据统计而得。

② 国家自然科学基金委员会,国家自然科学基金"十五"发展计划纲要,中国科学基金,2002(1):54—60。

③ 国家自然科学基金委员会,国家自然科学基金"十一五"发展规划,中国科学基金,2006(5):310—320。

④ 陈宜瑜,立足科学发展、繁荣基础研究,为建设创新型国家而努力奋斗,中国科学基金,2006(3):129—133。

学发展的宏观引导，包括：分别制定和实施了"十五"和"十一五"优先领域继续实施重大研究计划，在严重急性呼吸系统综合征（SARS）爆发后迅速启动了针对 SARS 的基础研究，等等。近年来，NSFC 还不断拓展联合资助模式，试图吸引更多的社会资金投入基础研究，也鼓励科学家更多的关注应用引起的基础研究，例如：2005 年与二滩水电开发有限责任公司等企业设立的联合基金，围绕制约雅砻江流域水电开发工程建设中的关键科学问题开展基础研究；2006 年与广东省人民政府设立联合基金，旨在解决制约广东及泛珠江三角区域经济社会发展的重大关键科学问题。NSFC 还注重在国家科学政策制定中发挥积极作用。在国务院制定《国家中长期科学和技术发展规划纲要（2006—2020 年）》期间，NSFC 承担了前期战略研究阶段关于基础科学部分的战略研究工作。NSFC 广泛听取科学共同体的意见和建议，还组织了与美国科学政策专家进行专题研讨的活动，深入分析基础研究的战略地位、发展特征和国内现状，提出发展我国基础科学的战略目标、任务以及政策措施。

第三节 NSF 与 NSFC 的同行评议准则及其变化

对于国家科学资助机构而言，资助政策的演变在宏观层次上主要体现在资助范围、资助类型与资助方式等方面的变化，在微观层次上则体现在项目评议政策的变化上，包括评议准则的确立与调整。NSF 经历了半个多世纪，其早期的宏观资助政策和微观评议政策无疑都体现了布什式的精英主义思想，尽管在 50 多年后的今天，美国科学政策早已不再是简单的"布什范式"，但是无论是科学共同体还是科学政策制定者仍然相信，"对于所有联邦机构和研究机构（无论是大学、联邦实验室还是其他机构）而言，分配联邦基础研究经费的首要机制，都应当建立在通过同行评议而确定的科学价值之上"①。自 20 世纪 60 年代后期以来，在公众不断要求科学回报社会的压力之下，随着经济因素在科学政策制定中的分量加重，NSF 的宏观资助政策开始发生较大的变化，但微观层次上评议政策的变化要到 80 年代，特别是冷战结束后才变得清晰起来，NSF 甚至将"同行评议"（peer review）一词改为"价值评议"（merit review），或者"基于价值之上的同行评议"（merit-based peer review），以表明自身同时关注资助活动的科学价值和社会价值的立场。

从总体上看，NSF 的评议政策是随着宏观资助政策的变化而变化的，表现了 NSF 从最初强调科学自主到后来要求自主与责任并重的趋势。从具体情况看，评议政策的变化经历了怎样的过程？与资助政策的变化有何关联？术语的变化是必要的吗？评议概念的变化是否意味着评议政策的根本性变化？怎样才能保证新的评议政策的有效性？本节对 NSF 的分析试图回答这些问题。但是，对 NSFC 的分析可能会粗略一些，因为在 NSFC 过去 20 多年的历史中，应该说其资助政策没有发生重大的变化，其评议政策也就相对保持稳定，只是在不同时期表达评议政策所使用的语言体现了一定的时代特征。

一、NSF 评议概念的扩展与评议准则的变迁

尽管在我们看来，NSF 法是一部内容较为详尽的法律，涉及了机构的任务、职责、组织结构、资助范围等方面，但对于资助管理工作应当如何运行的问题，法律却没有给出具体的方案。NSF 在不同时期的资助政策，决定了其评议准则的内容与实施方式。

（一）同行评议方式的确立及其评议准则的制定

承担创建 NSF 研究资助活动的运行规则和具体步骤任务的当属

---

① Committee for Economic Development, America's Basic Research: Prosperity Through Discovery, in Albert H. Teich, Stephen D. Nelson, Celia McEnaney, Tina M. Drake (eds.), *AAAS Science and Technology Policy Yearbook 1999*, Washington D. C.: American Association for the Advancement of Science, 1999, http://www.aaas. org/spp/yearbook/chap18. htm.

最早参与 NSF 资助工作的人们，即 NSB 和 NSF 早期的领导层与管理人员以及参加 NSF 项目评议的科学家等等。

担任 NSB 第一届主席的是哈佛大学校长康南特，他曾经在第二次世界大战期间和布什并肩工作，并且参加了布什报告中一份分报告的研究起草。康南特关于"一流科学家"的看法同样代表了他的资助理念——极有可能也是早年 NSB 和 NSF 的理念。他说："在科学进步以及将科学应用于解决许多实际问题的过程中，什么也不能代替一流的人。十个二流科学家也做不出一个一流科学家的工作。"[1] 即使在 1954 年麦卡锡主义极为猖獗，要求 NSF 在资助对象的选择中必须注意其是否有"亲共"倾向时，NSB 仍然坚持 NSF 的资助决定将继续建立在研究人员的能力以及研究项目的学术价值评判上。[2]

NSF 最早的资助活动于 1951 年底开始。1951 年 12 月，NSF 发出了第一批《研究项目申请指南》。这时甚至连正式的申请表格也没有，NSF 只是告诉申请人，申请书可以包括研究活动的描述、研究设备情况介绍、参考文献、申请人简历、预算以及所属单位负责人的签名。生物学处组织了由 11 位外部专家组成的评审组，在 1952 年 1 月初就将申请书邮寄给了评审专家，要求专家根据申请书的"科学价值"、申请人的能力和资源情况以及预算的合理性等几个方面，对收到的每一份申请进行评议（包括打分和撰写简短的书面意见），并于评审会召开前的一周内将评议意见反馈到 NSF。1952 年 1 月 18 日至 19 日，评审组中的 10 位专家出席了评审会，提出了专家的资助建议。[3]1952 年 2 月 1 日，NSB 批准了生物学和医学方面的 28 个项目，并在会议纪要中肯定了其评议程序。这一评议程序成为

---

[1]　George T. Mazuzan, *The National Science Foundation: A Brief History*, NSF-88-16, NSF Office of Legislative and Public Affairs, July 15, 1994, http://www.nsf.gov/pubs/stis1994/nsf8816/nsf8816.txt.

[2]　同上。

[3]　Toby A. Appel, *Shaping Biology: The National Science Foundation and American Biological Research, 1945–1975*, Baltimore & London: The Johns Hopkins University Press, 2000, pp. 54–55.

NSF 官方文件中最早关于评议政策的文字："58 份申请书中的每一份至少由三位专家评议人进行独立的评议；由所涉及领域内有代表性的 11 人组成的评审组召开两天会议；该处新成立的一个委员会召开了会议，对涉及其学科领域内的一般性政策和资助计划（框架）进行讨论；该学部的全体人员一起形成了资助建议。"①

但是，NSF 关于研究项目的遴选准则（而非遴选程序）的第一次正式表述，即《国家科学基金会所支持的研究的准则》，是由 NSB 于 1967 年批准的。具体的遴选准则包括：研究结果的重要性，研究人员的研究业绩，拟开展工作的潜在科学影响，研究的新颖性，独创性和独特性，对学生教育方面的价值，拟开展工作与其潜在应用价值的相关性。该文件指出，以这样的准则遴选 NSF 基础研究资助计划的项目，可以"使得科学沿着其内部需求所指示的方向发展"②。值得注意的是，文件的出台是在根据达达里奥修正案修订 NSF 法之前的 1967 年，因此，这一评议准则仍然强调了科学自身发展的内部逻辑。

随着 NSF 资助范围和资助方式的扩展，其所资助的研究不限于个人项目，而且即使是个人项目也不仅限于所谓的"纯科学"研究。因此，仅仅基于科学内部逻辑而考虑的准则已经显得过于简单。1974 年，NSB 修改了 1967 年的评议准则，制定了虽然针对个人研究项目，但是也尽量适用于其他项目的新准则。③ 新准则共分为 4 大类 11 个方面的指标，试图更全面地考察申请项目的价值。评议准则所分的 4 大类是：与研究能力相关的准则（包括研究人员及其所在单位的技术条件）、与研究项目内在科学价值相关的准则、与实用性或应用相关性有关的准则、与国家未来科学技术发展潜力有关

---

① J. Merton England, *A Patron for Pure Science: the National Science Foundation's Formative Years, 1945－57*, National Science Foundation, Washington D. C., 1982, p. 166.

② COSEPUP, *Major Award Decisionmaking at the National Science Foundation*, National Academies Press, 1994, p. 67.

③ 同上，p. 68。

的准则。[①]考虑到 1974 年 NSF 正处于 RANN 计划实施期间，NSF 与国会以及白宫关于资助应用研究的问题还在争论之中，因此，对于后两类评议准则所强调的研究的应用性以及满足国家目标方面的内容，我们也就不足为奇了。

可以看到，在 1974 年确定的 4 类准则中，前两类有些类似于温伯格准则中的内部准则，而后两类则类似于温伯格的外部准则。[②]这说明同时考虑研究项目在科学内部和外部两方面价值的评议准则，在 NSF 逐渐被接受与认同。1981 年，NSB 重新解释了 1974 年的评议准则，并将过去的 11 项评议指标进行了简化，确立了研究项目评议中新的四项通用准则：第一，开展研究的能力：研究人员的能力、拟开展研究在技术上的可行性、所属机构的资源情况；第二，研究的内在价值：研究是否会在其所处的科学或工程学领域产生新发现或导致根本性进展，或者对于其他科学或工程学领域产生持续的影响；第三，实用性或研究的相关性：除了对研究领域本身的贡献之外，能否对外部应用目标的实现有所贡献，并因而为形成新技术或改进技术奠定基础，或有助于社会问题的解决；第四，对研究科学与工程学基础产生的影响：拟开展的研究能否有助于更好地理解或改进国家科学与工程学在研究、教育和人力资源基础方面的质量、分布或效益状况。[③]这四项准则一直使用到 1997 年 9 月。

（二）"价值评议"概念的提出与评议准则的修订

虽然长期以来 NSF 竞争性项目的评议都是由来自外部的科学技术领域专家承担的，但直到 1975 年，NSF 才在一份针对其内部人员工作的文

---

① 斯蒂芬·科尔、里昂纳德·鲁宾、乔纳森·科尔著，中国科学院科学基金委员会译，美国国家科学基金会的同行评议，中国科学院科学基金委员会办公室，1985 年 9 月，p. 137。

② Alvin M. Weinberg, Criteria for Scientific Choice, *Minerva*, 1963 (I)：159 – 171.

③ National Science Board, *Report of the National Science Board on the National Science Foundation's Merit Review System*, September 30, 2005, NSB-05-119, p. 16.

件中，将由外部专家对申请书质量进行评议的过程称为"同行评议"。①随着 1968 年 NSF 法修订后，NSF 资助范围的拓展和资助方式的增多，NSF 的资助活动中涉及科学以外因素的项目类型越来越多，评议工作越来越需要有来自"同行"以外的专家的参与。于是，根据 1986 年一个由外部专家组成的专门研究项目评议过程的咨询委员会的建议，NSF 决定将"同行评议"扩展为"价值评议"，以强调同时从科学的内部和外部两个方面对资助活动进行评议的重要性。②该咨询委员会的报告指出，对于研究资助而言，科学价值是必要条件但不是充分条件，"为了实现增进研究结果的实用相关性或者改善国家科学与工程学基础的目标，必须增加其他的准则。……本委员会采用'价值评议'这一术语，以指同时包括（科学的）技术性准则和其他准则在内的遴选过程"③。

冷战结束之后，国家科学政策转型的需求更强化了人们对科学研究的社会属性的认识，要求政府和科学共同体一致放弃自战后形成的关于科学的认识目标与应用目标相互冲突的观念，并在政策实践与科学活动中将"研究前景的科学判断和社会需要的政治判断"结合起来。④1992 年，国会审计总署针对 NSF、NIH 和国家人文学科基金会（NEH）的同行评议过程，开展了为期两年的评估。尽管评估结果从总体上肯定了三个机构的同行评议系统，但还是提出了一些改进意见和建议，报告特别指出了 NSF 等机构在评议人选择、评议准则应用以及专家打分在资助决定中的

---

① COSEPUP, *Major Award Decisionmaking at the National Science Foundation*, National Academies Press, 1994, p. 62.

② 同上。

③ National Science Foundation, *NSF Advisory Committee on Merit Review*, Final Report, 1986, p2. see Daryl E. Chubin and Edward J. Hackett, *Peerless Science: Peer Review and U. S. Science Policy*, Albany: State University of New York Press, 1990, p. 159.

④ D. E. 司托克斯著，周春彦、谷春立译，基础科学与技术创新——巴斯德象限，北京：科学出版社，1999 年，p. 91.

作用等方面的问题。① 为了回应 GAO 报告的建议，1994 年 NSF 成立了专门研究小组，对 NSF 同行评议系统及其运行状况进行全面调研。鉴于评议准则在评议活动中具有十分重要的导向作用，1995 年 NSB 决定，必须对 NSF 现行的评议准则进行评估。于是，1996 年 NSF 和 NSB 成立了联合工作组，共同研究 1981 年以来实施的评议准则的运行情况。

联合工作组在调研报告中指出，自 1981 年以来，NSF 的评议环境已发生了变化。一是科学教育类资助计划发展很快，在 NSF 预算中已成为独立的科目，而且 ERC 和 STC 等中心类项目也是 80 年代中期以后才设立的，但原来的准则主要针对研究类项目，没有考虑教育类和工程类项目的评议；二是为了应对 GPRA 的要求，NSF 制定了新的战略规划《变化世界中的 NSF》。那么，如何将新战略和新目标"转译"为可操作的评议政策，也是 NSF 应当考虑的重要问题。另外，评议人在理解和掌握 1980 年实施的评议准则方面存在一定的困难，例如，对前两项针对项目科学内部价值评议准则的应用，远多于后两项针对外部价值评议准则的应用。因此，应当对包括评议准则在内的评议政策进行修订。② 1997 年 NSB 批准了根据联合工作组建议而制定的新的评议准则，将原来的四项准则修改为两项准则，并决定自 1997 年 10 月 1 日起实施。③

新的评议准则试图实现 NSF 在修订准则工作中提出的六个方面的广泛目标：第一，适用于不同类型的项目；第二，鼓励更多的机构参与到 NSF 资助的活动中来；第三，扩大女性、少数族裔等"弱势族群"参加 NSF 资助项目的机会；第四，支持具有正面社会影响的项

---

① GAO, *Peer Review：Reforms Needed to Ensure Fairness in Federal Agency Grant Selection*, June 1994, GAO/PEMD-94-1.

② National Science Board, *National Science Board and National Science Foundation Staff Task Force on Merit Review* (Discussion Report), NSB/MR-96-15, 1996, http：//www. nsf. gov/nsb/documents/1996/nsbmr9615/nsbmr9615. htm.

③ National Science Board, *New General Criteria for Merit Review of Proposals*, NSB-97-72, March 28, 1997.

目；第五，促进研究与教育的结合；第六，简化价值评议准则。表 3.3
列出了新准则与旧准则的异同。表中标有箭头的两边是新旧准则相似
的内容，箭头的方向表示新准则是由旧准则发展而来，而在新准则内
容条款前标有"［新］"，表明其内容是 1997 年新增加的。① 可以看
到，新准则几乎保留了旧准则的全部内容，但采用了与新的宏观资助
政策相一致的表述方式，而新的资助政策中在旧准则中没有得到体现
的地方，则在新准则中予以增加。

表 3.3   NSF 新旧评议准则比较

1981 年制定的评议准则	1997 年制定的评议准则
准则 1 开展研究的能力	准则 1 内在的学术价值
申请人的能力 研究方法在技术上的可行性 所属机构是否有足够的资源 最近的研究业绩	→ 申请人的素质 → 拟开展活动具有很好的设想和组织基础 → 有足够可利用的资源 → 以往工作的水平
准则 2 研究的内在价值	
产生新发现，或推动本领域的发展， 或对其他领域产生影响	→ 促进本领域或其他领域的知识进步以 及对知识的理解 ［新］ 探索具有独创性的和原创性的概念
准则 3 实用性或研究的相关性	准则 2 广泛的影响或社会影响
对研究领域的外部目标有所贡献， 奠定新技术的基础 有助于解决社会问题	→ 结果得到广泛传播，以提高公众对科 学技术的理解 → 拟开展的活动有益于全社会
准则 4 对科学与工程学基础的影响	
对科学与工程学基础的贡献： 研究、教育、人力资源基础	→ 提升科学与教育的基础：设施、仪 器、网络、参与者 ［新］ 提高教学、培训与学习水平 ［新］ 扩大少数族群（性别、种族、 　　　残疾、地理意义上的）的参与

来源：National Academy of Public Administration 关于 NSF 项目遴选准则的报告。

---

① National Academy of Public Administration, *A Study of the National Science Foundation's Criteria for Project Selection*, February 2001, pp. 5 - 6.

除了上述两项准则外，NSF 还提出计划官员在形成资助建议时，应当在采纳外部评议意见的基础上考虑另外两项准则：一是促进研究与教育的结合，二是保证其学科资助计划和项目层面以及各项资助活动的多样性。

为了使新的评议准则得以顺利实施，自 1998 年制定第一份GPRA 绩效计划①起，NSF 就将考察"实施新的价值评议准则"状况作为一项重要指标，以衡量其资助过程的工作质量，并在每年的绩效报告中对评议准则的执行情况进行评估。针对评估中发现的新准则在执行中出现的问题和困难，NSF 已采取了多项相关措施以增强实施新准则的实际效果，包括：开展对计划官员的培训，以帮助机构内部的工作人员理解 NSF 的长期战略目标和新的评议准则之间的关联；鉴于科学共同体对第二项准则在理解上存在一定的困难，NSF 发布关于运用第二项准则进行评估的具体案例，以帮助评议人和申请人更好地理解和执行；从 2001 年 10 月 1 日起，NSF 还要求申请人提交申请书时，在开篇的"项目提要"部分根据两项新准则的内容分别对项目进行说明，便于专家评议时参考，而未按要求撰写提要的申请书则不予送审。这些政策措施都有效地促进了新准则的实施，不仅使得 NSF 的宏观战略目标和资助政策能够更好地予以落实，而且提高了 NSF 资助活动的参与者将科学技术自身发展与国家需求相结合的意识。

二、NSFC 评议"准则"的变化

从严格意义上讲，NSFC 没有美国 NSF 那样明确的评议"准则"（criteria），但是在 NSFC 指导项目评议工作的文件或工作规章中涉及了评议工作的内容，其中可以找到类似于评议准则的表述。与中国许多政策性文件或部门规章一样，NSFC 规章的内容具有鲜

---

① National Science Foundation, *FY 1999 GPRA Performance Plan*, March 1998, http：//www. nsf. gov/pubs/1998/nsf99gprapp/start. htm.

明的时代特征。

在成立的第一年，NSFC 就制定了分别针对项目申请、项目评审和项目管理工作的相关规章，其中，《关于申请项目评审工作暂行办法》（以下简称《办法》）是 NSFC 制定的第一个工作规章。该暂行办法由 1986 年 5 月 23 日举行的委务会议通过，共分为六章，包括总则、受理申请、同行评议（主要指通讯评议）、学科评审组评审、审批下达和附则等。总则第一条规定：

> 国家自然科学基金资助基础研究和应用研究中的基础性工作。申请项目的评审工作必须从基础研究的特点出发，贯彻科技面向经济建设的方针，择优支持具备以下条件而又缺乏经费的研究项目：
>
> 1. 有重要科学意义或有重要应用前景的研究工作，尤其是结合国家现代化需要，针对我国自然条件、自然资源特点的研究工作和开拓新兴技术的研究工作；
>
> 2. 学术思想新颖，立论根据充足，研究内容和目标明确、具体、先进，研究方法和技术路线合理、可行，三五年内可望取得预期成果或结果；
>
> 3. 申请者和合作者具备相应的研究能力，研究工作有一定积累，基本工作条件和工作时间有可靠保证；
>
> 4. 经费预算实事求是，根据充足。
>
> 对跨学科、跨单位、跨部门、跨地区的合作研究和有利于促进科研、教学、生产相结合的项目，以及优秀青年科学工作者和边远地区科学工作者申请的项目，在相似条件下，予以优先考虑。①

---

① 国家自然科学基金委员会，关于申请项目评审工作暂行办法，1986 年 5 月 23 日委务会议通过。

应当说，这样的表述很能反映当时那个时代的一些特征。首先，这个《办法》是在 1985 年中共中央颁布《关于科学技术体制改革的决定》一年后制定的，因此，《办法》在一定程度上会体现该决定中关于国家发展科学技术的基本方针，诸如"科技面向经济建设"、"结合国家现代化需要，针对……的研究工作"以及"有利于促进科研、教学、生产相结合"等文字，都是对国家大政方针的重申与回应，而"三五年内可望取得预期成果或结果"的要求看上去甚至好像不是在资助基础研究。其次，《办法》的个别地方还表现出"中国特色"。最有意思的是，《办法》指出，要优先支持"工作时间有可靠保证"的研究项目。这样的要求也许看似奇怪，但如果了解自 20 世纪 50 年代以来由于受到政治运动以及其他因素的冲击，科研时间问题一直是困扰中国科学家科研工作的一个"痼疾"的话①，也许就能够理解《办法》制定者的初衷了。不过，NSFC 作为支持基础科学的国家资助机构，还是先在《办法》中强调了项目评审的前提是"必须从基础研究的特点出发"，所以，同 NSF 评议准则中列有关于项目内在学术价值的内容一样，NSFC 的《办法》也强调了拟开展研究的重要性和新颖性、研究人员的研究业绩等内容。

在 1992 年国家自然科学基金实施十周年，NSFC 对科学基金工作规章进行了修订，原来的暂行办法成为正式办法；1996 年 NSFC 成立十周年之际，相关《办法》又进行了一次修订。

1992 年的《国家自然科学基金面上项目评审办法》总则从第二条到第四条，都与评议准则有关：

第二条　科学基金资助基础研究和应用基础研究。择优支持具备下列条件的研究项目：

1. 有重要科学意义或有重要应用前景，特别是学科发展前

---

① 路振朝、王扬宗，20 世纪 50 年代中国科学家的科研时间问题，科学文化评论，2004（2）：5–24。

沿的研究；结合我国社会主义现代化需要，针对我国自然资源和自然条件特点，以及开拓新兴科学技术领域的研究工作。

2. 学术思想新颖，立论根据充足，研究目标明确，研究内容具体，研究方法和技术路线合理、可行，可获得新的科学发现或近期可取得重要进展的研究。

3. 申请者与项目组成员具备实施项目的研究能力和可靠的时间保证，并具有基本的研究条件。

4. 经费预算实事求是。

第三条　在条件相似时，属下列情况的研究项目，科学基金应优先支持：

1. 优秀青年科学工作者；

2. 少数民族地区和边远地区的科学工作者；

3. 利用国家重点实验室的条件开展的研究项目。

第四条　支持创新是科学基金资助工作的主要宗旨，评审中要特别注意发现和保护创新性强的项目。积极支持学科交叉的研究，注意扶植新的学科生长点。①

与 1986 年的《办法》相比，1992 年的《办法》更注重体现 NSFC 资助基础研究的特点。例如，1992 年的《办法》指出，科学基金特别关注"学科发展前沿的研究"项目；将 1986 年的《办法》中"三五年内可望取得预期成果或结果"的文字，修改为"可获得新的科学发现或近期可取得重要进展的研究"，将"开拓新兴技术的研究工作"修改为"开拓新兴科学技术领域的研究工作"；最重要的是，《办法》增加了一个专门条款，强调"支持创新是科学基金资助工作的主要宗旨"，要求专家在评议中要"注意发现和保护创新性强的项目"，"积极支持学科交叉"研究，"注意扶植新的学科生长点"。这

---

① 国家自然科学基金委员会，国家自然科学基金面上项目评审办法，1992 年 11 月 10 日委务会议通过，国家自然科学基金委员会档案。

一方面说明，NSFC 经过六年的工作积累以及取得的经验，对基础研究的特点有了更多的了解和认识；另一方面也反映出到 20 世纪 90 年代，我国的基础研究已取得长足的发展，NSFC 已有了支持科学家在"学科发展前沿"开展研究的愿望和信心。

1996 年的《办法》只对 1992 年的《办法》做了少量改动，仍然以三个条款的内容描述 NSFC 优先支持的研究项目。主要的改动集中在原来的第二条，修改后成为新《办法》中的第三条：

> 第三条　科学基金资助基础研究和应用基础研究。优先支持具备下列条件的研究项目：
>
> 1. 有重要科学意义，瞄准国际科学发展前沿，尤其是我国具有优势的基础研究；或有重要应用前景，围绕我国国民经济和社会发展中的重点、难点和紧迫的科学技术问题开展的应用基础研究。
>
> 2. 学术思想新颖，创新性强，立论根据充足，研究目标明确，研究内容具体，研究方法和技术路线合理、可行，可获得新的科学发现或取得重要进展。
>
> 3. 有稳定的研究队伍，申请者与项目组成员具有较高的研究水平和可靠的时间保证。所在单位能提供基本的研究条件。①

在修订后的 1996 年《办法》中，NSFC 第一次将基础研究和应用基础研究（后者是否类似于司托克斯提出的"应用引起的基础研究"）的资助目标分开进行表述。基础研究的资助政策是，优先支持"有重要科学意义，瞄准国际科学发展前沿，尤其是我国具有优势的基础研究"；而应用基础研究的资助政策是，优先支持"围绕我国国民经济和社会发展中的重点、难点和紧迫的科学技术问题开展

---

① 国家自然科学基金委员会，国家自然科学基金面上项目评审办法，1996 年 11 月 20 日委务会议修订通过。

的"、"有重要应用前景"的研究，体现了中共中央、国务院1995年颁布的《关于加速科学技术进步的决定》中提出的"基础性研究要……重点解决未来经济和社会发展的基础理论和技术问题"的思想。①此外，《办法》还将"有稳定的研究队伍"作为项目评议的要求之一，也是在贯彻《关于科学技术体制改革的决定》中所强调的深化科技体制改革中"稳住一头"的方针。

2001年，NSFC进行了较大规模的机构改革，随后于2002年对各类项目的管理办法进行了一次全面修订。其中最大的变化是，将原来分别规范面上项目申请、评审和立项后管理各环节工作的三个办法，合并为一个《国家自然科学基金面上项目管理办法（试行）》；与此同时，还制定了统一的《国家自然科学基金项目管理规定》，以涵盖包括NSFC资助的面上项目、重点项目、重大项目、国家杰出青年科学基金项目、专项项目和国际合作项目等在内的各类项目的管理。虽然在针对重点项目、重大项目和国家杰出青年科学基金项目等项目类型而制定的相应的管理办法中，仍然保留了NSFC对这些项目立项的要求，但是《国家自然科学基金面上项目管理办法》却对面上项目的评议准则语焉不详，只是较为详细地规定了面上项目评议程序方面的要求。对于面上项目的评议准则，仅可以在《国家自然科学基金项目管理规定》中找到非常原则性的表述，即项目评审"要把源头创新与研究价值作为重要标准，注重申请者的创新潜力和人文素质；提倡'百花齐放、百家争鸣'，鼓励科技工作者积极探索，树立敢为人先的意识"②。很显然，这种原则性的表述还需要其他形式的文字对其进行补充后，才有可能指导具体的评议工作。事实上，各科学部负责组织项目评议的人员在向专家寄发

---

① 中共中央、国务院关于加速科学技术进步的决定，1995年5月6日中发〔1995〕8号。见 http://oldgdstc.gov.cn/zhengce/3.htm.

② 国家自然科学基金委员会，国家自然科学基金项目管理规定（试行），2002年11月22日委务会议审定通过。见 http://www.nsfc.gov.cn/nsfc/cen/glbf/01/20051201_01.htm.

评议材料时提供的《国家自然科学基金面上项目同行评议要点》就在一定程度上起到了这样的作用。

同行评议要点从内容来看，基本沿用了 1996 年《国家自然科学基金面上项目评审办法》有关评议准则的内容，共分为三个方面：（1）评议申请项目的创新性和研究价值。《同行评议要点》依然根据研究的内容，将项目分为基础研究类和应用基础研究类。对于基础研究类项目而言，要求对科学意义、前沿性和探索性进行评述；而对于应用基础研究类项目而言，要求在评议学术价值的同时，还要对项目的应用前景进行评述。（2）对整体研究方案（包括研究内容、研究方法和技术路线等方面）进行综合评议，同时对研究队伍状况、前期工作基础和项目的经费预算进行评价。（3）同行评议要点要求，专家在评议过程中应特别注意发现和保护创新性强的项目，积极扶持学科交叉的研究项目。此外，还针对申请青年基金项目和地区科学基金项目的特殊性，提出了专门的评议要求。[①]

如果比较一下 NSF 和 NSFC 的评议准则，我们可以看到，NSF 的评议准则与其宏观资助政策有着密切的关系——毋宁说，NSF 的评议准则就是其资助政策的另一种表述方式，反映了其资助政策的整体性；而 NSFC 的评议准则与资助政策的关联则不那么密切，这是否从一个侧面揭示出 NSFC 的资助政策需要某种更有效的机制，使之变得更具系统性和更加制度化？

本章的比较研究表明，不同国家的科学政策形成和演变的机制不同，尤其是当国家公共财政成为基础科学的主要资助来源之后，科学政策必然会成为公共政策的一部分，因而其形成与演变的过程不仅仅取决于科学共同体自身的事务，而是与所有公共政策一样，同时受制于一般性政治过程与政策过程，即属于处在"政治与科学之间"的事务范畴。自第二次世界大战结束以来，在美国所特有的

---

① 国家自然科学基金委员会，国家自然科学基金面上项目同行评议要点，2004 年。

政策过程中，科学与政治形成了越来越紧密的互动关系，即便是科学政策的制定，除了科学共同体的参与之外，产业界、政府、公众等所有相关各方都会参与其中，是一个"自下而上"与"自上而下"相结合的过程；而且从20世纪60年代后期以来的美国科学政策制定的实际情况看，科学共同体以外的力量所起的作用越来越大。与之相类似，作为政府科学资助机构的NSF，其资助政策的制定同样表现出在科学与社会之间"转译"的特点，20世纪90年代后期以来其评议准则的变化，在学术范围内坚持了科学例外论的主张，但也更多地反映了科学共同体对公众需求的回应。相比之下，我国的政策制定具有明显的政府主导特征，但由于政府本身并不是科学产品的直接"消费者"，而且科学本身还具有很强的专业性，因此主要由政府单方面起主导作用制定的政策往往对科学活动缺乏具体的指导性和可操作性。在这样的制度环境下，NSFC制定的宏观资助政策尽管能够在一定程度上反映国家科学政策，但是在微观层面上与同行评议等具体资助管理工作相关的政策制定中，其政策供给则更多地来源于国外同类机构的经验与政策。不过，由于从外部借鉴和效仿而形成的政策缺乏其内在的动力与逻辑，才会出现宏观政策与微观政策之间缺乏连续性和一致性的问题。因此，无论是对于国家科学政策还是机构科学政策而言，与制定具体的政策相比，更重要的应当是建构一个能够反映科学共同体和相关社会各方利益需求的具有内在张力和持久性的政策过程与政策机制——而如何建构这样一种科学政策过程与机制，则是科学政策研究最重要的课题之一。

第四章
政策与制度 —— 同行评议公正性的
政策与制度保障

> 任何给定的制度化领域 —— 比如宗教和经济 —— 与其他制
> 度化领域 —— 比如科学 —— 中的利益、动机和行为是相互依赖
> 的。不管制度化领域看起来多么与众不同、多么具有自主性，
> 它们都通过个体的多重地位和角色而相互联系。[①]
>
> —— 萨尔·雷斯蒂沃（Sal Restivo）

20 世纪 60 年代后期以来，在以美国为代表的西方国家，随着科学研究的规模及其所需投入的持续增大，以及与科学发展之后果相关的环境、伦理等社会问题日益凸显，科学及其组织管理活动越来越多地受到科学界和社会其他各界的普遍关注。作为科研资源配置制度的同行评议，特别是同行评议本身的不足及相关问题遭到了广泛的批评，而公正性问题正是其中的焦点之一。无论是评议的系统性偏向或评议人的偏见，还是评议中的"马太效应"或利益冲突等

---

① 萨尔·雷斯蒂沃，科学论的理论景观，载：希拉·贾撒诺夫、杰拉尔德·马克尔、詹姆斯·彼得森、特雷夫·平奇主编，盛晓明、孟强、胡娟、陈蓉蓉译，科学技术论手册，北京：北京理工大学出版社，2004 年，p. 76。

问题，都引起了广泛的争议，也成为科学社会学和科技政策研究的重要议题。以默顿对科学奖励系统的开创性研究为起始[①]，在过去的 40 多年里，国外学术界对同行评议进行了大量研究，研究对象不限于项目评议，还有学术期刊论文的评议等等。其中对同行评议公正性问题有诸多深入的探讨，不少研究基于实证分析之上，从研究评议程序的设计和评议专家的选择，到分析经济、社会、心理因素对评议的影响等等[②]，丰富了科学社会学的理论，也为同行评议实践的改进提供了依据。

　　近 20 多年来，同行评议制度随着我国科技体制改革的进程得以建立和推广，其运行状况及相关问题也日益引起我国科学家、科技政策专家和科技管理部门的关注，相关的探讨与研究有增长的趋势，同行评议中的科学道德、程序公正和利益冲突等涉及评议公正性的问题，成为近年讨论与研究的重点。相对于国外的同类研究，我国的经验性探讨较多而系统性的实证研究较少，对同行评议本身的问题关注较多而对评议过程之外影响公正性的问题研究较少，尤其是对与此相关的具有丰富经验的国外政府科研资助机构的有关政策及其背景的研究不够细致与深入，一方面使我们的理论研究难以

---

① 哈丽特·朱克曼，R. K. 默顿，科学评价的制度化模式，载：R. K. 默顿著，鲁旭东、林聚任译，科学社会学，北京：商务印书馆，2003 年，pp. 633-680。

② 关于出版物的同行评议中公正性的探讨，可参见 Juan Miguel Campanario, Peer Review for Journals as It Stands Today, Part I, *Science Communication*, 1998, 19 (3)：182 - 211；Part II, ibid., 1998, 19 (4)：277 - 306. H. -D. Daniel, trans. William E. Russey, *Guardians of Science：Fairness and Reliability of Peer Review*, Weinheim (Germany)：VCH Verlagsgesellschaft, 1993. 这些综述性文献中的相关内容；关于项目申请的同行评议公正性实证研究，可参见科尔兄弟等为美国国会所作的关于国家科学基金会同行评议的系统性研究 (S. Cole, L Rubin and J. R. Cole, *Peer Review in the National Science Foundation：Phase I of a Study*, Washington D. C.：National Academy of Sciences, 1978；J. R. Cole and S. Cole, *Phase II of the Study*, Washington, D. C.：National Academy of Sciences, 1981) 和伍德 (Fiona Quality Wood) 关于澳大利亚研究理事会同行评议的系统性研究 [Fiona Q. Wood, *The Peer Review Process*, Canberra：Australian Government Publishing Service (Australian research Council, National Board of Employment, Education and Training, Commissioned Report No. 54), 1997] 等文献中的相关内容。

进一步深化，另一方面对我国资助机构改进评议公正性的政策建议也缺乏整体性和一定的针对性。

本章试图从影响同行评议公正性的主要因素分析入手，区分制度性因素与非制度性因素，以 NSF 和 NSFC 项目申请同行评议的公正性政策比较为中心，详细阐述 NSF 在维护与改善同行评议公正性方面的制度与政策，剖析其制度与政策得以有效实施与运行的保障机制，通过比较 NSFC 与 NSF 的同行评议公正性相关政策，提出改进 NSFC 评议公正性的建议。

第一节　影响同行评议公正性的因素分析

关于何谓同行评议的公正性（fairness），并没有一个严格的定义。楚宾和哈克特认为，同行评议的公正性就是"坚持平等待人的社会规范以及科学规范中的普遍性和无私利性"[①]。鲁曼（N. Lumann）指出，具体而言，公正性是指评议"仅基于（被评议方的）学术价值"，而不受到其他方面因素（包括评议人的主观判断倾向和个人偏见等）的影响。[②] 吴述尧主编的《同行评议方法论》中的定义与之类似，称"公正性是指在同行评议过程中要保证申请者（被评议人）的申请得到客观和无偏见的评审"，但作者也承认，公正性是"一个内涵十分丰富的概念"，上述定义是"大为简化了的"。[③] 显然，如该定义所指出的，其主要考虑的是评议本身的公正性。

英国研究理事会咨询委员会于 1989 年委托的同行评议调查组在提交的报告中指出，"公正性是一个模糊的概念"，既有可能指"公

---

① Daryl E. Chubin and Edward J. Hackett, *Peerless Science: Peer Review and U. S. Science Policy*, New York: State University of New York Press, 1990, pp. 45 – 46.

② Lumann, N., Selbststeuerung der Wissenschaft, *Jahrbuch fur Sozialwissenschaft*, 1968, 19 (2): 147 – 170. see H. -D. Daniel, trans. William E. Russey, *Guardians of Science: Fairness and Reliability of Peer Review*, Weinheim (Germany): VCH Verlagsgesellschaft, 1993, p. 4.

③ 吴述尧主编，同行评议方法论，北京：科学出版社，1996 年，p. 20。

正合理地对个人（进行）资助"，也可能是指根据"地域、年龄、性别或职业属性"划分的学术共同体获得资助的合理分布。[①] 可以看到，第一种公正性是针对同行评议本身而言的，而第二种可能所指的并非评议过程本身所体现的公正性，而是从更加宏观的国家科学发展的总体目标出发所要求的资助结果的公正（如对科学相对落后地区和科研"弱势族群"的支持），因此可以将这种公正性视为资助活动的公正性，而非同行评议活动的公正性。另外，由于科学研究本身所具有的复杂性和不确定性特点，基于研究项目实际开展之前撰写的申请书对其结果进行预测性判断，的确存在一定的风险，因而有研究指出，在同行评议中，"程序正义"（即评议过程的公正性）是最重要的且较易于实现，而"实体正义"（即评议结果的公正性）则相对难以判断且难以操作。[②] 因此，对于同行评议公正性相关问题的研究的确具有较大的难度，无论是理论分析还是案例研究都是如此，从而也反证出其重要价值。

同行评议的公正性对于政府资助科学研究的机构来说具有十分重要的意义。一方面，公正的评议是保证好的研究及研究者得到资助的重要前提之一；另一方面，实行公正的评议也是科学共同体和公众对政府资助活动提出的基本要求。要寻求保障和提高同行评议公正性的途径，首先必须分析评议公正性的影响因素。例如，在评议过程的哪些环节可能出现不公正的情况？构成评议过程中非个人的因素及其结构是否会影响评议的公正性？评议专家的个人偏见和利益冲突等因素如何影响评议结果？资助机构的宏观政策和资助环境又会对评议的公正性产生哪些影响？如此等等。只有明晰这些因素，才有可能提出具有针对性的政策措施，并建立起相关的保障制度体系。以下对影响同行评议公正性诸因素的理论分析将从评议本

---

① 英国研究理事会咨询委员会（ABRC），同行评议 —— 同行评议调查组给研究理事会咨询委员会的报告，国家自然科学基金委员会政策局译，1992 年，p. 79。
② 李扉南、陈浩，将程序正义引入学术评审领域的探讨，科研管理，2003（1）：34-39。

身和评议之外两方面展开，因为来自评议本身的因素对评议公正性产生的影响是直接的，而来自评议之外的因素则可能以间接的方式产生影响。另外，对评议本身公正性影响因素的研究又将从制度性的与非制度性（亦即个人性）的两类因素入手，因为区分这两类因素是必要的：制度性因素是内生的，与评议过程共生共存，构成评议活动的一部分，由此产生的不公正性不可能完全消除，只能在评议过程之外寻求修正与弥补不公正性的政策措施；而个人性因素并非同行评议制度本身所固有，解决由此产生的不公正性相对较容易，可以通过事前的预防性政策和事后的监督制度加以防范和解决。

一、影响同行评议过程的制度性因素

经济学中新制度学派的代表人物之一诺斯指出，"制度是社会的博弈规则，或更严格地说，是人类设计的制约人们相互行为的约束条件"[①]。依循对制度的这一看法，如果将评议专家的个人行为对评议公正性产生的偶然性影响看做是非制度的个人性因素（individual elements）的话，那么，可以将评议过程中所"设计的"用以制约评议的"约束条件"视为影响评议公正性的制度性因素（institutional elements）。评议内容、评议准则和评议程序及方法等是同行评议的重要约束条件，规定与约束着同行评议各要素间的相互关系。如果将同行评议视为一个大的系统，这三个约束条件可构成其子系统，而在每个子系统中都存在影响同行评议公正性的制度性因素。

评议内容是评议组织者要求评议人对评议的对象或客体所做出的判断及描述，是同行评议活动的重要构成要素。对于资助机构而

① 道格拉斯·C. 诺斯，制度、制度变迁与经济绩效，刘守英译，上海：上海三联书店，1994 年，p.3。但此处的译文转引自青木昌彦，比较制度分析，周黎安译，上海：上海远东出版社，2001 年，p.6。

言，"同行评议"顾名思义是由评议组织者选择与申请人研究领域一致的合适的科学家同行，对申请人提交的项目申请书内容进行评议。然而，是否所有研究领域的项目申请都能找到真正意义上的"同行"？即使有同行，他们对何谓优秀的研究项目和研究者的判断能够达到一致吗？吉本斯指出，同行评议方法特别适宜于这样的研究领域：第一，得到充分发展的研究领域，且拥有世界范围内的学术共同体和结构分明的科学奖励系统；第二，其科学问题（或有价值的工作）是由研究共同体本身所决定的研究领域。① 这样的研究领域往往也是其发展阶段处于库恩所说的常规科学时期的领域，如果不是在常规科学时期的研究领域，可能就不适合采用同行评议的方法，因为在一个处于科学革命时期的研究领域（往往表现出学科交叉研究或未取得共识的研究特征）是很难找到真正的同行的。史蒂芬·科尔（Stephen Cole）认为，根据"科学共识是否存在"可以将知识分为核心知识和前沿知识，核心知识"由一小组理论、分析技术以及在任何时间内都已确定的事实组成"，前沿知识"是由某个研究领域内所有活跃成员的工作组成的……包括了所有新产生的知识"，这两者通过评议过程连接在一起。② 由于核心知识"具有被普遍认可的特征，科学家们将其正确性视为理所当然的，并将其作为他们研究的出发点"，而"在前沿知识中，面对同样的经验事实，不同的科学家会得出不同的结论"。③ 因此可以这样理解，在核心知识领域容易找到同行，而前沿知识领域很少能有同行。科尔兄弟等在20 世纪 70 年代后期和 80 年代初为美国国家科学院科学与公共政策

---

① M. Gibbons, Methods for the evaluation of research, *International Journal of Institutional Management in Higher Education*, 1985 （9）：79 – 85. see Fiona Quality Wood, *The Peer Review Process*, Canberra：Australian Government Publishing Service (Australian research Council, National Board of Employment, Education and Training, Commissioned Report No. 54), 1997, p. 11.

② 史蒂芬·科尔，林建成、王毅译，科学的制造，上海：上海人民出版社，2001 年，pp. 19 –20。

③ 同上，p. 21。

委员会（COSPUP）所作的关于 NSF 同行评议的实证研究也表明，评议人对同一申请作出不同评价是常有的事情[①]；科尔兄弟等结合自己的研究和其他科学社会学研究的结果指出，在所有的科学领域，同行专家对"何谓好的研究工作、谁在做好的研究工作、什么研究具有发展前景"等问题的看法都相当不一致。他们甚至下结论说，具体的项目申请最终是否得到资助，其命运大约一半取决于申请书的质量及申请人本身的特性，而另一半则显然取决于随机因素，即评议组织者"抽取评议人的运气"[②]。

评议准则是资助机构指导评议人进行评议的一套政策性条款，在同行评议活动中起导向性作用。从评议准则来看，由于科学研究本身的质量难以用定量指标进行描述与界定，因此即使再明确的评议准则也会具有相当的弹性，加之同一套准则中的不同条款在可度量性方面存在差异，导致评议人对评议准则的理解和把握也具有相当的灵活性。正因为如此，可以将同行评议视为一种组织化程度较低的活动，组织者针对该活动而建立的正式制度（如条款式的评议准则）实际上并不能很好地奏效，真正起作用的往往还是科学共同体的非正式制度（包括学术价值传统和研究范式及习惯等）。以 NSF 于 1981—1997年间制定的四项关于同行评议的一般性准则（不考虑针对专门计划项目提出的特殊评议准则）的实际执行情况调研结果为例，当时的评议准则包括四个方面，即：申请人的研究能力、研究的内在价值、研究的实用性或解决社会性问题的相关度、对科学和工程学事业基础产生的长远影响。NSF 针对上述准则的使用状况对参与评议工作的科学家进行调研的结果发现，由于这四个方面的评议准则缺乏进一步的清晰界定，评议人对各项准则的使用既不统一也不平衡，使用最多的是前

---

① 斯蒂芬·科尔、里昂纳德·鲁宾、乔纳森·科尔著，中国科学院科学基金委员会译，美国国家科学基金会的同行评议，中国科学院科学基金委员会办公室，1985 年 9月，pp. 86-89。

② Stephen Cole, Jonathan R. Cole, Gary A. Simon, Chance and Consensus in Peer Review, *Science*, 1981, 214（20）：881-886.

两项准则，而后两项准则的使用者还不到一半；而且，即使在使用较多的两项评议准则中，评议人也会采用灵活的标准（而其灵活性恰恰与研究共同体的学术文化、评议人的个人偏好等因素有着很大的关系）。①事实上，在上述四项准则中，只有申请人的研究能力是最容易判断的，其可衡量的主要指标包括申请人的受教育背景、研究业绩、所在机构等等较为"硬性的"指标，也是评议人在评议中最易于加以考虑的。然而，评议人对使用这一方面准则的"偏爱"却会导致同行评议中的"马太效应"（Matthew effect）和"光环效应"（halo effect）②，其负面影响会进一步产生所谓的"系统性偏向"（systematical bias），不利于年轻人和不知名机构的申请人获得资助。总之，从本质上讲，由于科学本身的复杂性与不确定性，所谓的"客观"标准是不可能存在的，这样就为评议的不公正性提供了条件。

从评议程序及方法来看，由于评议人的打分方式以及评审会的投票规模和投票方法等存在差异，会产生不同的评议结果。第一，从打分情况看，有的评议人倾向于打出较高的分，而有的人却倾向于打较低的分，如果资助机构的管理人员仅仅以评议分数作为唯一的决策标准的话，将会产生不公正的结果。有研究指出，在允许申请人自己推荐评议人时，由申请人推荐的评议人对该申请的打分往往高于单纯由资助机构指派的评议人的打分③，其原因除了可能是人际关系等因素起作用以外，也可能是由于前者对申请人个人及其研究的熟悉程度高于后者的缘故。一些政策研究人员还注意到，在某些研究领域出现了可能是出于学科保护目的的评议打分过高的现象。④第

---

① National Science Board, *National Science Board and National Science Foundation Staff Task Force on Merit Review*（Discussion Report），NSB/MR-96-15，1996.

② "马太效应"是指申请人过去的业绩所带来的积累优势易使其项目申请在评议中获胜；"光环效应"是指来自知名大学或研究机构申请人的项目申请在评议中占有优势。

③ Fiona Q. Wood, *The Peer Review Process*，Canberra：Australian Government Publishing Service（Australian research Council, National Board of Employment, Education and Training, Commissioned Report No. 54），1997，p. 23.

④ 同上，p. 29。

二，从评审会议的组织情况看，在评审会中，不同的会议规模和评审会专家的组成也会影响评议结果。常见的情形是，与规模较小的会议相比，出席专家较多且其代表的方面较多、规模相对较大的评审会最终遴选出来的项目申请，更能体现学术的多样性，同时，对创新性较强的项目更为有利。第三，从投票方式看，不同的投票方法同样会影响评议结果。采用选优式（即择优选出各人认为优势明显的项目）的投票方法，对创新点突出的项目申请有利，而采用排除式（即排除竞争力较弱或不具备竞争力的项目）的投票方法，则对风险性小的无争议的项目申请有利。[①] 根据笔者于 2001 年对 NSFC 面上项目评审会的观察，也可看到部分类似的现象。在专业覆盖面较广且专家的学科背景复杂的学科评审组评议会上，个别专家提出的专业性很强的意见往往能够影响其他领域专家的投票倾向，从而在评议中起到某种决定性的作用。这一现象对同行评议公正性的影响应该说有积极的和消极的两个方面，其积极的影响是对一些创新性强的项目申请起到了保护作用，但消极的影响是给一些可能质量不高的项目提供了资助机会。

由这些制度性因素带来的不公正性被认为是同行评议固有的内在缺陷，科学界对同行评议的批评往往集中于此，而且，由于此类问题又常常与更大范围的资助环境密切相关，因此解决起来更加复杂和困难。此外，许多批评者还指出，同行评议的保密性也为评议人滥用权力造成的不公正提供了制度上的可能性。[②]

二、影响评议过程的非制度性因素

正如雷斯蒂沃对默顿的理论预设所解释的那样，尽管科学作为

① Liv Langfeldt, The Decision-Making Constraints and Processes of Grant Peer Review, and Their Processes of Grant Peer Review, and Their Effects on the Review Outcome, *Social Studies of Sciences*, 2001, 31 (6): 820 – 841.

② Fiona Q. Wood, *The Peer Review Process*, Canberra: Australian Government Publishing Service (Australian research Council, National Board of Employment, Education and Training, Commissioned Report No. 54), 1997, pp. 24 – 25.

一个制度化的社会领域具有一套特殊的行为规范，但在其运行过程中，科学仍然通过科学家"个体的多重地位和角色"而与其他社会领域"相互联系"[①]，亦即，科学以外的价值以及利益等因素也会在科学活动中通过作为行动者的科学家等相关者的行为而产生影响——影响可以是正面的，也可以是负面的。具体对于同行评议而言，除了上述制度性因素以外，评议人和评议组织者的个人因素等非制度性因素，也会对同行评议公正性产生较大的影响，其中，人际关系、个人偏见、不端行为和评议中的利益冲突等是最为显而易见的个人性因素，由此造成的评议不公正不仅是科学界关心的问题，也是来自科学界之外的政府部门和社会公众最为关注的问题。不过，此类因素造成的评议不公正并不能代表同行评议本身的缺陷，而是由评议人以及其他评议相关方的过错所导致的。

在 1975 年美国国会组织的对 NSF 同行评议调查中，对同行评议最激烈的批评莫过于指责人际关系对评议公正性的损害。在听证会上，国会议员康兰（John B. Conlan）宣称，同行评议是一个由"老朋友关系网"所主导的"精英分子系统"。他痛斥道："从 NSF 提供给我的研究材料获悉，这就是一个'老朋友系统'，（NSF 的）计划官员依靠他们所信任的学术界朋友来评议项目申请，这些朋友又推荐他们的朋友成为评议人……这是一个近亲繁殖的'关系网'，常常扼杀新思想和科学突破的产生，同时，又在训练（科学家）筹款本领的垄断游戏中瓜分着联邦政府数以百万计的研究和教育经费。"[②]我国的同行评议公正性研究文献几乎无一例外地注意到人际关系对评议的影响，正如有研究指出的那样，在我们这个"人情超级大国"，"人情关系网是同行评议制必须超越又难以超越的一道坎"。[③]

---

① 萨尔·雷斯蒂沃，科学论的理论景观，载：希拉·贾撒诺夫、杰拉尔德·马克尔、詹姆斯·彼得森、特雷夫·平奇主编，盛晓明、孟强、胡娟、陈蓉蓉译，科学技术论手册，北京：北京理工大学出版社，2004 年，p. 76。

② Stephen Cole, Leonard Rubin and Jonathan R. Cole, Peer Review and the Support of Science, *Scientific American*, 1977, 237（4）：34−41.

③ 陈进寿，从人际关系谈同行评议制的改进，中国科学基金，2002（3）：182—184。

2003 年 5 月，科学技术部联合五部委颁布的《关于改进科学技术评价工作的决定》列数我国科技评价中存在的主要问题，其中"重人情拉关系、本位主义等现象，影响了评价工作的客观性与公正性"就列在了突出的位置。[①]但从根本上讲，人际关系网对同行评议公正性的影响应该说只是一种现象，其深层次的原因在于评议中的个人偏见、利益冲突以及不端行为对公正性的影响。

评议人及相关人员以个人偏见（或自己的主观倾向）以及不端行为影响到对项目申请的判断，不仅违背了科学家作为一个社会中的个人所应遵循的平等待人的行为规范，而且也背离了其作为科学共同体中的一员所应遵循的"普遍性"科学规范。个人偏见可以包括年龄、性别、民族（或种族）、声望、学术地位、工作单位等偏见，也可以是对学术观点、研究内容、研究方式等方面的偏见。前一种偏见很普遍，也容易理解，但后一种偏见则较为隐蔽。有研究指出，在学术期刊对论文（尤其是生物医学等领域）的评议中，评议人和期刊编辑的"偏爱"让有数据支撑的重要研究结果以及正面性的研究结果发表，而且对检验已有科学发现得到的研究结果也不感兴趣，其结果是影响和压制了科学家开展多种形式的探索性研究，也不利于纠正已有科学知识中可能存在的错误。[②]楚宾等对美国国家癌症研究所同行评议的实证研究表明，在受访者所认同的同行评议的各种危害与偏见中，对非正统研究或高风险研究的偏见排在首位，同意的受访者达 60.8%，其他影响公正性的因素依次是："老朋友关系网"（39.5%），对不知名大学或特定的区域的偏见（33.7%），评议人剽窃申请书的内容（32.1%），对年轻人的偏见（16.6%），以及性别和/或种族偏见（4.9%）。[③]在这里，"评议人剽窃申请书的内

① 科学技术部等，关于改进科学技术评价工作的决定，2003 年 5 月 7 日。

② Juan Miguel Campanario, Peer Review for Journals as It Stands Today, Part I, *Science Communication*, 1998, 19 (3): 182 – 211.

③ Daryl E. Chubin and Edward J. Hackett, *Peerless Science: Peer Review and U. S. Science Policy*, New York: State University of New York Press, 1990, pp. 65 – 66.

容"显然属于科学不端行为，利用项目评议中的学术权力挟私报复或谋取私利更是严重的不端行为，其本身就具有严重的不公正性。产生这种状况的原因之一，可能是因为科学是一个存在"严重的信息不对称"的领域，科学研究的专业性和不确定性使得其质量难以精确评价，因此，如果不是严格意义上的同行，人们很难对评价人评价活动背后的动机作出判断，尤其是在学术规范和学术制度不健全的情况下，这样一种不公正的现象就越容易产生且越难以为外人所察觉。①

利益冲突是可能影响同行评议公正性的另一个重要因素。NSF的总监察长办公室对利益冲突的定义是："当潜在的利益危及或可能危及一个人不偏不倚地执行其义务时将会产生的冲突。"②将此定义延伸到同行评议中来，可以认为评议中的利益冲突是指可能影响评议人或其他相关人员公正地进行评议的各种利益所带来的冲突。同行评议的利益冲突可以有多种类型，如经济利益冲突、职责冲突、人际关系冲突等，既有直接利益冲突也有间接利益冲突，对于危害不同的利益冲突，可采取不同的防范措施。③无论在发达国家还是在发展中国家，同行评议中的利益冲突问题都引起了越来越多的关注。随着科学研究深度和广度的拓展，科学活动越来越多地渗入到社会的方方面面，反过来，社会的方方面面也渗入到科学活动之中，况且，在不断涌现的前沿知识领域和学科交叉研究领域，真正的同行本来就很难找到，面对有限的同行专家资源，评议中的利益冲突问题日渐突出。特别是在发展中国家，除了上述原因之外，由于其科学共同体的规模相对较小，科学研究规范尚不健全，研究经费更加紧张，因此，同行评议中的利益冲突更加严峻。应当指出的

---

① 参见周雪光运用制度理论对学术界"导师崇拜"现象的分析。周雪光，组织社会学十讲，北京：清华大学出版社，2003年，pp. 278-281。

② OIG, *Conflict of Interests Consideration*, http：//www. oig. nsf. gov/coi. pdf.

③ 周颖、王蒲生，同行评议中的利益冲突分析与治理对策，科学学研究，2003（3）：298-302。

是，利益冲突本身还不是一种行为，而是一种状态和倾向，是产生不公正的一个可能因素，如果处理恰当，利益冲突并非必然导致不公正。但是，由利益冲突产生的不公正一旦发生，将造成多方面的危害，尤其是在当事人明确意识到冲突的存在而故意不公正时，其产生的不端行为或不道德行为是对"无私利性"科学规范的严重践踏，因此，解决利益冲突问题还是应该从源头加以防范，以避免产生多方面危害的结果。无论当事人是否意识到利益冲突，由利益冲突造成的不公正的危害都是多方面的：首先是对申请人及其研究的危害，其次是对申请人、评议人和资助机构之间"契约"与信任关系的危害，最后是对整个科学事业的危害。因此，对评议中利益冲突的防范与治理，是科学资助机构的重要任务之一。

三、资助环境及评议条件等因素对评议公正性的影响

以上分析的是在同行评议过程中的诸因素可能对公正性产生的影响，但如资助环境与评议条件等外在于同行评议过程的因素，也会对评议的公正性产生影响。正如科学政策专家所指出的那样，"同行评议的根本问题植根于更大的背景之中，稀缺的研究资源的分配、科学家职业生涯发展与流动的模式、现代科学的社会组织方式以及科学与社会之间的联系，都对同行评议产生很大的影响"。[①]

在任何时候，包括同行评议的运行、优先领域的确定等在内的资源分配都是资助机构面临的核心问题。事实上，有研究指出，"不太紧张的资源"是理想的同行评议系统应具备的前提条件之一。[②]在经费充

① Daryl E. Chubin and Edward J. Hackett, *Peerless Science: Peer Review and U. S. Science Policy*, New York: State University of New York Press, 1990, p. 79.

② M. Gibbons, Methods for the evaluation of research, *International Journal of Institutional Management in Higher Education*, 1985 (9): 79 – 85. see Fiona Q. Wood, *The Peer Review Process*, Canberra: Australian Government Publishing Service (Australian research Council, National Board of Employment, Education and Training, Commissioned Report No. 54), 1997, p. 11. 吴述尧，科学进步与同行评议，中国科学基金，2002 (4): 240 —243。

裕的情况下，创新性强和风险性高的项目申请较易获得资助，而经费紧张则不利于此类项目，即便评议人希望支持此类项目，似也无能为力。评议人这样陈述其苦恼："……在（经费紧张的）这些情况下，即使想做到完全客观的最公正的评议人，在下述两种情况下也面临着可以理解的困境：（1）值得资助的申请远比能够得到资助的申请多；（2）学术声望很好的申请人也常常遇到资助困难。因此……在经费紧张的今天，同行评议不能产生出其原本希望的结果。"[①] 紧张的资源会"放大"同行评议的"制度性缺陷"，使创新性项目申请面临更为不利的竞争局面，从而对此类项目申请人构成不公正。就科学资助机构而言，决定资源是否充裕的因素除了经费总量之外，还有项目申请的总量，因此，资助率（即获得资助的申请数与总申请数之比）是衡量资助机构经费水平的另一个重要指标。如果资助率长期偏低，不仅会使好的研究得不到资助，而且会挫伤申请人的积极性，甚至会导致申请人造假、评议人不公等现象增多。此外，需要提及的是，资助机构制定的优先领域也会对同行评议产生一定的影响。有些科学家担心优先领域会影响评议的公正性，认为强调对某些研究领域和申请对象予以倾斜的政策，会改变项目申请的实际评议准则，使之偏离学术标准，但也有政策专家认为，正是必要的倾斜政策，使得资助活动在不同的研究领域、学术共同体、科学家的年龄及地域等分布上达至平衡，从而实现了科学资助活动在整体上的公正性。[②]

　　申请人的行为及申请书的质量、评议组织者与评议人之间的互动、评议人对评议成本的权衡以及评价文化等等，是评议环境的重要组成部分，往往会间接影响评议的公正性。第一，从申请人方面来看，一些申请人提交的申请书含有虚假不实之处，包括编造个人

---

① Daryl E. Chubin and Edward J. Hackett, *Peerless Science: Peer Review and U. S. Science Policy*, New York: State University of New York Press, 1990, p. 72.

② Fiona Q. Wood, *The Peer Review Process*, Canberra: Australian Government Publishing Service (Australian research Council, National Board of Employment, Education and Training, Commissioned Report No. 54), 1997, p. 58.

简历和研究成果等，造成了对其他申请人的不公正。NSFC 监督委员会近年来处理的学术不端行为中的多数属于此类情况。一些申请书篇幅太长，增加了评议人的工作量，或申请书撰写不规范、叙述不清晰、质量不高，影响评议人作出公正的判断。第二，从评议组织者与评议人之间的互动来看，如果评议组织者给评议人进行评议的时间限制得太短，或在一定时间期限内要求其评议的申请书数量太多，会使评议人无法高质量地完成评议工作。另外，由于高水平的科学家通常身兼数职，工作繁忙，在指定的时间内常常难以完成评议工作，而尤其是当通信评议还不是评议的最终环节时，更不足以引起一些专家的兴趣，因此近年来通信评议人的拒评率逐年上升，给资助机构组织公正而负责任的评议工作造成了很大的困难。第三，从评议人方面来看，评议人在评议成本和评议公正性之间，可能会作出放弃公正性的选择。朱哈兹（S. Juhasz）等对学术期刊论文同行评议的研究指出，当评议需要花费较多时间和精力，而评议人又不愿意拒绝重要学术期刊主办方的要求时，有时就会将评议工作转交给其助手，从而影响评议质量和评议公正性。[①]在笔者参加的对 NSFC 同行评议的调研中，有不少受访者也批评了这种"转包"现象，指出尤其是当评议人收到需评议的项目申请较多时（最多可超过 100 项），这一情况很容易发生，甚至还有专家将申请材料交给学生评议，严重违反了评议程序，影响了评议质量，造成了评议不公正。另外，在学术规范不健全以及学术批评不普遍的评价文化氛围下，评议人常常不愿意表达批评性的评议意见，特别是在评审会上，评议人公开质疑一些申请书中的学术问题并展开辩论的情形尚属少见，其结果是有可能让存在严重问题的项目申请得到资助。从某种意义上讲，这也是另一种形式的不公正。

---

① S. Juhasz, E. Calvert, T. Jackson, D. A. Kronick and J. Shipman, Acceptance and rejection of manuscripts, *IEEE Transactions on Professional Communication*, 1975（18）：177 – 85. see Juan Miguel Campanario, Peer Review for Journals as It Stands Today, Part I, *Science Communication*, March 1998, 19（3）：182 – 211.

第二节 NSF 同行评议公正性的政策与制度保障

NSF 是世界上最早确立以同行评议为运行机制的政府科学资助机构之一。在过去的半个多世纪里，NSF 通过不断规范与改进其同行评议这一最重要的制度，在力求使最好的研究及研究人员得到资助的前提下，既充分尊重与维护科学及科学共同体的自主性，又力图保证政府资助的科学研究更好地服务于国家与社会需求，发挥其作为政府与科学界之间桥梁的作用。

为了实现同行评议的公正性目标，目前针对由评议中的个人性因素产生的不公正，NSF 已建立起一整套相对较为成熟的规范与制度，在解决由评议的制度性因素产生的不公正方面，NSF 也逐步实施了一些有效的政策与措施，并通过不断改善整体资助环境及评议条件，为实现评议的公正性创造条件；而且，美国政府的其他相关机构（如国会和审计总署等）对 NSF 同行评议的评估与监督，也构成了其评议公正性的外部监督机制。正是这些既相互制约又相互配套的政策与制度，以及产生于美国特定历史文化背景中的科学传统与评价文化，在 NSF 保障同行评议公正性方面发挥着重要作用。

一、规范与制约同行评议公正性的政策

NSF 对同行评议的组织、评议人选择、评议结果审核、申请人申诉等环节的管理，以及对评议人和其他相关人员（如计划官员）基本职责与行为规范的制定等，是实现评议公正性的重要基础。

在本书第二章 NSF 项目从申请到批准的流程图中可以看到，其组织同行评议的一般程序是：发布申请指南与项目指南→计划官员受理项目申请→选择评议人→向评议人发放评议指南和申请材料进行评议（或采用通信评议，或采用会议评审，或两者兼有）→审查评议结论并提交科学处主管审核→预算、财务与项目管理局的项目

处审核并向申请人通知资助决定。从程序上讲，尽管评议人的评议活动是独立的，但 NSF 在选择评议人、审查评议结论、最后作出资助决定等若干环节上，都有一系列可以制约评议活动的制度措施，以防止评议中的不公正。例如，评议人可以写出自己的评议意见，但计划官员必须在对这些意见进行取舍和综合的基础上作出自己的判断；与此同时，计划官员的评议结论也还不是最终的结论，而要提交其上级主管（即科学处主管）进行审核。另外，评议结论还不等于资助决定，最后的资助决定要由职能部门对各科学部的资助建议进行综合平衡和审核之后才能得出。而且，由于 NSF 实行了向申请人反馈评议意见的制度，如果申请人对评议意见及资助决定存在异议，还可提出申诉，要求重新组织评议。

从理论上讲，评议人的数量越多，其中某个人的意见所起的主导作用越小，但人数越多，评议成本越大，因此必须在评议的质量与成本之间寻求平衡。NSF 规定了每份申请所要求的有效评议的数量至少为 3 份，但实际上，每个项目的评议数量都超过了 3 份（见表 4.1），这在一定程度上保证了评议的公正性。

表 4.1　2005 财年各资助部门以各种方式评议项目申请的平均评议数

		评议方式				不经外部评议	不经评议退回	撤回申请
		所有评议方式	函评加会评	仅函评	仅会评			
NSF	评议人数	246273	108591	15552	122130	1412	1237	398
	申请数	40310	13919	3656	22735			
	评议数/申请书	6.1	7.8	4.3	5.4			
BIO	评议人数	38498	32807	243	5448	210	288	57
	申请数	6265	4913	56	1296			
	评议数/申请书	6.1	6.7	4.3	4.2			
CISE	评议人数	26470	2528	360	23582	192	85	39
	申请数	5046	411	95	4540			
	评议数/申请书	5.2	6.2	3.8	5.2			
EHR	评议人数	23348	493	332	22523	37	106	6
	申请数	3662	88	95	3479			
	评议数/申请书	6.4	5.6	3.5	6.5			

		评议方式				不经外部评议	不经评议退回	撤回申请
		所有评议方式	函评加会评	仅函评	仅会评			
ENG	评议人数	42066	2511	854	38701	341	408	49
	申请数	8351	416	210	7725			
	评议数/申请书	5.0	6.0	4.1	5.0			
GEO	评议人数	43331	37284	2793	3254	126	30	50
	申请数	4550	3488	585	477			
	评议数/申请书	9.5	10.7	4.8	6.8			
MPS	评议人数	40634	11788	8200	20646	228	164	120
	申请数	6855	1542	1872	3441			
	评议数/申请书	5.9	7.6	4.4	6.0			
OCI	评议人数	529	19	73	437	23	0	4
	申请数	93	3	14	76			
	评议数/申请书	5.7	6.3	5.2	5.8			
OISE	评议人数	3206	1310	1073	823	103	28	29
	申请数	719	165	332	222			
	评议数/申请书	4.5	7.9	3.2	3.7			
OPP	评议人数	5060	3695	1046	319	51	4	6
	申请数	765	461	249	55			
	评议数/申请书	6.6	8.0	4.2	5.8			
SBE	评议人数	23040	16156	546	6338	101	66	38
	申请数	3988	2432	139	1417			
	评议数/申请书	5.8	6.6	3.9	4.5			
其他	评议人数	91	0	32	59	0	58	0
	申请数	16	0	9	7			
	评议数/申请书	5.7	无	3.6	8.4			

注释：(1)"不经外部评议"项目包括获资助和未获资助的小额探索性研究项目和学术研讨会项目；"不经评议退回"项目和"撤回申请"项目则包括既未获资助也未被否决的项目。

(2)"所有评议方式"中的数据不包括"不经外部评议"项目的相关数据。

(3)"仅会评"一栏的数据包括评议会意见总结。2005 财年，评审会意见总结数为 38331 份。

(4)既参加函评又参加会评评议同一项目申请的专家在本表中仅计为一份评议。

(5)"其他"中包括交叉活动办公室。

来源：*FY 2005 Report on the NSF Merit Review System* .[①]

　　除了在评议程序上的制约机制外，对评议人及评议组织者的行为规范与制约，是维护评议公正性的关键所在。先看对评议人的要

---

① National Science Board，*FY 2005 Report on the NSF Merit Review System*，NSB-06-21，March 2006，p.35.

求及对其行为的规范与制约。NSF 对选择评议人的要求是：在所评议的领域具有专长；没有利益冲突；客观公正；评议人在学术生涯的不同阶段，在研究机构的不同类型和地域分布，在研究及研究人员的多样性等方面的平衡。评议人的来源是多方面的，可以由申请人提出建议（建议可以评议和不可以评议的专家），也可以来自项目官员自己的了解，还可以来自 NSF 评议专家库、受资助专家库以及互联网（如检索网站 google）和图书馆系统。[①]当评议人收到需要评议的申请材料的同时，也会收到 NSF 的评议须知和"利益冲突与保密声明"。评议须知包括评议准则、利益冲突提醒、保密义务提醒以及 NSF 承诺对评议人姓名、身份和所在机构予以保护等内容。这样一份须知既对评议人的行为进行了规范与制约，同时也鼓励评议人更加客观公正地表达批评性意见。有的计划官员还对参加本计划领域通信评议的评议人提出了更加具体的要求，以减少评议意见的灵活性。例如，要求评议意见不得少于半页到一页，说明详细陈述其优缺点的评议意见尤其受欢迎，并且还提醒评议人，不要对自己非常熟悉的领域的申请打分过高或过低，如果对所评申请不完全熟悉，可以只对其中自己最熟悉的部分进行评议，但要写出具体理由，等等。[②]

参加项目评审会的评议人也必须签署"利益冲突与保密声明"，表示自己已仔细阅读了该声明所列数的 3 类 17 种可能的利益冲突及处理办法（若发现有利益冲突，必须告知 NSF 计划官员），声明没有利益冲突，并同意为申请书和申请人信息保密。NSF 列举了 3 类可能存在的利益冲突：第一类是评议人与申请人所在机构的关系，共 10 种，如雇佣关系、顾问关系、师生关系等；第二类是评议人与

① National Science Board, *FY 2005 Report on the NSF Merit Review System*, NSB-06-21, March 2006, p. 14.

② Program of the Industrial Innovation and Partnerships (IIP), *Instructions for NSF SBIR/STTR Commercial Reviewers*, http://www.nsf.gov/eng/iip/sbir/commreviews.jsp.

申请人或与之相关的人员之间的直接关系，共 5 种，如家庭成员、业务伙伴、学位论文导师或学生等；第三类是评议人与申请人之间的间接关系（如评议人的配偶与申请人的关系等）或其他关系（如评议人与申请人之间个人私交密切），共两种。[①]

在 NSF 的项目评议活动中，计划官员起到了决定性的作用。计划官员不仅为每一份申请指派评议人，而且还审查与综合评议人的意见，并作出评议结论。虽然从程序上讲，计划官员的评议结论还需上报科学处主管，但一般情况下计划官员的意见不会遭到反对，往往就是最终的结论。因此，在同行评议的组织工作中，计划官员的学术水平是最为关键的，其管理方面的能力也很重要，包括其对 NSF 总体战略和各项政策（特别是资助政策）的理解和把握，对学术界的熟悉程度，对所资助领域内各机构的研究能力，甚至对评议意见字里行间所传达的微妙信息的领悟，等等。NSF 对计划官员的职责要求，也是围绕学术和管理这两个方面制定的。为了保证计划官员的学术判断力，NSF 要求其计划官员必须具有相关专业的博士学位，必须在所管理的学科领域内具有很丰富的教育背景和科学研究（或科研管理）经历。例如，NSF 于 2007 年 2 月 6 日发布的地球科学部海洋科学处计划官员的招聘启事，对其候选人的资格要求是，必须具有海洋地球科学、海洋工程或相关学科领域的博士学位，或在上述领域具有同等经历，同时还要具有 6 年或以上科研与科研管理以及/或者与该职位相关的成功的管理经历。招聘启事明确了该职位为"轮换者"职位，聘期为一两年，可以是访问科学家，也可以通过 IPA 聘任。[②]

NSF 特有的人事制度为保证计划官员的学术高水平创造了条件。NSF 的计划官员可以是永久职位的，也可以是非永久职位的。

---

① National Science Foundation, *Conflict-of-Interests and Confidentiality Statement for NSF Panelists*, NSF-Form-1230P（2/04），2002.

② National Science Foundation, *Job Announcement Number*：*E20070042-Rotator*, Posted：February 6, 2007.

聘用非永久职位计划官员的途径有 3 种：一是临时聘用人员，二是根据政府间人事法（IPA）聘请的来自其他政府机构、大学、研发中心等的兼职人员（一般聘期为两年，至多不超过 4 年），三是聘期不超过 3 年的访问科学家、工程师和教育家（VSEE）。2005 年这些非永久职位人员已占到计划官员总人数的近一半（49%），NSF 认为，正是这些非永久性职位的计划官员给基金会带来了新思想和新视野。NSF 还设有 35 个科学助理（science assistant）职位，专门在同行评议和资助决策的过程中协助计划官员工作，从某种意义上也可看做是对计划官员的一种监督和制约。①

二、监督与评估同行评议公正性的制度

对 NSF 同行评议的监督主要是通过设立多渠道的监督机制和实行多层次的制度化评估来实现的，旨在为评议建立多道"警戒线"和多层"防火墙"，以此保障评议的公正性。

NSF 同行评议的监督机制除了以上提到的在评议过程中计划官员监督评议人、科学处主管监督计划官员之外，还有在评议过程之后的监督。例如，申请人对评议人和评议组织者的监督主要通过向申请人反馈详细的评议意见以及引入申请人申诉机制等方式来实现，这一方式已得到其他一些国家类似机构的效仿。

在此要着重介绍的是 NSF 的特殊机构——总监察长办公室（OIG）对同行评议中不公正行为的监督与处理。根据美国的法律，每个联邦机构都必须设有独立的 OIG，负责开展客观的审计、调查、监察与评估，并对欺骗、浪费与滥用行为进行检查与防范。如第二章所述，NSF 的 OIG 成立于 1989 年，其法律地位与 NSF 相同，由总监察长领导，直接向国会和 NSF 的决策部门 NSB 负责。根据法律，OIG 具有对 NSF 各类项目申请与资助、各部门职能与作

① National Science Board, *FY 2005 Report on the NSF Merit Review System*, NSB-06-21, March 2006, pp. 22 – 23.

用、各系统（其中包括同行评议系统）状况与运行等各方面进行监督与监察的权力与责任。OIG 每年都收到来自各方面的投诉和举报，有不少涉及评议人违反同行评议中有关利益冲突和保密的规定。OIG 会通过严格的调查程序，在查实后向 NSF 提出处理建议，并在每半年向国会提交的报告中公开处理建议及其依据。例如，对于不遵守利益冲突的相关规定而剽窃他人申请书的评议人，OIG 建议 NSF 在对其进行批评后，根据情节轻重分别处以不同的惩罚：有的要求在未来几年提交申请时同时提交证明并保证其中不含剽窃材料的书面说明，有的禁止在未来几年之内申请联邦政府的科研经费，有的不得在未来几年之内担任联邦机构的评议专家，等等。

评估 NSF 同行评议的运行状况是对其进行监督的重要手段。对 NSF 同行评议的评估有不同的层次，各学科/计划的同行评议评估由 COV 承担，每三年一次，并向各科学部及资助部门的 AC 汇报；NSF 范围内同行评议系统的全面评估每年进行一次，由 NSF 向 NSB 提交报告，本研究中涉及的许多关于 NSF 同行评议方面的数据，就是来自于近年来的《NSF 价值评议系统报告》；美国审计总署（GAO）则不定期地将 NSF 同行评议状况与其他的联邦科研资助机构进行比较性评估，并将评估结果提交国会。

COV 对各学科/计划的同行评议评估主要集中在一些具体细节问题上，如：计划官员的工作量是否太大？是否有足够的时间处理项目申请？评议人的评议态度是否认真？打分是否合适？打分等级与文字评议的内容是否相称？对学科交叉项目的评议是否恰当？向申请人反馈的评议意见是否详细？另外还要针对一些问题提出解决的建议；NSF 的同行评议系统年度报告则是对同行评议整体状况及运行的评估，包括 NSF 每年的申请和资助概况（申请项目数、资助项目数、资助率、资助强度、资助项目的部门和机构分布等）、同行评议过程及特点（评议方式的选择、评议准则的执行、评议人的特点、评议打分与资助决定的关系等），以及其他与评议相关的问题，并常常将该年度的情况与以往比较，指出存在的问题与改进的方向。

GAO 受美国国会的委托，也不定期地对 NSF 的同行评议进行评估，评估往往要与其他的联邦科研资助机构的同行评议相比较进行，如 1981 年开展的 NSF 与 NIH 的同行评议比较与评估[①]，1992年起开展的 NSF、NIH 和 NEH 同行评议的比较与评估[②]，1999 年开展的包括 NSF 在内的 12 个联邦机构同行评议的比较与评估[③]。这些评估重在考察同行评议的公正性和有效性，并提出具体的政策建议，NSF 有责任答复建议，包括不同意的理由和同意后拟采取的措施，因此，此类评估对 NSF 的同行评议政策有较大的影响。例如，针对 1994 年 GAO 的调查报告，NSF 由当时的副主任彼得森（Anne Pertersen）博士牵头，专门组织了两个小组研究如何改进同行评议，并直接促成了 1997 年 NSF 对评议准则等方面的重大调整。[④]

三、改善资助环境及评议条件的相关政策

尽管上述种种规范、制约和监督机制及制度为实现同行评议的公正性奠定了制度性基础，但如果资助环境及评议条件对开展有效的同行评议不利，也将很难保证评议人进行公正的评议。因此，NSF 不仅在评议过程中以各种方式防范和监督可能产生的不公正，而且始终致力于改善评议的外部资助环境与评议条件，通过制定有

① GAO, *Better Accountability Procedures Needed in NSF and NIH Research Grant System*, 1981, GAO/PAD-81-29.

② GAO, *Peer Review: Reforms Needed to Ensure Fairness in Federal Agency Grant Selection*, 1994, GAO/PEMD-94-1.

③ GAO, *Federal Research: Peer Review Practices at Federal Science Agencies Vary*, March 1999, GAO/RCED-99-99.

④ James M. McCullough, Changes in the Proposal Review Processes Used by the National Science Foundation (NSF) and the National Institutes of Health (NIH), in Fiona Q. Wood, *The Peer Review Process*, Canberra: Australian Government Publishing Service (Australian research Council, National Board of Employment, Education and Training, Commissioned Report No. 54), 1997, pp. 125 – 141.

针对性的资助政策，扩充评议人队伍，减少评议负担等方面的工作，为同行评议创造良好的外部环境与条件，使更多更好的研究及研究人员得到应有的资助。

2000 年以来，NSF 的资助率一路下滑，从 2000 年的 33% 降至 2005 年的 23%（见表 4.2），这对于 NSF 来说是很大的压力，是对同行评议公正性的最大威胁。在经费紧张的压力下，再加上同行评议本身的"制度性缺陷"，更不利于资历较浅的申请人和创新性强、风险性高的项目的申请获得成功，必须通过有针对性的政策措施才能克服这种偏向。

表 4.2　2000—2005 财年 NSF 项目申请数、批准数与资助率变化情况

年份	2000	2001	2002	2003	2004	2005
申请数/项	29508	31942	35165	40075	43851	41722
批准数/项	9850	9925	10406	10844	10380	9757
资助率/%	33	31	30	27	24	23

来源：FY 2005 Report on the NSF Merit Review System. [1]

NSF 在 1997 年 10 月开始实施的新的评议准则中，取消了过去关于评议"申请人的研究能力"的条款，只要求评议人从项目的"学术价值"和"广泛影响"两方面来评议。在此评议意见的基础上，计划官员还要再以 NSF 的两项战略目标（即推动教育与科研相结合以及促进科学活动多样性）为标准，对项目申请作进一步的评议，尤其是后一项战略目标要求对女性、少数族裔、残疾申请人等予以政策性倾斜。NSF 的统计数据显示，2000—2005 年间在被同行评议评为"优"到"特优"的项目申请中，未得到计划官员资助建议的申请比例都超过了 40% [2]，这一方面说明了竞争的

---

[1]　National Science Board, *FY 2005 Report on the NSF Merit Review System*, NSB-06-21, March 2006, p. 7.

[2]　根据 2000 年以来各年 NSF 的 Report on the NSF Merit Review System 的相关统计数据计算得出。

激烈，但也从另一个侧面说明计划官员在是否以及如何采用专家评议结果方面还是具有一定的灵活性的。事实上，NSF 为了克服同行评议在对待创新性强、风险性高、学科交叉特征显著的研究相对不利的缺陷，采取了一系列的政策措施。例如，自 1990 年起 NSF 每年用资助经费的 5% 设立小额探索性研究项目（small grants for exploratory research，SGER），鼓励科学家开展高风险的探索性研究。此类项目申请不通过同行评议，直接由计划官员审查并决定是否资助。

评议人的广泛性与多样性是保证同行评议公正性的重要基础。2005 年，NSF 的评议专家库超过 30 万人，面对每年 3 万多项的项目申请，参加通信评议的专家在 4.5 万人左右，参加评审会的专家在 1 万人左右，而每年新参加评议的专家都在 0.9 万人左右。同时，NSF 也注意到，目前保证高水平和多方面的同行专家参与评议面临一些困难，特别是近年来通信评议的拒评率一直较高，2005 财年对 NSF 函评要求作出积极回应的外部专家有 60%，虽然比 2004 财年的 59% 和 2003 财年的 58% 略有上升[1]，但 NSF 计划官员难以通过通信评议方式获得评议意见，加大了保证评议公正性和高质量的难度。因此，NSF 甚至在考虑是否改变不给通信评议人发放评议酬金的一贯做法，以鼓励更多的专家参与评议。此外，对评议人和潜在的评议人的教育与培训也是保证评议公正性的重要前提，这方面的工作是由 OIG 负责并与大学合作开展的。

规范申请书的撰写、减少申请量、提高资助率、减轻评议人的负担、降低评议人的评议成本等措施，同样也是 NSF 通过改善评议的外部环境来保证评议质量、提高公正性的手段。NSF 最重要的文件之一《申请指南》对申请书的填写与提交、评议的准则与程序等有非常详细的解释，包括如何描述申请的特点，如何说明

---

[1] National Science Board, *FY 2005 Report on the NSF Merit Review System*, NSB-06-21, March 2006, p. 19.

工作计划，个人信息限制在多少篇幅，所列的代表自己学术水平的成果不能超过多少项，所列与申请相关的成果不超过多少项，甚至预算中哪些是不允许的支出（娱乐、餐饮等）等等，都有明确的要求。这些可操作的"指南"既向申请人传达了 NSF 的各项政策，也规范了申请书的填写，为同行评议提供了很多必要的有用信息。特别是在 1997 年实行了新的评议准则后，NSF 要求申请人在申请书中也按照两项新准则来说明其项目特点，更给评议人提供了评议的方便，减少了评议人和申请人之间对项目理解中产生分歧的可能性。减少申请量不仅可以直接减少评议负担，而且还可以间接提高资助率，NSF 的做法包括，允许研究人员在正式提交申请前，先向计划官员提出预申请，看是否有进一步提交申请或改进申请质量的可能；限制未获资助的申请人在未对上一次评议中的意见作出任何回应和修改后再度提交同样的申请，等等。实际上，减少了申请量也就减少了评议人的工作量，使评议人能集中时间和精力进行高质量的评议。此外，NSF 实行申请提交和评议的电子化之后，通信评议也不再限制在较为集中的固定时间内，在每年的两次受理和评议周期中，只要是在受理截止日期之前，申请人随时可以提交申请，评议人也有更从容的时间来进行评议。

第三节　NSFC 同行评议公正性政策分析及改进途径

NSFC 只有 20 多年的历史，即使追溯到其前身——成立于 1982 年的中国科学院科学基金委员会，其采用同行评议制进行科研资源配置的历史也不及 NSF 的一半。尽管如此，从成立之初，NSFC 就认真研究了包括 NSF 在内的国外科研资助机构评议制度，在尽可能借鉴和吸收国外成功经验的基础上，结合中国国情，试图建立起一套运行有效、公正合理的同行评议制度。经过多年来的努力，NSFC 的同行评议制度已得到中国科学界的普遍接受，尤其是其同行评议的公正性赢得了广泛的赞誉。

然而，还应当看到，与 NSF 相比，NSFC 在实现同行评议公正性方面的环境与条件存在一些"先天不足"。主要的制约因素首先是科学共同体的规模较小，许多研究领域没有足够多的"同行"，容易产生"外行"评"内行"，同行间的利益冲突，以及评议人负担过重等问题；其次是科学基金投入不足和资助率长期偏低对评议造成的无形压力，加剧了非学术因素对评议的影响与干扰；再次，由于我国科学共同体发育不够成熟，科学界内部也缺乏普遍遵守的学术规范（即使有也往往得不到遵守），特别是由于缺乏开展公开质疑与批评的评价文化，使得评议中很难就有争议的学术问题进行充分的讨论；最后，受人事制度等方面的制约，NSFC 不能像 NSF 那样，在科学部配备足够多的工作人员，使他们能够详细掌握所受理的每一份项目申请及申请人的相关情况，或者保证在国内实际从事研究工作的优秀科学家作为流动性管理者，为 NSFC 源源不断地提供熟悉科学前沿的评议组织者。以下将通过比较 NSFC 和 NSF 同行评议公正性政策的异同，具体分析其政策形成的背景及支撑条件，进而提出 NSFC 改进同行评议公正性的建议。

一、NSFC 与 NSF 同行评议公正性政策的比较分析

从同行评议公正性的影响因素分析可以看到，影响因素是多方面的，既有评议过程中的也有评议过程之外的因素，一些是同行评议本身的内在因素，另一些是外在因素，针对不同的因素产生的不公正，可以采取不同的政策与制度加以限制与解决。NSF 的同行评议公正性政策应该说是全方位的，不仅有事前防范而且有事后监督，不仅有针对改进评议过程中公正性的政策措施，而且以改善评议的外部环境为基础和保证。相比之下，NSFC 的公正性政策主要集中在应对由评议过程中的诸因素直接产生的不公正，包括制度性因素与个人性因素，而在改善评议的外部环境与条件方面，NSFC还有很大的发展空间。当然，对外部条件的改善可能涉及一些更广

泛和更深层次的问题，并非在短时间内就能够解决，也并非依靠 NSFC 一个机构就能够解决，而是有赖于政府支持基础科学的整体环境的改善，以及科学共同体的发展与成熟等各方面的共同努力。

由于 NSFC 与 NSF 所处的社会、历史和文化背景具有很大的差异，将两者的同行评议公正性政策作一一对应的比较存在很大的难度，在此只能化繁为简，从可比性较强的方面入手。本研究选取这两个机构针对影响同行评议公正性的制度性因素所采取的政策措施以及针对同行评议人的公正性政策为例，列表进行异同之比较，并对产生差异的一些原因进行初步的分析。

表 4.3　NSFC 与 NSF 针对影响同行评议公正性的
制度性因素采取的政策之比较

	NSFC	NSF
	• 评议标准中首推"创新性"作为第一标准	• 在作为评议准则之一的"学术价值"中，建议考虑所提交项目申请的"创造性"与"原创性"思想
鼓励创新与交叉	• 制定优先资助领域，鼓励创新与交叉 • 发布《项目指南》，在鼓励研究领域中包括前沿的创新领域和学科交叉领域	• 制定优先资助领域，鼓励创新性与学科交叉研究 • 发布《项目指南》，在鼓励研究领域中包括前沿的创新领域和学科交叉领域
	• 设立小额探索性研究项目，但不是单独的申请类别，申请人不能提出此类项目申请，一般在评审会上经评委或科学部人员建议后，投票遴选出可资助的此类项目	• 设立小额探索性研究项目为单独的申请类别，由申请人自行提出，不参与同行评议，由计划官员建议是否资助
	• 评审会上对创新性强但通信评议结果高度非共识的项目申请实行"署名推荐"	• 计划官员有权不经外部专家评议直接建议资助创新性强的项目，或建议资助被评议人否定的创新项目
	• 在重点项目、重大项目和重大研究计划中设立跨科学部的学科交叉项目与计划，或在一些科学部设立支持学科交叉研究的专项基金	• 设立 NSF 范围内各科学部和各资助计划间的合作，以及 NSF 与其他相关部门间合作的交叉研究领域 • 设立"co-PI"项目类型，鼓励多个研究人员联合申请项目

	NSFC	NSF
克服马太效应的负面影响和偏见		• 计划官员在考虑评议人意见的基础上，要重点考虑促进研究与教育的结合，以及对女性、少数民族和残疾人的支持
	• 设立青年基金项目，面向 35 岁以下的申请人，且项目组的主要成员以青年为主，近年来也制定了对博士后的倾斜政策，但研究生（一些在职研究生除外）不能成为项目申请人	• 设立研究生项目、博士后研究项目和"研究人员早期生涯发展"计划等多种面向年轻人的项目，有的科学部还支持申请人博士论文工作的深入与完善
	• 设立地区基金项目，面向指定的边远地区和科学欠发达地区的申请人	• 设立面向来自只有本科教育的不知名机构的申请人申请的项目，鼓励来自从未得到过 NSF 项目的机构的申请人申请项目 • 设立多种面向女性、少数民族申请人等的项目
	• 定期（每年）公布申请人及受资助者的机构、年龄等分布结构	• 定期（每年）分析与评估申请人及受资助者的机构、性别、民族等分布结构
规范评议准则的使用	• 制定粗略的评议标准	• 制定较详细的评议准则，并适时修订
		• 在每项评议准则下，给出若干可供参考的具体方面（4—5 个方面）
		• 针对较难把握的评议准则（如现行的准则二），针对可能出现的各类申请，以举例的方式加以解释和说明 • 要求申请人按照评议准则陈述所提交项目的特点，供评议人参考
		• 定期评估评议准则的执行情况

来源：NSFC《基金项目评审工作相关办法规定文件汇编》、《年度报告》等，NSF《申请指南》、《计划指南》、《价值评议系统报告》等。

表 4.3 表明，两个机构都注意到了同行评议的内在因素将会对公正性产生的主要影响，即对创新性、学科交叉性强的项目不利，对研究业绩不多、来自不知名机构和边远地区以及女性或少数族裔（民族）申请人不利，评议人在评议中常常缺乏统一的标准，等等。针对这些可能出现的情况，NSFC 和 NSF 都采取了相应的政策

措施。尤其是在鼓励创新方面，NSFC 的政策多有强调，这大概是因为中国的科研水平相对较低，真正的原始性创新研究不多，因此才对"创新"的渴望倍加强烈。然而，默顿的研究表明，科学的"规范系统与奖励系统之间特有的不连续状况"，在一定程度上影响了这两个系统的运行及其功能。①实际上，由同行科学家开展的评议活动既是奖励系统的重要组成部分，也是规范系统（即科学的普遍性、公有性、无私利性和有组织的怀疑）建设的必要环节，但在同行评议的过程中，如果过于强调评议作为奖励系统的功能而忽视规范系统的维护，就会影响到同行评议的公正性；反之，则会影响到评议活动的有效性，即影响同行评议的择优功能。②

在鼓励学科交叉以及针对年轻人和边远地区研究人员的政策方面，虽然 NSFC 也有一些考虑，但与 NSF 相比则显得比较薄弱，特别是支持年轻人的项目类型较少，覆盖范围也不够广泛，这一方面可能是受到资助经费的限制，另一方面则主要是由于在 NSFC 的职责中没有培养研究生的任务（这方面的工作由教育部门承担），而促进教育与科研的结合一直是 NSF 的长期战略，也是美国大学保证高水平研究能力的重要基础。此外，自 20 世纪 60 年代中后期兴起民权运动以来，美国一直强调社会的"弱势族群"广泛参与各种社会活动和各项社会事业的权利，因此，NSF 相应的也采取了多种针对女性、少数族裔和残疾人的倾斜政策，以实现更大范围的社会公正，这也是 NSF 的特别之处。通过表 4.3 的比较还可以得知，NSFC 在规范评议人使用相对统一的评议标准方面做得很不够，缺乏细致的政策措施和管理手段，可能会导致不同的评议人对同一准则的理解有很大的灵活性，从而影响其在项目评议中达成共识，造成对一些项目的不公正。

---

① R. K. 默顿著，鲁旭东、林聚任译，科学社会学，北京：商务印书馆，2003 年，p. 395。
② 龚旭，鼓励创新的制度基础，科学文化评论，2004（5）：5-11。

如前所述，在同行评议过程中，评议专家的选择及其要求十分关键，表4.4列出NSFC和NSF实行的针对同行评议人的公正性政策。

表4.4　NSFC与NSF针对同行评议人的公正性政策之比较

	NSFC	NSF
保证学术性	● 要求评议人具有较高的学术水平、敏锐的科学洞察力和较强的学术判断能力	● 强调评议人要具有学术专长及学术能力
	● 评议人应当熟悉被评项目的研究内容及相关研究领域的国内外发展情况，并且近年实际从事研究工作	● 要求评议人在所评的科学和工程学领域具有特别的知识
		● 申请人可以建议熟悉自己研究的评议人
	● 海外学者（华人）参加评议	● 海外学者参加评议 ● 可以根据申请的专业需要，邀请特别评委出席评审会
防止利益冲突	● 申请人可以建议不超过3位不宜评议其申请的评议人	● 申请人可以分别建议2位适宜和不宜评议其申请的评议人
		● 对评议中的利益冲突有明确的界定，并列举3类17种利益冲突 ● 要求申请人在申请书中列出可能存在利益冲突的评议人名单（如研究生导师、合作者等） ● 要求评议人填写"利益冲突与保密声明"
	● 评议人回避直系亲属、本单位以及可能影响公正性的项目申请评议	● 评议人回避家庭成员、密友、导师、合作者、来自本单位等申请人的项目评议
		● 评议人不得有与所评项目在同一研究领域的在研项目，或近年在同一领域有未得到批准的申请
	● 评审会的评委回避本单位项目申请的讨论	● 评审会的评委回避本单位项目申请的讨论与投票
	● 监督委员会办公室受理并处理有关利益冲突的举报	● OIG受理并处理有关利益冲突的举报，并结合案例到各大学对评议人和潜在的评议人进行宣讲

续表 4.4

	NSFC	NSF
保证多样性	● 实行评审会评委任期制	● 实行评审会评委任期制
	● 考虑评议人的知识覆盖面、不同学术观点和不同机构的代表性	● 考虑处于学术生涯的不同阶段、不同地域、不同机构评议人的代表性
	● 建立包括海外评议在内的评议专家库	● 建立评议专家库 ● 考虑评议人的种族、性别和年龄结构 ● 每年统计当年第一次参加评议的专家数目
		● 定期（每年）分析与评估评议人的机构、性别、民族等分布结构

来源：同表 4.3。

在同行评议专家资源方面，NSF 具有得天独厚的优势。到 2005 年，NSF 有超过 30 万人的评议专家库，专家覆盖了数学、物理学、化学、生物科学（不包括农学和基础医学）、地球科学、工程学、信息科学、经济学、管理科学等学科，当年有 4.1 万人参与了超过 4.1 万项申请的评议工作，包括通信评议或评审会，或两者都参加[1]；而 NSFC 的申请量比 NSF 要多，2005 年超过了 4.9 万项，而且专业领域更广，涵盖了数学、物理学、化学、生物科学、农学、基础医学、地球科学、工程学、信息科学、管理科学等学科，而 NSFC 的评议专家库却只有约 4 万人，2005 年参加评议的专家 2.1 万人。[2] 在一个相对规模较小的科学共同体内，如果回避可能产生利益冲突的人选，那么，在评议人的学术性和多样性方面的目标就较难保证，这也就是政策专家常常谈及的在评议的有效性和公正性之间的矛

---

[1] National Science Board, *FY 2005 Report on the NSF Merit Review System*, NSB-06-21, March 2006, p. 19.

[2] 从 NSFC 信息中心得到的数据。

盾。①考虑到评议人的学术性和多样性状况直接影响到评议的公正性，因此也可将利益冲突、学术性与多样性之间的矛盾看做是评议公正性的不同方面存在的矛盾。

了解了这一矛盾以及 NSFC 申请量大、专业覆盖面广而评议专家相对较少的事实，再来看 NSFC 现有的针对评议人的公正性政策，应该说在重要的方面没有大的缺失。事实上，NSFC 从成立之初就注意到了同行评议专家库的建设问题，在 1991 年设立的第一个专门研究同行评议相关政策的软课题中，对"同行评议专家的选择"研究就是该软课题的三个子课题之一，该研究分析了通信评议人和评审会专家应具备的条件以及评议组织者应有的素质，提出了建立同行评议专家库的原则和建议措施。②此后，NSFC 还陆续就同行评议专家库建设开展了一些研究，并不断探索新思路，改进已有政策。自 2000 年前后以来实行的邀请海外（华人）科学家作为评议人参加通讯评议以及作为评委参加评审会的政策就取得了很好的效果，不仅受到国内学术界的欢迎，也得到海外关心中国科学事业的华人科学家的称赞。③这些活跃在世界科学前沿的中青年海外评委不仅带来了最新的学术思想，而且由于与国内学术界没有太多直接的利益冲突，往往能够直言不讳地表达自己的学术观点，促进了学术交锋，特别是善于在通信评议结果不理想的项目中发现具有创新性潜力的申请，能够更好地发挥评审会的作用。但是，比较 NSFC 与 NSF 防止利益冲突的政策可以看到，NSFC 应当在申请和评议环节制定和实施进一步的配套措施，比如，要求申请人在提交的申请书

① Daryl E. Chubin and Edward J. Hackett, *Peerless Science: Peer Review and U. S. Science Policy*, New York: State University of New York Press, 1990, p. 46; Fiona Q. Wood, *The Peer Review Process*, Canberra: Australian Government Publishing Service (Australian research Council, National Board of Employment, Education and Training, Commissioned Report No. 54), 1997, p. 18; 吴述尧主编，同行评议方法论，北京：科学出版社，1996 年，p. 24.

② 吴述尧主编，同行评议方法论，北京：科学出版社，1996 年，第四章。

③ 吴瑞，提高中国科学研究的产出率面临挑战，《自然》增刊（《中国之声》），2003 年，426（6968）：18–25。

中写出自己的研究生和博士后指导老师的姓名和单位，在过去两三年里与自己有过密切合作关系的合作者等，以供评议组织者选择评议人时参考；深入研究我国在同行评议中可能产生利益冲突的形式，并一一列在"利益冲突声明"中，要求评议人在填写时说明自己与申请人不存在所列举的各类利益冲突，以起到提醒和督查的作用。

二、NSFC 同行评议公正性的改进途径

以上对 NSFC 和 NSF 同行评议公正性政策进行的比较分析，只是选取了评议中两个重要的方面，并且是可比性较强的两个方面，而不是全面的比较。前面已经谈到，从两个机构同行评议公正性政策比较的总体情况看，NSF 的政策可谓事前防范与事后监督并重，对评议过程的内部控制与外部保障并举，与此同时，美国特有的政治架构下来自国会方面 OIG 的不定期评估和行政分支所要求的定期绩效评估制度也对保障评议的公正性发挥了重要作用；而 NSFC 则是事前防范多于事后监督，内部控制强于外部保障，特别是由于没有定期评估的制度，无论是 NSFC 内部还是外部公众对其同行评议公正性的实际情况都缺乏全面了解，难以制定和实施系统的、具有针对性的改进措施。在能够预见的将来，NSFC 可从以下几个方面改进同行评议的公正性：

第一，进一步改进评议各环节的公正性政策。尽管 NSFC 在评议过程的各环节已经实施了一些保证公正性的政策措施，如规范评议程序、"引进"海外评议人、署名推荐创新性强但非共识程度高的项目等，但在小额探索性研究项目的申请与评议、利益冲突的防范和评议标准的规范与使用等方面，NSFC 需要制定更有效的政策，并实施与之配套的支撑性政策。例如，NSFC 可改进现有的小额探索性研究项目申请方式，将其设为单独的申请类别，使申请人在考虑提出项目申请时就特别突出其创新性，评议人也可以将重点放在其创新性上，而不必过多考虑其他方面的条件；NSFC 应通过要求评议人

填写"利益冲突声明",尽到告知、提醒与督查的义务;NSFC 还应研究并提出更具指导性和可操作性的评议准则,帮助评议人更有效地进行评议,同时要求申请人和评议人按照同样的准则撰写申请书和评议意见,减少申请人和评议人产生分歧的可能性,等等。

第二,重视评议环境与条件的改善。公正性政策的有效实施有赖于评议环境与条件的改善,特别是提高资助率、减轻评议负担以及降低评议成本,是保证评议公正性的重要条件。首先考虑资助率问题,NSFC 的平均资助率不到 20%,尽管个别科学部的资助率在25% 以上,但多数科学部的资助率长期低于 20%,给评议带来很大的压力。要解决这一问题,一方面要从国家财政和其他渠道争取更多的经费,另一方面也可以通过减少申请量来实现。NSF 减少申请量的办法是,鼓励研究人员在申请前与计划官员联系,以了解何种水平的研究可能得到资助;计划官员甚至受理简单的预申请,帮助申请人确定是否提交正式申请;NSF 还限制再次提交的未得到批准的申请,声明对没有针对上次的评议意见作出合理解释或进行相应修改的申请,将不予受理。但这要求计划官员必须有足够的时间和精力,能够对项目及项目申请实行"精细管理"。根据 NSF 地球科学处研究计划 COV 的意见,每个科学部工作人员每年受理的申请不应超过 100 项。地质学与古生物学学科在 1997 — 1999 年间平均每年受理约 270 项申请,只有一位计划官员负责,被认为工作量太大,通过 COV 的呼吁和建议,到 1999 — 2001 年间该学科年平均受理申请约 255 项,共有两位计划官员和一名助理负责。[①] 按照 NSF 的标准,NSFC 绝大多数科学处工作人员(包括兼聘人员)都承担了超负荷的工作量,平均每人每年受理的申请都在数百项。虽然 NSFC 受到现有人员编制和人事管理制度的限制,在短时间内不可能达到

---

① Committee of Visitors (COV), *Report for Earth Sciences Division Research Programs*, 1999 – 2001, www. geo. nsf. gov/geo/adgeo/advcomm/fy2002_cov/EAR_RES_COV_ response. pdf, April 15, 2003.

NSF 的人员条件，但这一问题的确应该引起重视。在现行政策允许的情况下，要解决人手紧张的窘境，减少申请量也许是一个可行的途径——不仅可以提高资助率，而且也可以减少 NSFC 工作人员的工作量，减轻评议人的负担。由于 NSFC 的申请量比 NSF 多，而评议专家库提供的评议人数量只有 NSF 的 1/7，虽然实际参加评议的专家数量约为 NSF 的一半以上，但评议的工作量远大于 NSF 的评议人，加上 NSFC 每年只有一次受理和评议的过程（NSF 是两次），而且时间还相当集中，因此，每年 NSFC 的项目评议人的平均负担比 NSF 要大得多，评议量超过 50 项的专家大有人在，很难保证评议质量和评议的公正性。NSFC 应利用各科学部联网的评议专家库，限制每个评议人评议项目数的上限，同时充分发挥网上评议带来的便利条件，适当放宽评议时间，以达到减轻评议负担、降低评议成本的目的。

第三，建立针对同行评议运行状况进行评估的制度。对于政府科研资助机构而言，其绩效主要表现在两方面：一是其资助结果如何，二是其管理能力怎样，而对同行评议的组织及管理，无疑是科研资助机构管理工作的核心之一，也应该成为资助机构绩效的重要内容。自 20 世纪 90 年代初以来，绩效评估成为发达国家政府机构接受公众监督、加强与社会沟通以及改进管理水平的重要手段，科研资助机构也不例外。NSF 的经验表明，仅仅通过类似于 OIG 进行的监督，只能披露与评议相关的个人以及一些个案的不轨行为与违规情况，不可能全面深入地考察和展示 NSF 的同行评议运行情况，因此，针对 NSF 及其基本资助单元（计划/学科）的评议开展制度化的绩效评估是十分必要的，包括由 COV 开展的对计划/学科同行评议的具体组织工作的评估（如程序是否规范、人手是否足够、对学科交叉申请的评议是否合适等），由 NSF 开展的对其评议总体情况的评估，由 GAO 开展的 NSF 与其他类似资助机构同行评议的比较性评估。但是，这三个层次的评估在 NSFC 还都没有展开，且不说国家审计部门对科技管理机构的审计还停留在财务审计方面，就是 NSFC 本身对同行评议的绩效评估也未开展。就目前的情况看，NSFC 开展同行评议运行状况的年度评估应该说具有一定的条件。现有的《年度报告》重在对资助成果的介绍，也有各类项目的年度申请和资助情况以及结题和验收情况概述，就是没有处在申请和资助之间的评议情况的评估，而据笔者了解，这方面的相关数据并不缺乏，建议在《年度报告》中增加与同行评议运行状况相关的数据及分析部分，并能够根据数据分析提出改进评议的建议。对于开展学科层次上的同行评议评估可能在短时间内无法全面实行，但可以在申请和资助项目相对较少的学科进行试点，组织外部专家，定期对学科的同行评议状况开展评估，评估的结果不仅对该学科改进评议工作有直接作用，也会对其他学科具有参考价值。

本章的比较研究表明，任何一项制度安排或政策手段都"嵌入"在其制度环境和社会结构之中，不可能独自孤立地发挥作用。无论像科学这样高度职业化和制度化的领域"多么具有自主性"，但正如本章开篇引述的雷斯沃蒂的话所言，科学与社会其他领域仍然"通过个体的多重地位和角色而相互联系"，因此，影响科学运行的不只是科学家的行为准则、同行评议的具体规范等正式制度，科学以外的利益、习俗、传统等非制度因素也会对科学产生影响，而这些非制度因素又与科学所处的社会环境、科学共同体对科学本身所持有的信念、国家科学发展所达到的水平等密切相关。在具体的科学活动实践中，尽管发展中国家可以较为"方便"地效仿发达国家的政策，但是，因效仿而采取的政策往往会由于缺乏支撑其良好运行的制度环境而达不到预期的效果。无论如何，与多层次、全方位的制度建设相比，"头痛医头、脚痛医脚"式的政策制定与实施总是要容易得多。

改革开放以来，尽管中国政府对科学活动的控制与干预显然比之前要弱得多，但简单的权力"退出"是否就可以自动地带来科学的"善治"呢？当然不是。NSF 有关保障同行评议公正性的政策措施之所以能够奏效，这不仅是因为美国的科学共同体有一套建立在科学自主性信念之上的发育成熟、运行良好的内部控制机制，还因为联邦政府针对 NSF 的同行评议建立了定期评估的制度，国会派驻的 OIG 中有大量的专业人员为 NSF 处理科学不端行为的问题，等等。恰如加斯顿（David Guston）所指出的那样，自 20 世纪 80 年代初期以来，美国的科学政策已经从战后发展起来的依赖于科学自我调节机制的"科学的社会契约"制度范式阶段，转型至政治家与科学家开展合作的"合作保障"制度范式阶段。① 中国的科学制度与科学政策要完成从计划经济向市场经济时代的真正转型，也同样需要来自科学家、政治家，乃至更广泛的社会公众的共同努力：科学共同体需要逐步建立起体现普遍性、公有性和无私利性等特征的科学奖励系统和规范系统，政府需要为这些系统的良好运行提供基础性制度，社会公众则需要在开放的政治系统与社会环境中既对科学家的行为也对政府管理科学的活动进行监督。然而，关于如何实现这些目标的问题，绝非仅仅是科学政策研究力所能及的。

---

① David H. Guston, *Between Politics and Science: Assuring the Integrity and Productivity of Research*, Cambridge University Press, 2000, p. 144.

第五章
功能与局限 —— 克服同行评议功能性局限的政策建构

> 与分配政府提供的资助经费这项工作相比，自我调节的科学共同体的任务要多得多……①
>
> —— 大卫·加斯顿 (David H. Guston)

同行评议是国家科学资助机构在进行科学资源配置中普遍采用的主要机制，因此，资助机构的工作成效或绩效与同行评议的运行状况直接相关。通过同行评议制度的运行，能否使资助机构的政策目标与国家科学发展的总体目标协调一致？资助机构能否实现国家科学资源公正、公平与高效的配置？同行评议作为一种资源配置的机制，具有哪些功能上的局限与缺陷？这些局限与缺陷能否在同行评议的制度内加以解决？还是要通过同行评议以外的政策进行弥补？资助机构可以采用何种政策措施弥补同行评议制度的缺陷？本章将从国家科学政策的角度，分析围绕着同行评议的不同意见及其政策含义，探讨采用其他方式能否有效地替代同行

---

① David H. Guston, *Between Politics and Science: Assuring the Integrity and Productivity of Research*, Cambridge University Press, 2000, p. 161.

评议在国家科学资源配置中的作用，继而以 NSF 和 NSFC 的具体资助政策与资助活动为例，考察和比较针对同行评议不利于创新性研究和学科交叉研究的局限，以及两个机构所采取的弥补性政策及措施。

第一节　同行评议局限性的政策分析

马祖赞在回顾 NSF 的历史时指出，关于几个重要的政策性问题的争论几乎贯穿了 NSF 发展的始终，即同行评议的公正性问题，择优支持"好科学"与资助项目的地理分布问题，支持基础研究与应用研究的问题，以个人或小组研究项目为主构成的"小科学"与以大型团队和设施为研究特征的"大科学"之间平衡的问题等。[①] 事实上，这些问题不仅是国家科学资助机构需要考虑的问题，也是国家科学政策中的重要问题，而且这些问题都与同行评议制度的特点及其运行结果密切相关，反映了同行评议的优势与局限性。从某种意义上可以说，正是因为科学资助机构采用了同行评议制度进行资源配置，才产生了上述涉及国家科学政策的问题。

本节将从国家科学政策的目标出发，分析围绕着同行评议而产生的争论及其政策含义，指出同行评议作为一种国家科学资源配置制度存在的局限，介绍在美国为了弥补同行评议的局限而兴起的专项审批制，并通过分析专项审批制的运行，讨论同行评议所面临的严峻挑战，以及从根本上看同行评议能否被替代的问题。

一、国家科学政策目标与同行评议功能

在美国科学政策发展史上，以同行评议为核心运行机制的 NSF

---

① George T. Mazuzan, *The National Science Foundation: A Brief History*, NSF-88-16, NSF Office of Legislative and Public Affairs, July 15, 1994, http://www.nsf.gov/pubs/stis1994/nsf8816/nsf8816.txt.

的成立，不仅仅意味着国家科学资助机构的产生，而是如科学政策专家所指出的，标志着战后政府与科学契约关系的形成①，体现了战后美国科学政策"为繁荣而自主"模式的确立②。此前"为真理而自主"模式下的科学，其核心只是维护科学家个人或团队在研究活动中的自主性，而国家科学资助机构则为这种个人或团队层面的自主性提供了制度上的保证——这个制度就是同行评议。③因此，在战后的一段时间里，同行评议制度为科学共同体和政府创造了实现双赢的条件：对于科学共同体而言，同行评议保证了科学家在资助决策中的主导地位，被视为科学自主性的象征；而对于政府而言，同行评议增强了科学研究的竞争性，保证了公共财政总是流向最优秀的科学家个人或小型团队。而且，战后美国基础科学发展的事实也表明，同行评议的确是保证科学资助活动质量的有效机制。1975年诺贝尔生理与医学奖得主、美国科学家大卫·巴尔的摩（David Baltimore）曾说过："（美国）这个国家的生物医学研究之所以进展如此顺利，原因之一就是，我们拥有一个建立在同行评议基础上的既有效率又有效益的（研究）系统。"④欧共体委员会也将美国科研系统的优势归功于同行评议所带来的竞争机制，认为正是"这种机制激励着美国的科学研究总能保持卓越"⑤。

然而，随着从第二次世界大战结束到冷战结束美国国家科学政策发生的转型，科学作为一种社会建制与其他社会建制之间的关系

---

① David H. Guston and Kenneth Keniston, Introduction: the Social Contract for Science, in David H. Guston and Kenneth Keniston (eds.), *The Fragile Contract: University Science and the Federal Government*, MIT Press, 1994, pp. 1 –41.

② 苏珊·科岑斯，郝刘祥、袁江洋译，二十一世纪科学：自主与责任，科学文化评论，2005（5）：50–64。

③ 同上。

④ 转引自 Daryl E. Chubin and Edward J. Hackett, *Peerless Science: Peer Review and U. S. Science Policy*, New York: State University of New York Press, 1990, p. 191.

⑤ Commission of the European Communities, *Europe and Basic Research*, COM（2004）9, 14 January 2004, http://europa.eu.int/eur-lex/pri/en/dpi/cnc/doc/2004/com2004_0009en01.doc.

变得紧张起来，而同行评议正处于这一关系的中心，因此也成为科学政策争论的焦点。楚宾和哈克特将关于同行评议的争论分为四种类型，并给出了每种类型的政策含义：

第一种类型是因为双方不同的社会角色而产生的观念差异，而且是不可调和的。最具有代表性的是政治家呼吁对科学有更多的规范和监督，要求科学家承担社会责任，对社会需求主动作出回应；而科学家则希望有更多的自主和自由，强调科学的内在价值而不仅仅是实用价值。楚宾和哈克特认为，如果对同行评议的不同看法源于这样的观念差异，那么，要消除这种差异是很困难的，而且也没有必要——因为保持科学在自主与责任之间的平衡，对科学发展是有益无害的。

第二种类型的争论虽然也是源于双方的价值冲突，但此类分歧并非固定不变，而是可以通过双方协商、妥协、让步或具体分析后加以调和。我们知道，效率与效益往往存在冲突，当两个目标不能同时实现时，不同时期的政策目标只会强调其中之一。比如，当科研经费紧张的时候，对一些相对"冷门"的学科的支持会减少，更多的经费会投入到国家所需的研究领域；在经费充裕的条件下，国家不仅可以均衡地支持各学科的发展，而且即使是针对同一科学问题，也可以支持采用不同的理论方法开展的研究，其中包括科学家自行选题的高风险研究。在科学经历了不同的政策时期后，人们可以看到，国家迫切所需领域的科学问题最终能否得到顺利和有效地解决，往往取决于国家是否具有坚实的科学基础，而科学基础是否坚实又取决于各学科领域能否协同发展，以及真正具有创新性的研究能否得到支持。因此，在这种情况下，双方的价值观虽看似冲突，但并非不可调和。更为重要的是，了解不同价值观的存在，还可以让人们意识到，同行评议与任何选择活动一样，在不同的目标张力之间常常会陷入两难的境地，必须针对特定时期政策目标的要求，作出适宜的政策选择。

第三类分歧可以通过经验数据的积累加以检验和说明，针对同行评议公正性的许多争论即属此类。如前一章分析评议公正性时所看到的那样，收集和比较关于申请人、评议人、受资助者的社会特征以及各学科领域资助率等方面的数据，对于检验和说明公正性问题很有帮助。持续收集和监测此类数据，对于改进评议公正性政策也很有必要。

第四类争论对于科学政策研究来说是最重要的，也最难作出解释，其中不少问题的研究需要探索新理论和新方法。楚宾和哈克特根据美国的科学状况，举出了一些与同行评议相关的复杂的科学政策问题以及社会学问题，例如，评审会上评议专家集体决策的过程所涉及的社会心理学问题，由资源稀缺和激烈竞争所带来的对默顿式科学规范结构的挑战，由于科学家的年龄和声望等因素所造成的科学界的社会分层对研究资源分配的影响，大学对来自政府和产业界研究资源的依赖性及其对大学的社会地位和科学家学术生涯的影响，等等。①

其实，就中国的情况而言，也可以看到类似的问题。同时，我们还有一些自己比较突出的特殊性问题，比如，科学资本与社会资本在科学权威形成过程中的作用（尤其是社会资本对科学资本的影响），以及科学权威在评议过程中的作用问题；同行评议的"名"与"实"问题，即：从形式和程序上看似同行评议，但实质上由行政人员控制评议结果的问题；在缺乏规范的预算过程的情况下，科学家和政治家在资源分配中联手谋求双方利益的问题，等等。要分析此类问题，仅仅了解科学活动本身是远远不够的，仅仅强调科学的特殊性也无济于事，必须将科学视为一种社会活动，并将其置于更广阔的社会经济制度中加以考察，才能揭示同行评议争论背后更加深刻的原因。

---

① Daryl E. Chubin and Edward J. Hackett, *Peerless Science: Peer Review and U. S. Science Policy*, New York: State University of New York Press, 1990, pp. 46 – 48.

通过了解围绕同行评议的争论，我们还可以看到，尽管有时科学政策的立场分野不可调和，但在有些情况下，通过对经验数据和具体情形的分析，可以协调、弥合甚至消解观点的分歧和理解的差异。毫无疑问，影响国家科学政策的因素是多方面的，保持各因素——比如，科学的自主与责任——之间"必要的张力"非常重要，而保持张力的前提是保证相关各方平等对话机制的运行，相关各方——比如，科学与政治——既相互尊重又承认差异，既相互信任又彼此督促，才能共同解决科学发展以及建立在科学基础之上的社会经济发展中的问题。

同行评议显然是科学共同体参与科学政策过程的最重要的方式。不过，正如"科学政策"这个复合词术语本身所显示的那样，科学政策既与"科学"有关也与"政策"有关。因此，主要体现科学共同体信念与优势的同行评议制度，并不能解决科学政策中的所有问题。即使对于同行评议本身的政策，也应从科学与政策两个方面加以考量。具体地说，通过规范与改进评议程序以保证评议的客观性与公正性固然重要，但通过评议程序之外的政策措施与制度建设来最终保证资助"最好的科学"（best science）同样重要。毕竟，哪怕从国家支持科学活动的最直接的目的来看，尽管科学之"好"不一定能够保证科学之"用"，但是科学之"用"至少需要科学之"好"。

二、同行评议的局限性与美国专项审批制的兴起

在近代科学产生以来的 300 多年里，同行评议从科学共同体内部确立科学优先权以及控制科学质量的机制，发展成为优化国家科学资源配置的经费分配制度，又进一步成为国家相关法律和规章制定过程中的专家咨询方式，应该说其功能与作用在不断地扩展。① 不

---

① 参见 David H. Guston, The Expanding Role of Peer Review Processes in the United States, in Philip Shapira and Stefan Kuhlman（eds.）, *Learning from Science and Technology Policy Evaluation, Experiences from the United States and Europe*, Edward Elgar Publishing, 2003, pp. 81 –97.

过，在其功能扩展的过程中，其问题和局限性也同时凸显出来。特别是当同行评议作为一种决定国家科学资源配置的制度安排时，其局限性与不足还是较为明显的。首先，由于同行评议体现精英主义的科学观，导致了资源配置在地域、机构和人员上一定程度的向"科学精英"的集中，忽视了其他未获资助者的发展；其次，同行评议往往与资助研究者个人或小组联系在一起，不利于对科研设施的资助以及"大科学"的发展；再者，同行评议不适宜于国家和资助机构宏观政策层面的优先领域选择和学科政策制定，也不适合微观层面对学科交叉研究项目的评议。因此，美国围绕着同行评议的不同看法，不仅限于科学政策的争论上，而且还表现在寻求能够弥补甚至替代同行评议方法的行动中。联邦科学资源分配中兴起的专项审批制，就是其中很有代表性的行动。

自 20 世纪 70 年代后期，特别是 80 年代以来，伴随着对同行评议的广泛批评，特别是国会对声称具有"自我调节"功能的科学共同体不信任情绪的增长，在国家科学资源分配的活动中，国会专项审批制（congressional earmarking）作为对同行评议的一种补充和潜在的替代制度，在美国兴起并发展起来。所谓学术专项审批制（academic earmarking），是指国会通过订立法律条款，设立专项资金或审批特定项目，以资助特定的大学和机构（主要是大学）建造研究设施或开展科研活动①；而特定的大学和机构开展的这些活动，一般是不用通过国家资助机构（如 NSF 和 NIH）的同行评议程序就能够得到支持的。专项审批制的运行效果如何？能否确实起到弥补同行评议不足的作用？相关各方如何评价专项审批制？研究和回答这些与专项审批制有关的问题，也可以帮助我们从另一个侧面了解同行评议在国家科学资源配置中的作用与地位，乃至科学自治

---

① David Minge, The Case against Academic Earmarking, in Albert H. Teich, Stephen D. Nelson, Stephen J. Lita (eds.), *AAAS Science and Technology Policy Yearbook 2002*, Washington D. C.: American Association for the Advancement of Science, 2002, pp. 115 – 120.

所面临的严峻挑战。

其实，将科研经费直接拨付给大学而不是资助科学家个人，在美国并非战后才有的一种全新的科学资助方式。第二次世界大战前联邦政府支持基础科学的有限经费，主要是通过支持机构的方式分配和运用的，第二次世界大战期间联邦政府与大学签订合同开展研究，也并不针对科学家个人。但是，战后美国分散化（decentralized）和多元化科学体制的形成，以及基于布什报告中基本思想的科学政策的确立，使得联邦科学资源的分配在很大程度上依赖于由科学共同体所主导的同行评议过程，而且资助方式也多以向科学家个人或研究小组拨款的方式进行。然而，以精英主义思想为内核的同行评议作为科学质量的控制机制的运行结果，导致了国家科学资源向既有的精英大学和优秀科学家集中，引起了人们对同行评议运行结果公正性的质疑，甚至有人怀疑，这样的结果是否符合美国的民主精神。①国会对此的反应是，自20世纪70年代初起，组织开展了一系列针对同行评议运行状况，尤其是针对公正性的调研和听证；自70年代后期（至少可以追溯到1977年）起，国会开始通过专项审批制来批准"戴帽下达"的经费，支持一些大学建设基础科研设施，以及开展专项科研活动。如国会1985年批准给波士顿大学拨付1900万美元，以建立科学与工程中心，1988年又批准拨付850万美元，再建物理学与生物学研究中心②；1992年批准拨付1000万美元给犹他州立大学，以建立新的空间动力实验室③，等等。国会批准这

① James D. Savage, *Funding Science in America*：*Congress*, *Universities*, *and the Politics of the Academic Pork Barrel*, Cambridge：Cambridge University Press, 1999, pp. 33 – 39.

② John Silber, Earmarking：The Expansion of Excellence in Scientific Research, in Albert H. Teich, Stephen D. Nelson and Stephen J. Lita（eds.）, *AAAS Science and Technology Policy Yearbook 2002*, Washington D. C.：American Association for the Advancement of Science, 2002, pp. 105 – 113.

③ James D. Savage, *Funding Science in America*：*Congress*, *Universities*, *and the Politics of the Academic Pork Barrel*, Cambridge：Cambridge University Press, 1999, p. 8.

些项目的初衷，是为了扶植在同行评议系统中竞争力不太强的大学提高科研实力，从而加强全国基础科学的整体实力。

不过，正如政治决策通常所表现出来的特点一样，其运行结果往往会偏离决策者的初衷。为弥补同行评议不公正的局限应运而生的专项审批制，其运行结果是其自身似乎产生了新的不公正。自1983 年以来，关于国会对于基础科学的专项审批制的批评不绝于耳，与此同时，要求联邦坚持以同行评议制进行科学资源配置的呼声也更加强劲。当然，即使坚持采用同行评议制的人们，也对同行评议提出了许多改进建议，试图克服其局限与不足。

反对专项审批制的意见主要集中在五个方面：第一，同行评议代表着科学共同体的文化，不仅应用于联邦科研经费的分配中，也广泛应用于学术荣誉授予、学术论文发表、学术职位晋升等活动中，而国会对于科研经费的专项审批制则损害了这一文化。第二，如果说同行评议导致了资源集中和不公正，专项审批制同样会导致资源集中和不公正。统计数据显示，通过同行评议分配的经费有22% 集中在美国最好的 10 所大学，而通过专项审批制分配的经费有21% 集中在另一些大学。第三，专项审批制没有实现其提高大学竞争力的初衷，说明其资金使用效率不高。萨维基教授（James D. Savage）考察了 1980 — 1996 年获得国会专项审批累计经费较多的大学竞争力的变化情况。他发现，有 35 所大学获得的国会专项经费都超过了 4000 万美元，但只有 13 所大学在争取 NSF 竞争性经费的排名中位次提高了，另有 10 所大学的排名在下降，其他 12 所大学无论是在此前还是此后都没有获得过 NSF 的经费。说明至少有一大半的大学未能通过获得专项经费而提高其在以同行评议为基本制度的国家科学资源配置中的竞争力。第四，专项审批制增加了大学获得科研经费的机会成本。国会政治的复杂性使得决策的不确定性加大，大学为了获得专项经费，必须投入更多的精力和成本，比申请 NSF 竞争性项目经费所付出的成本还要高得多。第五，专项审批制助长了学术界的不正之风。为了获得国会的专项审批经费，大学不惜开展大量的公关与游说活动，一些大学校长以及科学家对政治的热衷甚至超过了对科学研究本身的兴趣，这样的状况侵蚀了学术界的文化传统。①

图 5.1 列出了 1980—2000 年美国国会批准的学术专项经费总额和 NSF 同期预算的变化情况。从这幅图中可以看到：第一，专项审批制所涉及的经费远少于 NSF 的经费，即远少于同行评议制所控制的竞争性科学资助经费（这里还没有加上 NIH 资助大学的经费）。这也就是说，在基础科学领域国家的资源配置机制方面，同行评议的主导地位并没有因为专项审批制的兴起而改变。事实上，国会通过专项审批制而配置的基础科学经费，还不到联邦全部研发经费 1%的一半，1999 年联邦研发资助经费总额为 156 亿美元，而国会专项审

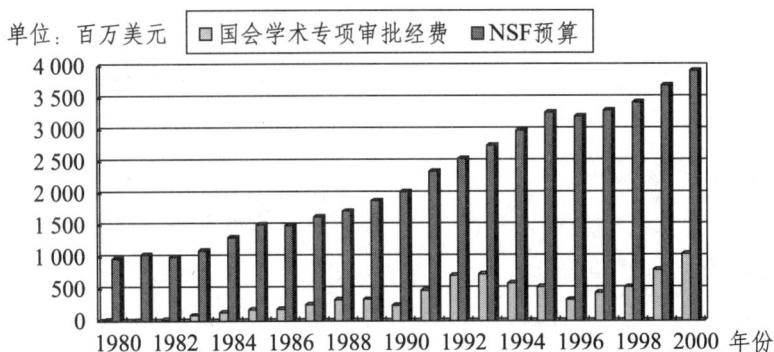

图 5.1　1980—2000 年美国国会的专项学术审批
与经费与 NSF 预算经费对比图

来源：James D. Savage, 2002；NSF, 2003.②

---

① James D. Savage, Twenty Years Later: the Rise of Academic Earmarking and its Effect on Academic Science, in Albert H. Teich, Stephen D. Nelson and Stephen J. Lita (eds.), *AAAS Science and Technology Policy Yearbook 2002*, Washington D. C.: American Association for the Advancement of Science, 2002, pp. 97 – 103.

② National Science Foundation, *Federal Obligations for Research and Development, by Character of Work, R&D Plant, and Major Agency: Fiscal Years 1951 – 2002*, 2003, http://www.nsf.gov/statistics/nsf03325/pdf/hista.pdf.

批经费只有 7. 97 亿美元。① 第二，从总体上看，在统计数据覆盖的这 21 年里，国会通过专项审批而分配给特定机构和项目的经费有增长的趋势，说明专项审批制的存在具有一定的政治和经济基础。第三，与实行同行评议制的国家科学资助机构预算稳定增长的情形相比，专项审批的经费增长具有不稳定性。一方面，这种不稳定性是国会政治特点的反映②，另一方面也意味着反对专项审批制的力量之强大。因此，美国著名的公共政策研究机构经济发展委员会在 1998 年的报告中指出，"对于所有联邦机构和研究机构（无论是大学、联邦实验室还是其他机构）而言，分配联邦基础研究经费的首要机制，都应当建立在通过同行评议而确定的科学价值之上，而且应当是对个人和项目的支持。支持基础研究的政治性专项经费对于稀缺资金的使用来说，是没有效果的，应当终止"③。当然，对于是否应当终止专项审批制，迄今为止美国各界仍然有不同的看法，但是，限制专项审批制在国家基础科学资源配置中的作用，则是许多人，特别是科学共同体的主流思想。

事实上，美国、英国、澳大利亚等国都曾开展过针对同行评议的专项研究，并针对其局限探讨在基础科学领域是否存在替代同行评议制的资源配置方式。然而，所有的相关研究都表明，在基础研究经费分配的各种机制中，同行评议仍然是目前唯一可行的最有效

① John Silber, Earmarking: The Expansion of Excellence in Scientific Research, in Albert H. Teich, Stephen D. Nelson and Stephen J. Lita (eds.), *AAAS Science and Technology Policy Yearbook 2002*, Washington D. C.: American Association for the Advancement of Science, 2002, pp. 105 - 113.
② James D. Savage, Twenty Years Later: the Rise of Academic Earmarking and its Effect on Academic Science, in Albert H. Teich, Stephen D. Nelson and Stephen J. Lita (eds.), *AAAS Science and Technology Policy Yearbook 2002*, Washington D. C.: American Association for the Advancement of Science, 2002, pp. 97 - 103.
③ Committee for Economic Development, America's Basic Research: Prosperity Through Discovery, in Albert H. Teich, Stephen D. Nelson, Celia McEnaney and Tina M. Drake (eds.), *AAAS Science and Technology Policy Yearbook 1999*, Washington D. C.: American Association for the Advancement of Science, 1999, http://www.aaas.org/spp/yearbook/chap18.htm.

的制度。但是相关研究也承认，至少在国家科学资助机构的同行评议中，其公正性和有效性方面都存在一定的局限，集中反映在"马太效应"以及不利于创新研究与学科交叉研究等问题上。不过，人们随着对同行评议研究的逐步深入以及对评议制度的不断改进后发现，目前改进同行评议本身的程序等问题似乎已经不是最重要的了。如何在评议政策之外，即在同行评议机制所不擅长的领域里寻求有效的政策与资助方式，切实支持创新性研究、学科交叉研究、大科学研究以及科学人才培养等等，已成为近十余年来国家资助机构更为关注的问题。

第二节　NSF 与 NSFC 的创新性研究资助政策建构

科学发展的过程在本质上是科学知识增长的过程，因此，促进新知识的增长是科学政策的首要目标。然而，在新出现的知识还没有被证明是"可靠的知识"之前，还不能成为进入人类知识宝库的真正意义上的新知识；而新出现的知识在进入知识宝库的过程中，首先必须经历接受科学共同体评议和检验的过程。很显然，在评议的过程中，一些"知识"得到认同，而另一些则遭到拒绝。那么，同行评议能够保证有价值的新知识都得到认同吗？特别是对于科学资助机构而言，科学共同体所评议的还不是已经形成的知识，而是关于产生新知识的想法及其研究方案。在这种情况下，当一个具有创新性的、有价值的研究想法在评议中遭到拒绝，科学家就无法顺利开展这项研究，因此，对于新知识进展的不利影响甚至更大。为了避免此类情况的发生，国家科学资助机构可以采取哪些政策以保证对创新性研究的支持？影响评议人作出不利于创新性研究项目申请的评议结果的因素有哪些？为了促进创新性研究，NSF 和 NSFC 实施了怎样的政策？在同行评议程序内部解决支持创新性研究问题是否有效？如果不能在评议过程中完全解决这一问题，还需要采取哪些其他方面的资助政策与资助模式？实施这些资助政策与资助模式需要具备哪些条件？本节试图回答这些问题。

一、同行评议的共识性与创新性研究的非共识性

从某种意义上讲，同行评议的过程是研究共同体寻求共识的过程。科学家将个人的研究方案或研究结果交与同行接受检验，无论同行对此最终达成的共识是同意还是反对，个人的研究行为都将因此而成为科学共同体集体努力的一部分，即科学事业的一部分。不过，正如史蒂芬·科尔所指出的，在科学前沿领域要达成共识并非易事，实际上，只有少数的前沿知识能够最终达成一致而获得共识。[①] 由于科学资助机构要求专家评议的许多项目申请是前沿领域的研究，因此在评议这些研究的活动中，同行评议的共识性本质与前沿研究的非共识性特点之间存在根本性的冲突。科学家以朴素的语言描述了这种现象："对于多数前沿科学家而言，只有少数甚或根本没有同行。在他们所探索的研究新领域里，常常需要特殊的技艺和方法。因此，他们的项目申请所涉及的一个或几个方面，很有可能得不到进行评判的'准同行'的认可。"[②] 同行评议往往也因之而被视为具有保守倾向。人们认为，挑战传统研究范式的创新性研究以及其过程或结果高度不确定的创新性研究，或者由于其高风险性，或者由于其早期的考虑还不够成熟，特别是研究业绩较少的年轻人提出的创新性研究，往往不容易被同行所接受，因而得不到资助。而且，在资助经费紧张、竞争过于激烈的情况下，这样的倾向还会更加突出。[③] 最糟糕的情况是，出于对同行评议系统"保守"倾向的不信任，一些科学家甚至根本不向资助机构提交具有高度创新性研

[①] 史蒂芬·科尔著，林建成、王毅译，科学的制造，上海：上海人民出版社，2001年，p. 21。

[②] Walter E. Stumph, "Peer" Review, *Science*, 1980 (207)：822 – 823. in Daryl E. Chubin and Edward J. Hackett, *Peerless Science：Peer Review and U. S. Science Policy*, New York：State University of New York Press, 1990, p. 194.

[③] Alexander A. Berezin, Discouragement of innovation by overcompetitive research funding, *Interdisciplinary Science Reviews*, 2001, 26 (2)：97 – 102.

究的申请。①

然而，具有原创性的创新性研究是推动科学发展的重要动力，无论是常规科学阶段科学的渐进发展，还是科学革命阶段科学的突飞猛进，都取决于创新性研究所导致的科学理论、技术、方法及其应用的进步，因此支持创新性研究又是国家科学资助机构的重要任务。不过，虽然在理论上说明创新性研究的重要性并不困难，科学史的无数事例也能够证明其重要性，但对于科学资助机构而言，要制定具有针对性的评议准则来甄别"创新性研究"项目，却是一件困难的事情。其首要原因是，如同科学家对于许多创新性研究的评议结果难以达成共识一样，国家科学资助机构对于创新性研究的概念也缺乏统一而明确的界定，难以形成具有可操作性的定义。

关于创新性研究，NSF 使用的相关概念有"创新性"（innovative）研究、"高风险"（high-risk）研究、"大胆的"（bold）研究、"变革性"（transformative）研究等。在 NSF 的预算报告中，"创新性"作为形容词常常与学科交叉研究计划等相联系，但在具体的预算科目中，却从来没有列出资助创新性研究的经费预算。与此同时，由于无论是申请人还是评议人，对创新性研究的理解都有相当大的主观性，因而资助机构也难以统计到底有多少创新性研究的项目申请实际获得或没有获得资助的比例。一些评估 NSF 各资助计划（或学科）资助状况的 COV 报告称："NSF（资助的）所有研究都有创新性。"② 从一定意义上讲，COV 成员得出这样的结论是可以理解的。由于 NSF 在评议准则中要求评议人考虑创新性的问题，如1997 年 10 月开始实施的评议准则的内容包括项目申请是否"促进本领域或其他领域的知识进步以及对知识的理解"，是否"探索具有独创性的和原创性的概念"，因此，根据这样的准则遴选出来的项目当

---

① National Science Board, *Enhancing Support of Transformative Research at the National Science Foundation*, Draft for Public Comment, February 8, 2007, p. 8.

② National Academy of Public Administration, *National Science Foundation: Governance and Management for the Future*, April 2004, p. 75.

然应该具有创新性。但是，这些 COV 报告中的一些也承认，"COV 不能肯定基金会的'创新'概念其含义是什么"，尤其是对于所谓"高风险"项目，"不清楚其定义是什么"。[①]

NSFC 的情况与 NSF 类似。相关科学部有关资助状况的调研结果显示，科学家虽然认为创新性研究十分重要，但对于创新性的含义也并不明确。NSFC 在文件中使用的关于创新的术语有"创新性"研究、"原始创新（性）"研究、"源头创新"研究、"自主创新"研究，等等。根据 NSFC 化学科学部的问卷调查，在回函的 1658 位化学领域不同学科方向、不同年龄阶段、不同所属机构的科学家中，有超过 81% 的人认为 NSFC 化学科学部项目资助的首要决定性因素是："立项的创新性、前沿性、重要性和可行性。"[②]工程与材料科学部在 2006 年评审会期间，向评审专家发放了调查问卷。在回函的 100 多位专家对自己所评审的科学基金项目的创新性评价中，专家根据问卷对创新性的分类认为，他们所评议的科学基金项目创新性多少的排序依次是：跟踪基础上的创新、引进吸收消化后的再创新、集成创新和自主创新，即跟踪创新的最多，自主创新的最少。[③]可见，在科学家眼中，创新也是有层次的：创新程度越高，其难度越大，开展得越少。然而，要对这些不同层次的创新分别给出明确的定义也是非常困难的，甚至是不可能的。而且，这样的分类本身似乎就存在问题。比如，严格地说，"自主创新"所强调的是创新的主体，而与创新程度关系不大，不能用于对创新难度或重要性的描述。

不过，如果从库恩的"范式"概念出发来分析创新性研究问题，可以大致将创新性研究分为两类，即常规科学中的创新与导致

① National Academy of Public Administration, *National Science Foundation: Governance and Management for the Future*, April 2004, p. 76.
② 国家自然科学基金委员会化学科学部，"推动学科均衡发展，完善基金资助模式"调研报告，2006 年 11 月，未刊稿。
③ 国家自然科学基金委员会工程与材料科学部，建设创新氛围，提高创新能力——"完善基金资助模式"调研报告，2006 年 11 月，未刊稿。

科学革命的创新。前者推动科学渐进式的发展，而后者促成科学革命的发生。正如史蒂芬·科尔所强调的，库恩的常规科学并不"意味着不重要或琐屑的科学"，许多获得诺贝尔科学奖的工作都属于常规科学。[①] 但是，对于常规科学中的创新性研究而言，由于其建立在前人研究的基础之上，所要解决的也是研究共同体所熟悉的难题，因而同行专家很容易认识到其价值，视之为值得资助的研究。事实上，资助机构受理与支持的研究多数属于此类，这也是同行评议方式能够在整体上保证科学发展的重要原因。而对于可能导致科学革命的创新（即 NSF 所称的"变革性创新"[②]）而言，由于其向已有的、常常是占据主导地位的研究范式发起挑战，甚至颠覆研究共同体所遵循的基本理论和方法，因此很难得到同行的认同与接受。这样的创新虽然并不多见，但其所导致的科学革命不仅会改变科学的面貌，而且往往会推动技术和经济发展，甚至改变人类生活。因此，科学资助机构在制定评议政策和其他资助政策中特别需要关注的，恰恰是这样一类创新性研究。本文在此所称的创新性研究，也是指此类研究。

二、NSF 与 NSFC 对创新性研究的资助政策

鉴于同行评议的共识性与创新性研究的非共识性之间的内在矛盾，资助机构仅靠改进同行评议本身的程序来克服这一难题是不够的，还必须同时在评议程序之外寻求有效的资助政策，才能对同行评议在这方面的局限进行弥补。NSF 和 NSFC 的努力正是在这两方面展开的。

① 史蒂芬·科尔著，林建成、王毅译，科学的制造，上海：上海人民出版社，2001年，p. 9。
② 在 2004 年之前的文件中，NSF 多用"高风险性研究"一词来指"创新性研究"。2004 年 9 月 22—23 日，NSF 在圣塔菲研究所举办了题为"甄别、评议与资助变革性研究"的研讨会，与会专家认为"变革性"一词能够更准确地体现 NSF 所指的"创新性"的含义，因此，现在 NSF 多用"变革性研究"来指"创新性研究"。

（一）NSF 对创新性研究的支持

NSF 从成立之初就注意到了评议活动与创新性研究之间的冲突，并且十分清楚创新性研究在科学发展中的重要性。在 1952 年 NSF 年度报告的前言中，时任 NSB 主席的巴纳德（Chester I. Barnard）指出，"'评议'一词对许多人来说，意味着指导或控制——两者对于有效地开展基础科学研究都被认为是有害的。人们也普遍认为……科学中有创造性和有想像力的研究必须是个人性的，不能以组织的方式进行。……尽管这一思想在很大程度上往往是正确的，但是，我们（现在）已经处于这样一个社会发展阶段，专家有意识的合作以及不同思想的协作发展，不仅是必要的，也是可能的。……不过，本基金会应当维护科学不受（评议活动）间接控制的威胁，避免科学家的研究受到科学'正统'过于严格的限制……"[1] 近年来，不仅科学共同体对 NSF 支持创新性研究的要求依然强烈，而且，政府、产业界和公众对创新性研究的资助状况也十分关注。2003 年 8 月 NSF 主任柯薇尔博士在题为《NSF 的高风险研究》的报告中指出，"我们所支持的一切都有风险。可以假定，（风险的）潜在收益与风险（本身）相当。我们是依靠评议人和我们的计划官员，来完成这些有时是非常棘手的工作"[2]。然而，重视创新性研究是一回事，而实际上能否有效地支持创新性研究则是另外一回事。

对于 NSF 来说，影响其支持创新性研究的因素主要有两个方面：一是 NSF 自身在资助政策和资助机制方面如何甄别与支持创新性研究；二是科学共同体如何明确地表达（作为申请人）与评议（作为评议人）创新性研究。[3] 不过，在一定意义上，科学共同体

① National Science Foundation, *The Second Annual Report of the National Science Foundation: Fiscal Year 1952*, U. S. Government Printing Office, Washington 25, D. C., 1952, pp. vi–vii.

② National Academy of Public Administration, *National Science Foundation: Governance and Management for the Future*, April 2004, p. 76.

③ National Science Board, *Enhancing Support of Transformative Research at the National Science Foundation*, Draft for Public Comment, February 8, 2007, p. 9.

的行为可以通过 NSF 的政策和机制加以引导和鼓励，因此资助机构的资助政策与资助机制更为重要。

在对科学共同体的引导和鼓励方面，NSF 主要是通过评议准则、申请指南（grant proposal guide）、计划指南（guide to programs）、各计划的申请征集书（solicitation）、计划通告（announcement）等文件，向申请人和评议人阐明其支持创新性研究的政策。如前所述，NSF 的评议准则中有明确要求考虑项目创新性的内容。特别应当指出的是，NSF 的评议准则不仅是面向评议人的，也是面向申请人的。NSF 的申请指南和计划指南中都反复强调评议准则的内容，有利于申请人了解 NSF 的资助政策。在面向申请人的其他相关文件中，NSF 也会强调其支持创新性研究的政策。例如，在一些涉及多个科学部的优先领域计划中，通过发布计划征集书和通告，NSF 对拟资助的创新性研究有非常明确的要求。以纳米科学与工程（NSE）计划中的子计划"纳米尺度探索性研究"（NER）为例，该子计划的项目征集书对 NER 拟资助活动的描述是："本计划此部分的重点在于支持高风险/高回报的纳米尺度科学与工程研究及教育。……未及广泛研究以及尚未发表的新想法也将得到资助，（尽管）这些想法可能只得到初步的数据支持。"考虑到基于此类想法的研究在申请人提交申请书时也许还不十分清晰，因此征集书强调，申请书对项目描述中进行明确阐述的部分，可以只限于"陈述为什么该研究应当被视为特别具有探索性和高风险性的原因"[1]。

鉴于同行评议的共识性与创新性研究的原创性之间存在内在冲突，NSF 除了在面向评议人的文件中强调优先支持创新性研究的政策之外，还特别需要依靠其计划官员甄别创新性研究的能力，通过两种途径资助创新性研究。一种途径是，NSF 的计划官员在处理评议专家的意见中，当遇到评议人的意见，特别是关于创新性研究可

---

[1] National Science Foundation, *Nanoscale Science and Engineering：Program Solicitation for FY 2004*，NSF-03-043，2003.

行性的评判不一致时，可以行使其一定的权限，作出支持创新性研究的资助建议；另一种途径是，NSF 的计划官员可以不通过同行评议程序，自行决定对小额探索性研究项目（SGER）申请的资助——这是 NSF 针对创新性项目而设立的一种特别资助机制。

SGER 是 NSF 于 1990 年开始实施的一类专门项目，其申请和资助的渠道与其他常规性项目不同，都具有特殊性。各科学部的计划官员可以用本计划年度预算经费的 5% 支持此类项目，而资助决定完全由计划官员独立做出。在设立 SGER 之初，NSF 规定该类项目的资助期限为一年，资助经费最高可达 10 万美元。NSF 还提出，SGER 研究应当具有以下五个方面特征中的一个：（1）对未经检验的新思想开展初步研究；（2）冒险进入正在形成的研究领域；（3）将新的技术或方法应用到"已定型的"研究领域；（4）为了促进有效使用已有设备或特殊装置以及获得已有数据而进行的研究，包括对自然灾害及类似突发事件的快速响应研究；（5）推动研究迅速取得创新性进展或具有类似特征的工作。[①] 2003 年 10 月，NSF 对 SGER 申请作出了新的规定，强调申请 SGER 的必须是在 NSF 资助的科学、工程学和教育领域范围之内具有高风险的、探索性小型研究项目，并加大了支持力度。在 SGER 研究特征描述方面，NSF 增加的新的内容，在（2）中除了原先"正在形成的研究领域"又增加了"或有可能带来变革的"研究领域，在（4）中除了"自然灾害"又增加了"或人为造成的灾害"；在 SGER 的资助强度和期限方面，NSF 规定，SGER 的项目经费由原来的最高 10 万美元增至 20 万美元，但一般不超过其一般性项目的平均资助强度。项目的期限通常仍是一年，但若有必要，可以延长至两年。[②] 在已资助的 SGER 项目中，属于"对未经检验的新思想开展初步研究"的项目有：发明能够推测未知样

---

① National Science Board, *Report of the National Science Board on the National Science Foundation's Merit Review System*, September 30, 2005, NSB-05-119, p. 10.

② National Science Foundation, *Grant Proposal Guide*, NSF-04-2, October 2003, p. 1.

本的硅纳米线生物传感器阵列，以用于实时分析各种危险生物物种的 DNA 标记，以及开发新型分子技术，以用于识别和测定通过水传播的病原体。①

尽管与 NSF 常规项目的资助率——从 2000 年的 33% 下降至 2005 年的 23%——相比，SGER 的资助率高出了许多（见表 5.1），但是，SGER 的资助总额仍然很低，2000 年至 2005 年间占 NSF 各计划总资助经费的近 0.3%—0.5%，远低于各计划官员可以支配的计划资助经费 5% 的比例。②这一方面说明申请者对于提出此类项目的申请还不够积极，另一方面也说明对于此类项目创新性的判断并非易事，NSF 的计划官员对自己手中权力的运用以及对 SGER 项目的资助，都是相当慎重的。不过，也有研究指出，NSF 对 SGER 资助机制的运用是不充分的，而且，有时还会受到应急研究活动的冲击（如支持相关突发自然灾害的研究），这些应急研究往往并不是真正的"变革性"研究。③

表 5.1　2000—2005 年 NSF 的 SGER 申请与资助情况

年份	申请数/项	资助数/项	资助率/%	平均资助强度/美元
2005	504	387	77	69716
2004	640	382	60	77209
2003	435	344	79	68094
2002	323	278	86	60052
2001	300	255	85	60246
2000	317	273	86	57391

注释：各年份资助率的数据是笔者根据申请数和资助数计算出来的。
来源：2002 年度和 2005 年度 NSF 价值评议报告。

---

① National Science Board, *FY 2004 Report on the NSF Merit Review System*, NSB-05-12, March 2005, p. 27.
② National Science Board, *Report of the National Science Board on the National Science Foundation's Merit Review System*, September 30, 2005, NSB-05-119, p. 10.
③ National Science Board, *Enhancing Support of Transformative Research at the National Science Foundation*, Draft for Public Comment, February 8, 2007, p. 10.

以上主要从资助政策和资助机制方面分析 NSF 对创新性研究的支持。不过，NSF 支持创新性研究的方式不止上述这些，还包括对 ERC 等大型中心所开展的多学科创新性研究的支持，对在研项目取得突出创新性进展而提供的持续支持，以及工程学部的小企业技术创新研究计划、小企业技术转移计划，等等。[1] 其中，关于 NSF 对多学科研究或交叉学科研究的支持，下文将有较为详细的分析，此不赘述。

（二）NSFC 对创新性研究的支持

21 世纪以来，中国基础科学发展的基本方针都紧紧围绕着科学创新的核心目标，从"十五"期间对"原始性创新"的重视，到"十一五"期间"增强自主创新能力"的战略要求，国家资助和管理科学的相关部门和机构都将支持创新性研究作为自己的重要任务。NSFC 作为支持国家基础研究的机构，对创新性研究十分关注。在"十五"发展计划中，NSFC 提出其总体目标是："……通过支持科学家创造性的研究工作，力争在若干重要科学领域接近或达到世界前沿，取得一批有重大国际影响的开创性科研成果；……造就一批从事基础研究的具有开拓和创新能力的科技人才。"[2] 和世界其他国家的科学资助机构一样，NSFC 也注意到，要有效地鼓励创新性研究，不仅需要其管理人员的努力，更要得到申请人和评议人的支持。因此，在"十五"发展计划的政策措施中，NSFC 提出要"营造鼓励创新的研究环境，建立有利于原始性源头创新的基金评审标准。改进基金项目申请书和同行评议表的内容与形式，在申请书中将要求申请人更加明确、突出地表述整体研究方案中的创新思想；通讯同行评议主要判断评审对象的创新能力或研究价值；学科评审会的决策方式将作适当改进，以有利于优秀创新项目的遴

① National Science Board, *Enhancing Support of Transformative Research at the National Science Foundation*, Draft for Public Comment, February 8, 2007, p. 9.
② 国家自然科学基金委员会，国家自然科学基金"十五"发展计划纲要，中国科学基金，2002（1）：54-60。

选。……在项目的评审和遴选中，对项目的创新性有不同认识而产生的'非共识项目'，要有相对准确的界定；管理人员和决策专家要敢于保护和支持这类项目……对……'非共识项目'要允许探索，宽容失败"[①]。

除了在资助理念和资助政策中一直强调对创新性研究的支持以外，正如在"十五"计划中提出的那样，NSFC 还制定和实施了具体的政策措施，以鼓励和支持科学家的创新性研究。实际上，NSFC 的一些学科在"九五"后期就开始试行设立资助期一般为一年的小额预研探索项目类型，主要支持高风险的创新性项目，特别是在评议阶段属于"非共识"的项目。自"十五"期间开始，NSFC 正式设立小额项目作为一种资助类型，支持"探索性强、风险性高"的创新性研究；同时，在评审会上，对函评中评价分歧很大或评价不高，但会评专家或学科管理人员认为"创新性很强的探索项目"，可以通过会评专家或学科管理人员以"署名推荐"的方式建议科学基金予以支持。

与 NSF 的 SGER 项目不同，NSFC 的小额项目不是一种单独的项目申请类别，仅仅是一种资助类别，而 NSF 的 SGER 项目既是单独的申请类别，也是单独的资助类别；更大的区别在于，NSF 的 SGER 申请不通过同行评议，而是由计划官员来判断申请人提交的申请是否真正具有探索性和创新性，因此 NSF 将 SGER 计划归入资助创新性研究的特别机制。当然，SGER 之所以能够成为一类特殊处理的项目类别，也是由于 NSF 赋予其科研经历丰富、科研水平较高的计划官员以一定的资助决策权的缘故。不过，计划官员的权力与其所受的制约相一致，其工作不仅受到国家法律以及 NSF 内部规章的制约，而且作为科学共同体的一部分，也受到全国科学共同体的监督。然而，在 NSFC，其科学处直接负责项目管理的人员并没有被

---

① 国家自然科学基金委员会，国家自然科学基金"十五"发展计划纲要，中国科学基金，2002（1）：54—60。

赋予这样的权力，而且在同行评议还没有成为主导国家基础科学资源配置机制的中国，科学共同体大概也不希望 NSFC 的管理人员拥有太大的资助决策权。因此，NSFC 没有设立类似于 NSF 的针对创新性项目的特别资助机制，即使是小额项目也要和其他自由申请项目一样，必须经过同行评议程序来进行遴选，通常的做法是所谓"署名推荐制"——这是 NSFC 实行的一种通过会评弥补函评中对一些高风险创新性研究评价不高之缺陷的制度，通过评审会上两位评议人署名推荐的项目，在经过专家投票通过后，既能够以小额项目方式也能够以一般性项目方式进行资助。在这一过程中，NSFC 没有要求申请人自己将此类项目作为专门的项目类别进行申报，因此申请人可能并未特别强调其研究处于预研阶段或具有探索性，而是要由评议专家来决定受资助项目是否具有风险性与探索性，这样也许不利于申请人和评议人双方就研究的探索性和创新性达成一致性意见。但是，目前 NSFC 还没有将小额项目列为独立申请类别的计划，实际上，为了确保资助工作的公正性，NSFC 对于设立不经同行评议程序而进行资助的项目类别十分谨慎。

不过，据笔者在 NSFC 评审会期间的旁听和观察发现，科学部有的项目管理人员在不违反 NSFC 项目评议程序的前提下，也在积极探索有效遴选创新性项目的方法。2002 年笔者曾参加地球科学部的评审会，旁听了几个学科的会议，其中地球物理与空间物理学科遴选创新性项目的独特做法给笔者留下了深刻印象。该学科在评审会的评议工作中将遴选创新性项目和资助小额项目结合起来，从一定程度上解决了通过同行评议程序遴选创新性项目的难题。其具体做法是，地球物理与空间物理学科的管理人员在进入申请项目评议的正式程序之前，将该学科所有的项目申请书都交给会评专家，且不提供函评专家的意见，要求专家在此时的评议中仅考虑唯一的因素——项目的创新性。专家在初步评议后，提出约占拟资助项目数20% 的创新性项目，提交评审组逐项审议，然后进行投票，得票数超过 2/3 的项目可暂定为是在创新性方面突出的项目。① 此时，再将会评投票结果与函评结果进行对比，如果函评结果也很好，则以普通面上项目方式支持；如果函评结果不好，则经讨论得到同意后，以小额预研探索项目的方式予以资助。由于在这一环节的评审标准中特别强调了创新性，就比一般程序更大程度地保护了创新性研究。据了解，在此方法实施前，函评结果不好的项目申请完全没有机会获得资助，而通过这样的评审程序，每年都有 3—5 项函评结果不好的创新性项目得到小额项目资助的机会。从资助的结果看，其中的大多数小额项目都取得了较好或很好的成果，后来又得到面上项目甚至重点项目的资助。当然，要实行这一方式也要有一定的前提条件，并非所有学科都能实行。例如，学科的受理和评议申请项目数量不太大（最多不能超过 300 项），会评专家可以在短时间内评阅全部的申请项目；最后遴选出来的项目其研究内容以理论方法创新为主，不涉及复杂的实验、勘察或大型科研设施，等等。

从这一事例可以看出，支持创新性研究需要创新性的评议方法与资助机制。不仅一个资助机构不能照搬另一个资助机构的资助方式，而且同一个资助机构内的不同学科管理部门也需要根据其自身特点，采取不同的评议方法和管理方式。不过，从总体情况来看，NSFC 的小额项目数少于 NSF 的 SGER 项目数，而且不少项目是出于提高资助率的考虑，而非真正的探索性创新项目。更重要的区别在于，NSFC 的小额项目并不是通过同行评议程序之外的机制来解决支持创新性研究的问题，因此，其解决创新性研究的资助问题的程度应当说还是很有限的，这可能与中美两个国家所处的科学发展水平、科研资助水平等问题有关。

① 笔者作为 NSFC 政策局工作人员，每年可以参加科学部评审会的旁听。在 2002 年参加地球科学部评审的旁听过程中，还有幸参加了地球物理和空间物理学科对创新性项目投票的监票工作。

第三节 NSF 与 NSFC 的学科交叉研究资助政策建构

学科是人类知识体系中的基本单元，在知识的生产与再生产中具有重要地位。从学科与科学知识生产的关系来看，科学研究、交流、奖励等活动的基本主体是研究共同体，而研究共同体的形成常常是以学科为中心的，即同一学科的研究共同体构成了"同行"。然而，不同学科的划分在本质上是人为的，而现实世界中开展的研究活动系以解决科学发展或科学应用的问题为目的，往往不一定限定在一个学科的范围之内。在此意义上讲，学科的划分以及因此而产生的学科间的隔离，反而不利于科学研究和科学交流活动的有效进行。以同行评议的方式遴选和支持学科交叉研究项目，其功能局限也在于此。本节将分析学科交叉研究的特点，以及同行评议与学科交叉研究的内在冲突，考察 NSF 和 NSFC 资助学科交叉研究的政策与机制，探讨国家科学资助机构支持学科交叉研究的有效途径。

一、同行的学科基础与跨越边界的学科交叉研究

不少针对同行评议的研究都指出，采用同行评议方式遴选研究项目所需要的前提之一是，评议的研究属于发展较为成熟或边界容易界定的学科或领域。[1]这是因为在这样的领域（正如库恩所指出的那样），研究共同体成员具有共同的师承关系，其研究遵循既定的"范式"，对于专业方面的问题有较为一致的看法，是严格意义上的"同行"。而针对跨越了这样的领域边界的研究，就会涉及不同的研究共同体，对于研究的价值等问题则不容易达成一致的意见，甚至会产生较大的分歧。[2]然而，学科交叉研究正是这样"跨越边界"

---

[1] Alan L Porter and Frederick A Rossini, Peer Review of Interdisciplinary Research Proposal, *Science, Technology, & Human Values*, 1985, 10 (3): 33-38.

[2] 托马斯·库恩著，范岱年、纪树立等译，必要的张力——科学的传统和变革论文选，北京：北京大学出版社，2004 年，pp. 288-289。

的研究，其跨越学科边界的特性对建立在学科基础上的"同行"评议形成了严峻的挑战。事实上，学科交叉研究不仅是跨越学科边界的研究，而且往往也是跨越不同机构、专业团体以及各类体现科学制度化特征的结构边界的研究。[①] 不管人们怎样称呼此类研究，比如学科交叉（interdisciplinary）研究[②]，多学科（multidisciplinary）研究，跨学科（transdisciplinary 或者 cross-disciplinary）研究，等等，跨越边界是其共同特征。

正如吉本斯等人在研究中所揭示的那样，在当代社会的科学知识生产方式中，采用"模式二"方式的研究越来越多，其研究也越来越重要，而"模式二"最重要的特征就是研究的跨学科性。吉本斯等指出，"模式二"的跨学科研究具有四个方面的特性：第一，研究以解决问题为导向，因而并不是先进行研究，再将已有的研究结果付诸应用，而是从研究一开始就考虑到其潜在的应用价值与应用途径，因此，从选题、设计、理论到应用研究的整个研究过程，都有来自不同学科和部门的人员参与。第二，由于需要研究的问题产生于其应用背景，因此，解决的途径既可以是经验研究也可以是理论研究，更有可能是兼有实证和理论的跨学科研究，这样的跨学科研究将形成具有自身特点的理论框架、研究方法和应用模型，而且可能完全在已有的学科范围之外。第三，与"模式一"下的研究通过专业期刊或学术会议发布研究结果不同，"模式二"下的跨学科研究在研究过程中注意建立交流网络，并随时与参加研究的所有人员交流阶段性结果。第四，"模式二"下的跨学科研究是动态的，不仅研究的过程是动态的，而且由于受到变化着的应用需求的引导，其

---

① Timothy Lenoir, *Instituting Science: The Cultural Production of Scientific Disciplines*, Stanford University Press, 1997, pp. 46 – 47.

② 有人将 interdisciplinarity 译为"交叉学科"，笔者认为是不妥当的，因为这样会使人误以为是由不同学科交叉而成的一门新学科（如生物化学等）。对 interdisciplinarity 合适的译法是"学科交叉性"，与之相关的 interdisciplinary research 可译为"学科交叉研究"。

研究结果及其应用前景也处于不断变动之中。①从上述特点来看，支持跨学科研究至少要注意两点：一是研究必须以问题为导向，不能局限在单一学科的范围内；二是研究的组织工作应当具有相当的灵活性，要打破学科、机构、专业、部门等彼此分离且相对固定的体制界限。

长期以来，科学资助机构往往以单个学科为基本资助单元来组织其研究资助活动。设立资助计划如此，受理项目申请和组织项目评议也是如此。之所以如此，这是由科学资助机构的基本任务决定的，亦即响应科学发展的需求，特别是来自各学科领域研究共同体所推动的科学发展的需求，力争支持各学科领域最好的科学和最好的科学家。而评判何谓"最好"，只有同行专家最有发言权。相比之下，由于跨学科研究或学科交叉研究对不同学科的知识进行了重新建构，评议活动很难以单个学科的知识为基准，因此不容易达成共识。实际上，"学科"的概念在19世纪就发展起来了，而"学科交叉"这一术语的出现最早只是在20世纪20年代中期的社会科学研究中，学科交叉研究在自然科学与工程研究中的发端则是在第二次世界大战之后，与大科学的兴起以及自60年代后期强调应用科学的背景密切相关。②80年代以来，注重以问题为核心或由应用而引起的科学研究，使得学科交叉研究在科学资助机构的发展战略中占据越来越重要的地位。然而，与上一节所分析的创新性研究的状况类似（在许多情况下，创新性研究是从学科交叉研究中产生的），由于学科交叉研究没有统一而明确的定义，其研究本身又具有相当大的不确定性，因此，以寻求共识为主要目标的同行评议，对于学科交叉项目的遴选有很大的局限性，甚至资助机构以学科为资助结构的

① Michael Gibbons, Camille Limoges, Helga Nowotny, Simon Schwartzman, Peter Scott, Martin Trow, *The New Production of Knowledge: Dynamics of Science and Research in Contemporary Societies*, Sage Publications Ltd, 1994, pp. 4 - 6.
② 朱丽·汤普森·克莱恩著，姜智芹译，跨越边界——知识、学科、学科互涉，南京：南京大学出版社，2005年，pp. 11-12。

传统资助方式，也不适合支持学科交叉研究。必须寻求新的评议机制和资助模式，才能真正有效地支持学科交叉研究。

以加拿大自然科学与工程研究理事会（NSERC）为例，可以看到资助机构为了适应学科交叉研究的特点制定了怎样特殊的评议政策。NSERC 在评议政策文件中专门针对学科交叉项目评议人的遴选以及通讯评议人的评议活动，提出了以下五个方面的特殊要求：（1）选择参加过或熟悉学科交叉研究的评议人，评议人的专业须覆盖项目申请所涉及的领域范围。（2）评议学科交叉项目时，不要与单学科的项目进行比较，以免产生不利于学科交叉项目的障碍。必要时可采取额外的评议机制（如现场访问、研讨会、咨询活动等），确保同行评议的全面性和公正性。（3）学科交叉研究与单学科研究有一些内在的区别，如：申请人在新进入的领域中缺乏研究业绩，研究需要更多的合作，研究取得结果需要更长的时间，等等。评议时应慎重看待此类问题。（4）项目评议中最重要的是研究的水平及其产生的影响，而不是论文及其发表期刊的档次。学科交叉研究类期刊由于关注的是新领域或新兴领域，因此往往不很成熟，知名度也不够大。（5）对学科交叉研究的评价考虑范围应更广泛一些，而不是仅限于评议人本人的学科或研究兴趣所带来的狭窄的视野。①这些对学科交叉研究评议活动的要求，也可以看做是学科交叉研究的特别评议机制，主要包括两个方面的内容：一是强调评议人的专业及专业兴趣的覆盖面；二是提醒评议人注意学科交叉研究的特殊性，特别是申请人以往的业绩等问题。针对学科交叉研究不同于单学科研究的特点，NSERC 还要求评议人在评审会上讨论学科交叉项目时重点考虑申请书的下列内容：该学科交叉研究的"附加价值"是什么？从该研究中产生的新知识能否对不同的领域产生影响？在

---

① Natural Science and Engineering Research Council of Canada, *Guidelines for the Preparation and Review of Applications in Interdisciplinary Research*, 2006, http://www.nserc.gc.ca/professors_e.asp? nav = profnav&lbi = intre.

问题的提出和方法的应用中是否考虑了所有相关学科？申请人能否证明自己对所涉及的其他领域的核心科学问题和基本理论假设有充分的理解？申请人所使用的术语能否向其他学科的人作出清晰的阐释？申请人是否拥有所有所需的专业知识或者能够得到这些知识？对于合作研究的项目，是否有明确的牵头人以及协调和交流机制？等等。①

OECD 在题为《科学技术中的学科交叉性》的报告中指出："政策制定者和资助机构应当对新兴的学科交叉领域保持资助的灵活性和敏感性，而不是迫使研究人员人为地联合。"②在学科交叉研究资助活动中，最重要也是最困难的就是如何鼓励和支持科学家主动而自觉地开展学科交叉研究，而不是"为交叉而交叉"。目前，一些国家的科学资助机构根据学科交叉研究的特点，探索出一些支持学科交叉活动的方式，例如，设立以问题研究而不是学科研究为核心的资助计划或优先领域，建立组织管理方式富有弹性而灵活的研究中心，鼓励研究中的团队合作和网络构建，在年青一代的科学家和工程师中培养学科交叉意识，等等。③虽然不同的机构在开展这些活动的具体做法上有所不同，但无论是资助项目、计划、领域还是中心，其宗旨都在于支持跨越学科边界的科学活动。下面分析 NSF 和 NSFC 支持学科交叉研究的政策时，将较为详细地介绍这些途径及其运行效果。

二、NSF 与 NSFC 对学科交叉研究的资助政策

与资助创新性研究的政策类似，NSF 和 NSFC 不仅从战略上高

---

① Natural Science and Engineering Research Council of Canada, *Guidelines for the Preparation and Review of Applications in Interdisciplinary Research*, 2006, http：//www. nserc. gc. ca/professors_e. asp? nav = profnav&lbi = intre.
② OECD, *Interdisciplinarity in Science and Technology*, Directorate for Science, Technology and Industry, OECD, Paris, 1998, p. 21.
③ Lyn Grigg, *Cross-disciplinary Research*, Commissioned Report No. 61, Australian Research Council, December 1999, pp. xvii −xviii.

度重视学科交叉研究，而且实施了相应的资助政策。不过，由于学科交叉研究不同于传统的以单一学科为依托的研究模式，无论是在评议机制还是资助方式上，两个机构对学科交叉研究的支持都在探索与发展的过程中。由于美国和中国的科学发展水平和科学体制不同，相比而言，NSF 支持学科交叉研究的政策与机制更为灵活多样，而 NSFC 的相关政策则较为单一和有限。

（一）NSF 对学科交叉研究的支持

尽管从成立之初，NSF 就是一个以学科为基础设立和实施资助计划的机构，但是，从第二次世界大战期间美国科学家以问题为导向开展多学科合作而取得的巨大成就中，NSF 的管理人员深知学科交叉研究的重要性。在 1952 年的年度报告中，当述及物质科学、工程学和地球科学等研究的资助活动时，NSF 表达了支持学科交叉研究的意愿。以物质科学的资助活动为例，NSF 指出，虽然物质科学与其他科学领域的基础研究的总体目标是一样的，但物质科学近年来的发展越来越凸显出其另一个目标——从不同的学科与途径共同解决综合性问题。由于许多问题的解决需要相关学科的研究人员从各个学科的不同方向开展研究，因此，"本基金会敏锐地意识到自己支持整合性研究的责任，以解决跨越（研究领域）边界和学科交叉的问题"[1]。

然而，就 20 世纪 50 年代美国的科学政策而言，由科学共同体主导的"为繁荣而自主"的思想占据主流，政府支持的许多研究都是科学家在学科框架内开展的。虽然 NSF 认识到学科交叉研究的重要性，但是对新的资助机制和资助模式的探索还需要付出更多的切实努力。随着 60 年代联邦政府对科学的投入越来越多，加之科学技术的新发展所带来的社会问题越来越受到关注，公众要求国家更多地支持以问题为导向的研究，最终导致 1968 年在 NSF 法中增加了支

---

① National Science Foundation, *The Second Annual Report of the National Science Foundation: Fiscal Year 1952*, U. S. Government Printing Office, Washington 25, D. C. , 1952, p. 20.

持应用研究的条款，以及 NSF 于 1971 年设立了资助以问题为导向而开展研究的著名的"应用于国家需求的研究"（RANN）计划。重视以重大问题为导向的科学研究，这一政策不仅在政治层面响应了国家需求，而且在科学层面有力地推动了对于科学创新十分重要的学科交叉研究，甚至还有学科交叉的教育活动，促进了知识在不同的学科和部门（如学术界和产业界）之间的流动。NSF 自 70 年代初起，开始探索和发展支持学科交叉活动的各种机制与方式，包括设立学科交叉资助计划、实施优先领域计划、支持各类研究中心，等等。

据科学政策研究专家统计，NSF 设有几十个具有学科交叉性质的资助计划，既有一个科学部单独资助的计划，也有多个科学部共同资助的计划，还有 NSF 与其他联邦机构联合资助的计划，以及涉及科学教育、人才培养、科研设施、产学结合等活动的各类资助计划，等等。[①]NSF 描述其开展的学科交叉资助活动的术语大致有五个，其基本含义和使用方式如下：（1）"多学科"活动，NSF 最常用的术语，用于表示涉及多个学科的研究人员互动的研究项目，有时也用于涉及多个学科的资助计划；（2）"学科交叉"活动，通常是指 NSF 向所有学科开放的资助计划，一般不用于表示涉及多个学科的单个研究项目；（3）"横向联合"（crosscutting）活动，往往是指涉及多数科学部或多个部门的计划或活动；（4）"跨学科"活动，从含义上讲，与多个科学部共同开展的资助计划以及向多学科研究人员开放的学科交叉研究计划相似，但更多地用于一个科学部范围内多学科交叉的资助计划；（5）"整合性"（integrative）活动，常常指研究与教育的结合，尽管 NSF 没有将此类活动仅仅看做是学科交叉活动，而是内涵更为广泛的跨越学科边界、机构边界、部门边界的资助活动，但是，学科交叉显然是整合性活动的基本特性。[②]仅仅从这

① National Academy of Public Administration, *National Science Foundation: Governance and Management for the Future*, April 2004, p. 64.

② 同上，pp. 63 – 64。

些涉及学科交叉活动的丰富词汇，就可以显示 NSF 支持学科交叉活动的多元机制和多种形式。更为重要的是，从战略规划到绩效报告、从优先领域到预算报告等等的各种政策文件中，学科交叉都是 NSF 不断强调的重要的政策目标。

不过，值得注意的是，在 NSF 通用的评议准则中，并没有专门针对学科交叉项目评议的内容。这一方面说明 NSF 支持的许多研究仍然是在成熟的学科内部开展的研究；另一方面也说明 NSF 意识到同行评议在学科交叉项目评议中的局限，需要设立特殊的资助政策与资助模式，对学科交叉研究进行支持。为展示 NSF 学科交叉资助活动的运行状况，下面将结合一些具体实例说明与其相关的资助政策，特别是 NSF 对学科交叉团队、优先领域和研究中心的支持活动。

1. 对学科交叉团队项目的支持。

学科交叉研究不仅需要科学家个人了解多个学科的相关知识，而且依赖于不同学科的科学家组成研究团队，共同开展针对同一问题的研究。在 NSF 纳米科学与工程计划中，专门设有"纳米尺度学科交叉研究团队"（NIRT）子计划，鼓励以团队方式解决纳米科学技术领域的研究与教育问题。为了保证研究人员切实开展学科交叉活动，NSF 规定申请此类计划的研究团队，其主要研究人员（不包括学生）不得少于三人，但也不得多于五人。考虑到学科交叉研究的特殊性，NIRT 项目的资助期限比普通项目多一年，为四年。申请该计划的项目必须具有下列特征：整合纳米科学与工程学领域的研究与教育活动，大学与联邦实验室、产业界等缔结伙伴关系，申请队伍具备相关领域研究和教育活动所需的知识与技能，所开展的活动有利于促进纳米科学技术领域劳动力培训和向公众普及相关知识。为检查 NIRT 计划受资助项目的执行情况，NSF 规定，在项目执行的第二年底举办评议交流会，每个研究团队必须至少有一位项目负责人出席，会议一是检查项目进展，二是交流研究信息，进一步促进合作。①对此类项目的评议，NSF 在通用的评议准则之外，增加了额外的评议指标，以考察研究团队是否真正具有学科交叉的特性。可以看到，NSF 对此类项目采取了特殊的资助和管理模式。

2. 对优先领域的支持。

支持以问题为导向的跨学科研究领域，是 NSF 最早认识到的支持学科交叉研究的机制。早在 20 世纪 60 年代末，NSF 就设立了"与社会问题相关的跨学科研究"（IRRPOS）计划，尽管其初衷是为了加强对应用科学的支持，但很显然，NSF 知道，以问题为导向的研究几乎都是跨学科研究。围绕国家所关注的重大问题而开展的资助活动，后来演变为 NSF 对优先领域的支持。90 年代中期以来，NSF 的优先领域不仅针对国家的重大需求，而且也针对科学前沿的重要领域。优先领域的设立已成为 NSF 在预算过程中获得政府增加经费的重要方式。2006 年 NSF 共有四大优先领域，即：环境中的生物复杂性、纳米科学与工程、数学科学、人类与社会动力学。环境中的生物复杂性领域于 2000 年设立，其具体资助背景将在下面详细说明；纳米科学与工程领域于 2001 年设立，后来成为 NSF 与多个联邦机构联合资助的国家纳米计划（NNI）的一部分；数学科学作为优先领域于 2002 年设立，旨在促进数学家、统计学家与在科学和数学交叉的前沿领域进行探索的科学家和工程师开展合作，也吸引更多的美国青年投身于数学科学领域；人类与社会动力学领域于"9·11"后的 2003 年开始设立，原为社会、行为与经济科学部的优先领域，后于 2004 年扩展为整个 NSF 的优先领域，旨在研究各个层次上人类与社会系统及其环境之间复杂的动力学机制，从而更好地理解人类与社会行为（包括人的心智）变化的认知与社会结构，提高对这些变化所带来的复杂后果的预见能力。②

① National Science Foundation, *Nanoscale Science and Engineering (NSE) Program Solicitation for FY 2005*, NSF-04-043, 2004.

② National Science Foundation, *FY 2006 Budget Request to Congress*, 2005, pp. 399 – 418, http：//www. nsf. gov/about/budget/fy2006/pdf/fy2006. pdf.

环境科学是较为典型的学科交叉领域，也是同时涉及科学前沿与社会经济发展需求的重要科学领域，其中的许多问题都需要多学科合作共同开展研究。NSF 将"环境中的生物复杂性"（biocomplexity in the environment）列为长期资助的优先领域，旨在寻求研究复杂环境系统的各种新途径，同时，摆脱生物战争的威胁，解决实现环境长期安全所涉及的复杂问题，以及应对气候和环境的迅速变化对科学和社会带来的严峻挑战。NSF 强调，该领域拟资助的研究必须具有高度的学科交叉性，必须运用先进的计算机与数学模型方法，解决生物"从分子结构到基因到有机体到生态系统再到城市中心"的所有层次上与环境相互作用的动态网络构成问题。通过对该领域的资助活动，NSF 希望对自然过程、自然界中的人类行为与决策，以及运用有效的新技术维护地球生命存在的方式等有更加全面深刻的理解。以 2006 年 NSF 重点支持的该领域五个方面的研究为例，可以具体了解该领域的学科交叉性。这五个方面的研究是：（1）地球系统、循环与路径——将大气、海洋和固体地球相联系的生物地球化学、化学与物理路径：包括所有时间和空间尺度上的生物、地球化学、地质和物理过程的相互作用，重在理解在生物学上具有重要意义的化学和物理循环（如碳、氧、氮、磷、硫和基本矿物质循环）间的关系，以及人类活动和其他生态因子对这些循环的影响。（2）自然与人类耦合系统动力学：包括对人类及自然系统相关过程，以及人类系统与自然系统在各种尺度上复杂的相互作用的定量分析与学科交叉分析。（3）材料利用——科学、工程与社会：包括旨在减少人类活动对资源利用整个互动系统造成的负面影响的研究，对复杂环境系统产生有利影响的环境友好新材料的设计与合成，以及最大限度实现每种材料在其生命周期中的有效利用。（4）微生物基因组测序：包括采用高通量微生物测序方式，研究对农业、林业、食品质量和水质具有重要意义的微生物或潜在的生物恐怖主义手段，此方面的研究属于 NSF 与美国农业部合作的跨机构研究活动。（5）传染性疾病生态学：包括研究传染性疾病的预测模型，发现揭示环境因素与感染因子传播间关系的基本原理，在此所指的环境因素有生物栖息地改变、生物攻击、生物多样性丧失和环境污染等，这一方面的研究属于 NSF 与 NIH 合作的跨机构研究活动。除了上述五个方面的研究之外，NSF 还支持运用综合性方法理解复杂生物系统的多学科研究与教育整合性活动，改善支持具有交叉学科特点的环境研究活动的各类基础设施（包括合作网络、信息系统、研究平台、国际合作等），如支持环境基因组学、传感器网络与观测系统的整合、分子尺度研究的技术与设备等等。[①] 2004—2006 财年 NSF 对该领域的资助在各科学部及相关部门的经费分配情况如表 5.2 所示。从经费分配上看，虽然该领域的资助以生物科学部和地球科学部为主，但其他科学部以及国际合作办公室和极地计划办公室都参与了资助活动，说明这样以问题为导向的优先领域的确要在多学科（包括数学、自然科学、工程学和社会科学）的共同资助下，才能得到发展。

表 5.2　NSF 各资助部门在"环境中的生物复杂性"领域的
经费分配情况（2004—2006 财年）

（单位：百万美元）

	FY2004 （实际支出）	FY2005 （计划支出）	FY2006 （预算请求）
生物科学部	39.86	39.86	30.43
计算机及信息科学与工程学部	8.01	8.00	3.00
工程学部	6.00	6.00	6.00
地球科学部	37.22	37.22	37.22
数学与物质科学部	4.70	4.03	3.36
社会、行为与经济科学部	6.27	2.00	2.00
国际科学与工程办公室	0.50	0.52	0.25
极地计划办公室	1.55	1.55	1.55
共计	104.11	99.16	83.81

来源：2006 财年 NSF 预算请求。

---

① National Science Foundation, *FY 2006 Budget Request to Congress*, 2005, pp. 399－403, http://www.nsf.gov/about/budget/fy2006/pdf/9－NSF－WideInvestments/33－FY2006.pdf.

3. 对多学科研究中心的支持。

学科交叉研究的"中心"化，是 20 世纪七八十年代以来由美国以及其他西方发达国家科学资助机构推动的一种学科交叉研究发展趋势，也是 NSF 支持学科交叉研究的组织管理方式的创新。NSF 支持的最早的研究中心，是 1972 年根据曼斯菲尔德修正案从国防部转到 NSF 资助的材料研究实验室。[①]1980 年前后 NSF 开始资助产学合作研究中心（I/UCRC），1985 年开始设立工程研究中心（ERC），1987 年又决定设立科学技术中心（STC）。NSF 中心的规模不断扩大，涉及的学科领域不断增多，所开展的活动也日益丰富。这些中心的发展与 NSF 支持工程科学的历史相关，因为这些中心开展的研究都具有很强的应用背景，主干学科多属于工程学领域。

NSF 在成立后的前 30 年，一直以资助基于学科发展的基础科学为主，因此缺乏支持学科交叉性质很强的工程科学的经验。I/UCRC 计划的前身是 20 世纪 70 年代初 NSF 设立的实验性 R&D 动议计划（ERDIP）的一部分。ERDIP 计划的初衷是为了增加联邦以外的部门对 R&D 的投资，同时提高私人部门对研发成果的应用。[②] I/UCRC 计划于 1980 年前后正式成为独立的资助计划，虽然其主旨是促进大学和产业界的合作，但在客观上也推动了不同学科的交叉，特别是基础学科与工程学科的交叉研究。与此同时，鉴于工程科学对于提升国家竞争力越来越重要，NSF 希望能够探索出更适合于工程科学领域学科交叉研究的资助模式。1981 年，NSF 请美国工程院就 NSF 如何更好地支持跨学科研究提出建议。工程院历时两年，于 1983 年形成研究报告，建议 NSF 成立工程研究中心，以支持来自不同学科领域的科学家和工程师所组成的研究团队，促进工程

---

① 朱丽·汤普森·克莱恩著，姜智芹译，跨越边界——知识、学科、学科互涉，南京：南京大学出版社，2005 年，p. 245。

② Denis O. Gray and S. George Walters (eds.), *Managing the Industry/University Cooperative Research Center: A Guide for Directors and Other Stakeholders*, Batterlle Press, 1998, pp. 9 – 10。

科学的发展。1985 年，NSF 批准了第一批共六个 ERC，包括加州大学圣芭芭拉分校的微电子机器人系统工程研究中心和麻省理工学院的生物技术过程工程研究中心。[1]在建立 ERC 的同时，NSF 还希望将中心模式推广到包括基础科学在内的广泛的科学领域，特别是需要长期支持的多学科交叉的领域。因此，1985 年 NSF 请美国科学院就 NSF 以中心的方式支持学科交叉研究提出建议，1987 年赞尔（Richard N. Zare）报告的出台促使 STC 的资助模式应运而生——1987 年，NSB 批准 NSF 设立 STC，1989 年，第一批共七个 STC 成立。[2]

应当说在 NSF 各类中心中，STC 在支持学科交叉研究方面的活动具有相当大的代表性。赞尔报告提出的 STC 应当具备的五个特征之一，就是开展和促进学科交叉与合作。1995 年美国公共管理科学院在完成对当时全部十八个 STC 进行的评估后发现，所有的中心都不同程度地开展了学科交叉或多学科的合作研究，在研究活动的组织中体现了学术界与产业界融合的模式，中心还广泛地参与从小学、中学、大学到博士后的教育与培训活动。[3]例如，华盛顿大学的分子生物技术中心不仅吸引了物理学、化学、生物学、工程学与数学等学科的人员合作开展研究，而且促成了华盛顿大学分子生物技术系的成立。该中心研发的许多技术都转让到了医学研究共同体，在中心成功地研发出来的分子生物学仪器和计算工具的基础上，还成立了一些商业化的公司；在加州大学圣芭芭拉分校，NSF 设立的量子化电子结构中心为大学提供了一种崭新的研究模式，完全打破了传统的学科界限与壁垒，中心不仅有来自不同学科的合作，而且还与其他大学、国家实验室、工业实验室的部门或机构合作，以及

---

[1]　George T. Mazuzan, *The National Science Foundation：A Brief History*, NSF Office of Legislative and Public Affairs, July 15, 1994 NSF- 88-16, http：//www. nsf. gov/pubs/stis1994/nsf8816/nsf8816. txt.

[2]　National Academy of Public Administration, *National Science Foundation's Science and Technology Centers：Building an Interdisciplinary Research Paradigm*, July 1995, pp. 2 – 3.

[3]　同上，p. 12。

与欧洲和日本的国际合作。该中心培养的不少研究生毕业后到合作企业工作，一些学生还创办了自己的企业。STC 通过开展学科交叉研究，不仅推动了科学前沿的发展，而且在一定程度上满足了企业的需求，促进了知识、信息、人员等在不同学科和部门之间的流动。

当然，NSF 对学科交叉活动的资助政策与机制不限于以上三类直接的资助活动，其对以学科为基础的资助计划的动态调整、对学科交叉研讨会的支持等等，也以不同的方式推动了学科交叉研究。从 NSF 支持学科交叉的活动可以看到，从设立学科交叉研究的独立的资助计划，到设立覆盖所有资助部门的多学科交叉的优先领域，从自己直接资助学科交叉研究，到搭建促进学科交叉研究与教育的平台，从资助学科交叉研究，到支持学科交叉研究与支持学科交叉教育并重，体现了 NSF 对学科交叉活动的理解越来越深入，不仅其学科交叉的资助模式和资助方式越来越灵活多样，而且其学科交叉资助活动成果的影响力也越来越广泛，使得 NSF 在推动科学发展和满足国家需求两方面都发挥着越来越大的作用。

(二) NSFC 对学科交叉研究的支持

在中华人民共和国成立后半个多世纪科学发展的历程中，倡导科学为国家经济建设和社会发展服务，一直是政府发展科学的首要目标。特别是 20 世纪五六十年代在编制"十二年规划"中提出的"以任务为经，以学科为纬，以任务带学科"的思想，一直是国家发展科学的主要模式，也成为直到改革开放之前"盛行于中国科学界的一句响亮口号"[1]。尽管改革开放以来国家发展科学的模式发生了一定的变化，尤其是新成立的 NSFC 效仿了西方主要国家科学资助机构支持基础科学的模式，形成了以学科单元为其资助活动基础的基本框架，但是从"七五"的重大项目、"八五"的重点项目、

---

① 张藜，新中国与新科学：高分子科学在现代中国的建立，济南：山东教育出版社，2005 年，p. 244。

"九五"的优先资助领域到"十五"重大研究计划，这些努力表明，NSFC 还是始终试图将科学研究与满足国家经济社会发展需求相联系。在此过程中的突出表现是不断探索支持学科交叉研究的方式，逐步形成了以学科资助为经线，以优先领域为纬线的矩阵式资助格局，在促进学科发展的同时，旨在增强基础科学服务于国家经济社会发展的能力。不过，尽管从"七五"到"十五"期间，NSFC 支持学科交叉的项目类型不断增加，但其资助模式一直仅限于研究项目资助，没有美国 NSF 资助学科交叉活动的模式那样丰富。

1. 对学科交叉类重大项目和重点项目的支持。

在成立之初，NSFC 提出了要有计划、有步骤地组织面向经济建设的重大项目，而这些重大项目不仅资助金额高于面上项目，而且其最显著的特征是研究的"跨学科"与"跨部门"。考虑到重大项目在"立项、评审、管理、成果评价"等方面不同于面上项目，1986 年 7 月，NSFC 成立了"重大项目领导小组"，专门负责组织重大项目的组织管理工作。3 个月后，NSFC 颁布了《国家自然科学基金委员会重大项目评审管理办法》，规定重大项目应属于"发挥跨学科、跨部门优势的合作研究"，对每个项目的评议要组织相关领域专家组成"重大项目评审组"，不仅评议研究的意义与方案，还要评议研究队伍的结构（应当包括学科结构与年龄结构）。[1] 可以看到，重大项目从设立之初，就涉及学科交叉研究项目，其申请、评审和结题管理等方面，均考虑到了项目的学科交叉性。1986 —1988 年 NSFC 共批准重大项目 56 项，每个重大项目的承担单位都在 3 个以上，最多到达 34 个单位，重大项目的资助强度也高于面上项目约 50 倍，"综合交叉性强"和"重视为生产技术发展导向"，被认为是这些重大项目的共同特征之一。[2] 也许是由于重大项目过于关注研究的

① 国家自然科学基金委员会，国家自然科学基金委员会关于重大项目评审管理暂行办法，1986 年 10 月 9 日委务会议通过。
② 国家自然科学基金委员会编，国家自然科学基金资助概览（1986 —1988），1989 年 2 月，内部资料。

应用价值，在一定程度上忽视了科学自身发展对学科交叉研究的需求，因此，从"八五"期间开始，NSFC又设立了新的项目类型——重点项目，其资助强度高于面上项目但小于重大项目，"主要针对我国科学发展与布局中的关键科学问题和学科新生长点，开展系统深入的研究"①。"八五"期间最早的一些科学前沿领域的重点项目，就体现了不同学科的研究人员开展的合作研究，如低温化学研究、从原子水平上研究材料的表面与界面、药物分子设计研究等。

因此，在NSFC的项目类型中，重大项目和重点项目是支持学科交叉研究的主要途径，只是学科交叉的程度和范围有所不同，重点项目主要支持同一个科学部内部不同学科的交叉，比如说在数理科学部内部数学与物理学的交叉；而重大项目的立项则主要由两个及两个以上科学部联合提出，支持更大跨度的学科交叉研究。从学科交叉类重点和重大项目的具体研究内容来看，以数理科学部与物理学领域有关的项目为例，"十五"期间该科学部共资助重点项目69项，其中涉及数理科学部内部不同学科交叉的项目为37项，资助经费超过6000万元，研究方向涵盖了物理学与数学、天文学、力学等其他学科的交叉；涉及与其他科学部共同支持的物理学与其他学科交叉的重大项目共5项，其中有4项属学科交叉研究，资助经费3000万元，研究领域涉及核科学技术和生命科学、量子纳米科学研究方向、强激光核物理和理论生物物理及生物信息学等。其中比较具有代表性的学科交叉项目的研究成果是在重大项目"核分析技术研究若干典型环境问题"、重点项目"微区和化学种态的核分析方法学研究"、重大项目"核分析技术在分子水平上研究若干典型环境污染物的分子毒理"的持续资助下，由中国科学院高能物理研究所、原子核研究所、北京大学、中国科学院地理研究所、地球化学研究

---

① 国家自然科学基金委员会编，1995年国家自然科学基金委员会年度报告，北京：中国科学技术出版社，1996年，p. 29。

所、复旦大学以及中国原子能研究院等多家单位和不同学科百余名研究人员共同组成的研究队伍，围绕环境污染和毒理问题开展多学科综合交叉的前沿研究，其成果不仅获得了核分析领域的最高国际奖项，而且在环境保护工作中得到很好的应用。[①]

2. 支持跨学科优先资助领域和重大研究计划。

由于 NSFC 是我国学科范围最广、资助科学家最多的科学资助机构，且与其他科技管理部门没有部门所属关系，因此，在组织多学科、跨部门的科学家开展综合性交叉研究方面，具有独特的优势。"九五"到"十一五"期间，NSFC 针对不同时期科学技术研究的前沿问题，以及国家经济社会发展中的深层次科学问题，遴选涉及多个科学部的大跨度学科交叉的优先资助领域（如生命体系中的化学过程、能源利用及相关环境问题的基础研究、网络计算与信息安全等），分别在各类不同的项目类型、尤其是在重大项目和重点项目中予以优先安排。组织不同学科的专家就科学前沿或国家需求的科学问题进行研讨，是制定优先资助领域的重要环节。在遴选"九五"优先领域的过程中，NSFC 组织了 6 次学科交叉研讨会，其研讨主题包括"面向 21 世纪新材料的科学问题"、"生命科学中的跨学科前沿"、"重大工程中的关键力学问题"等；在遴选"十五"优先领域的过程中，NSFC 共举办 26 次学科交叉领域的研讨会，与"九五"优先领域研讨会相比，其学科交叉的广度和深度都得到提高。随着国家需求导向的日益迫切，加之在支持学科交叉研究方面的经验积累，NSFC 遴选和支持的优先资助领域的数量逐步减少，而学科交叉度则不断增强。NSFC 遴选的"九五"优先资助领域为 50 个，"十五"减少为 26 个，"十一五"凝练为 13 个。"九五"期间对此类优先领域的支持，主要通过重点项目和重大项目的方式实施；"十五"期间又推出了重大研究计划的方式；"十一五"期间还通过项目板块和人才板块的有机结合，加大对学科交叉研究的支持

[①] 根据数理科学部的相关材料与数据整理而成。

力度。

重大研究计划是 NSFC 从"十五"期间开始实施的一种新的资助模式，旨在针对国家重大战略需求和重大科学前沿问题，结合我国具有基础和优势的领域进行重点部署，凝聚全国的优势科研力量，"通过相对稳定和较高强度的支持，积极促进学科交叉，培养创新人才，实现若干重点领域或重要方向的跨越发展，提升我国基础研究创新能力，为国民经济和社会发展提供科学支撑"①。重大研究计划实施的具体做法是，针对优先资助领域所涉及的核心科学问题，"整合与集成不同学科背景、不同学术思路和不同层次的项目（包括面上、重点和重大项目），形成具有统一目标的项目群，实施相对长期（6—8 年）的支持，以促进学科交叉和学术争鸣，激励创新"②。NSFC 还规定，在每个重大研究计划实施的过程中，要定期（2—3 年一次）组织专家对其总体实施情况进行评估，评估的内容应当包括学科交叉的实质性与广泛性。自 2001 年启动以来，共实施 12 个重大研究计划，包括西部能源利用及其环境保护的若干关键问题、以网络为基础的科学活动环境研究、空天飞行器的若干重大基础问题、真核生物重要生命活动的信息基础等等，资助总经费超过 6.6 亿元，每个计划的经费额度为 5500 万左右。③

3. 与企业和地区开展联合资助。

具有较强应用背景的科学研究往往需要来自不同学科的交叉合作，NSFC 与企业和地区开展的联合资助，就是为了支持针对特定产业和地区发展所面临的科学问题而进行的研究。NSFC 先后与二滩水电开发有限责任公司（以下简称"二滩公司"）、宝山钢铁股份

---

① 国家自然科学基金委员会，国家自然科学基金委员会关于发布 2007 年度重大研究计划项目指南及申请注意事项的通告，2007 年 1 月 22 日，http：//www.nsfc.gov.cn/nsfc/cen/yjjh/2007/20070124_tg.htm.

② 国家自然科学基金委员会，国家自然科学基金重大研究计划（试点）实施方案，2000 年 4 月 20 日委办公会议原则通过，http：//www.nsfc.gov.cn/nsfc/cen/yjjh/2002/008_zn_01.htm.

③ 信息中心提供的数据。

有限公司、中国石油化工股份有限公司共同设立联合基金，支持大学和研究机构围绕企业发展和国民经济建设中的重大科学问题开展基础研究，不仅建立了产学研结合的新机制，而且为科学家围绕企业技术创新需求进行学科交叉研究提供了机会。以 2005 年 NSFC 与"二滩公司"共同设立的"雅砻江水电开发联合研究基金"资助活动为例，雅砻江流域水电开发是我国西电东送工程中技术含量最高和科技问题最多的工程之一，特别是其中的地质力学、构造应力、生态环境影响等科学问题，直接影响着工程建设的质量。NSFC 组织来自工程建设一线的企业界人士和相关研究领域的科学家共同研究立项，引导全国的优势科研力量，紧密围绕制约雅砻江流域水电开发工程建设中的关键科学问题开展基础研究。经过严格的申请和评议程序，2005 年和 2006 年共批准资助重点项目 19 项、面上项目 31 项，总资助经费 4500 万元。承担项目的科学家来自清华大学、四川大学、中科院武汉岩土力学研究所、中国水利水电科学研究院等 10 余家科研单位，项目研究内容涉及 300 米级高坝安全、枢纽水力学与河道水环境、高压力大流量岩溶裂隙水状态下深埋长引水隧洞和洞室群安全及其预报、岩石高边坡安全及其预报、流域水能开发和利用管理等关键科学问题，几乎全部属于学科交叉研究。2006 年 NSFC 与广东省人民政府共同签署了《关于共同设立自然科学联合基金的框架协议》，紧密结合制约广东及泛珠江三角区域经济和社会发展的重大关键科学问题，吸引和组织全国各相关学科的优秀科学家，联合开展学科交叉研究，进一步提升这一地区的科技创新能力。

除了上述项目资助方式以外，动态调整学科代码和学科评审组，也是 NSFC 适应学科交叉研究的政策，以此为新兴交叉学科的项目申请、评审、资助及管理工作营造良好的环境条件。例如，NSFC 每 3—5 年调整一次面向申请者的学科代码，其中不少新增代码是针对新兴交叉学科或学科交叉性很强的研究领域，以方便和引导科学家在新兴交叉学科开展研究。近年来，NSFC 也多次调整学科评审组的结构，目前学科评审组已从 2000 年的 56 个增加为 2005 年的 63

个，增加的多为交叉学科或学科交叉性强的专业评审组（如应用数学、环境化学、神经科学与心理学等）。另外，尽管科学教育与培训并不是 NSFC 的资助工作重点，但 NSFC 也利用举办学科交叉专题讲习班的形式，提高学生和青年科研人员的学科交叉意识，为学科交叉研究培养后备人才。例如，数理科学部分别在 2000 年和 2001 年举办了专题为"量子信息及其量子物理基础"和"理论生物物理与生物信息学"的全国性研究生暑期学校，每次参加培训的学员都在 100 人左右。

与 NSF 的学科交叉资助模式相比，NSFC 没有类似于 ERC 或 STC 式的研究中心。这可能是因为学科交叉类研究中心既是一种新型的正式组织制度，也需要得到非正式制度的认同与支撑，中心需要跨越的不仅是学科的边界，更重要的是要跨越机构、人员和观念等各种制度约束下形成的界限。因此，重要的不是仅仅成立几个研究中心，而是要探索和建立跨越各种有形和无形的边界且真正有利于促进学科交叉研究的有效组织形式。要做到这一点，至少需要具备以下几个条件：首先，此类中心极具弹性的组织方式对其管理提出了很高的要求，需要在研究的组织管理上进行创新；其次，学科交叉类研究中心的负责人既要在某一学科领域拥有很高的学术声望，还要在其他相关领域具有一定的影响力，应当是通才型的战略科学家；再次，由于在这样的学科交叉中心，研究的主题往往具有很强的应用背景，从研究方向的确立到研究内容的界定，从研究过程到成果利用，都是在大学或研究机构与产业界的互动中进行的，而中心应当成为科学家、工程师和企业家密切合作与交流的场所。而目前这些条件、特别是非正式制度所构成的条件在中国都还很不成熟，所以，由 NSFC 来开展研究中心类的资助活动还难以实现。然而，不仅从美国 NSF 的情况看，而且从英国、加拿大、澳大利亚等国的经验来看，以研究中心的方式支持学科交叉研究应当是十分有效的方式。在条件成熟的时候，NSFC 也可以探索适合本国情况的中心资助模式。

本章的比较研究表明，处在不同科学发展水平和科学资助水平的国家，其面临的科学政策问题的主要方面有所不同，通过充分了解影响和制约本国科学发展的根本性问题，发展中国家在借鉴国外先进经验的基础上的确可以实现"创新性效仿"。在美国，同行评议作为优化政府科学资源配置的政策手段而得到应用已有半个多世纪，同行评议机制能够在很大程度上保证政府资助"好的"科学与科学家的功能已得到充分认同，而且同行评议还具有表征科学自主性的特殊意义。因此，尽管人们认识到同行评议在实现国家科学发展的总体目标方面有其局限与不足，甚至政治家对同行评议的质疑与反对之声曾一度甚嚣尘上，在实践中，国会和政府相关部门及机构也的确采取了种种其他政策手段与制度安排，从实现国家科学发展的总体目标出发，对同行评议的局限性进行了弥补，然而，同行评议作为科学共同体科学质量控制的核心机制的地位却一直没有改变。也正因为如此，在美国科学界，人们基本上已经能够以一种"平常心"来看待同行评议，既坚持发挥其优势，也努力弥补其不足。NSF 针对同行评议在遴选变革性创新项目和学科交叉研究项目而采取的弥补性政策，即为一例。中国的情形则与此不同。虽然"文化大革命"前一些军方科研计划管理中也采用了同行评议机制①，但直到 1986 年 NSFC 成立，同行评议作为国家层面制度化的科学资源配置方式才真正得以确立，这就在一定程度上代表了政府承认科学家在基础科学领域的微观管理中对科学活动的主导决策权，从而标志着政府与科学共同体之间的关系进入到一个新的阶段。不过，由于中国缺乏美国那样的科学自治的传统，尽管自科技体制改革以来同行评议作为政府遴选科研项目的机制其应用范围实际上在不断扩展，但是当同行评议越来越多地受到非学术因素的干

---

① Evan A. Feigenbaum, *China's Techno-warriors: National Security and Strategic Competition from the Nuclear to the Information Age*, Stanford: Stanford University Press, 2003, p. 6.

扰，尤其是随着 20 世纪 90 年代后期兴起的科研评价的定量化倾向及其产生的种种问题，科学界感觉到同行评议的地位受到了威胁，甚至担心会出现行政评价逐步取代同行评议的现象。[①] 因此在这种情形下，就比较容易理解 NSFC 为何没有简单地效仿 NSF 的经验，在支持创新性研究和学科交叉研究方面寻求同行评议机制之外的解决方式。NSFC 并不是没有认识到同行评议的功能性局限，也不是不重视对创新性研究和学科交叉研究的支持，而是从中国的具体国情出发，通过确保同行评议的规范性与公正性来坚持发挥科学共同体在科学决策中的主导作用，从而维护了科学微观管理领域的科学自治，也为 NSFC 赢得了声誉。

---

① 参见：王丹红，从同行评议到行政评价的转移，科学时报，2001 年 1 月 23 日第三版。

结语　　科学制度与政策的"跨社会效仿"

　　弄清科学政策比弄清科学本身还要困难得多。其中一些困难产生的原因，可能是因为我们对科学政策施加于科学研究的影响尚没有足够的认识。[①]

——约翰·齐曼

　　产生于西方社会的现代科学，不仅已成为一种具有普适性的知识体系，更成为标志着现代社会形成的一种制度形式。作为一种知识体系，其工具理性得到普遍认同——科学被视为有用的知识，可以用于解决经济社会发展中的许多问题，属于"第一生产力"；作为一种社会制度，其价值理性似乎更多的是在西方文化传统和社会价值体系的延续中得以维护，而第二次世界大战结束以来发展中国家科学的勃兴和西方发达国家科学的"世俗化"，又使得科学与政治、经济、文化等其他制度的关系变得更加复杂。在这纷繁复杂的"关系"世界中，是否存在可以解释科学发展过程及其后果的所谓"规律"？科学制度对一个国家的政治、经济等基础性制度的依赖性有多大？不同国家科学制度的演化目标与变迁方式是否具有一致性？科

[①]　转引自 Daryl E. Chubin and Edward J. Hackett, *Peerless Science: Peer Review and U. S. Science Policy*, New York: State University of New York Press, 1990, p. 17.

学活动内部的各种制度安排（包括同行评议）是否需要同样或类似的制度环境作为支撑？通过"跨社会效仿"而产生的同样或类似的制度安排在不同的制度环境中的运行效果是否相同？如此等等，都是需要认真探讨的问题。

本书通过中美国家科学资助制度和政策的比较研究，特别是比较分析与 NSF 和 NSFC 同行评议相关的科学政策及其运行效果，试图对上述问题进行探讨。以剖析同行评议这一基础科学运行的重要机制为切入点，从"具体而微"的角度对抽象而"宏大"的问题开展深入研究，无论是对于理解科学本身的特性，还是对于了解国家与科学以及科学与社会之间的互动关系，进而制定合理的科学政策并使得政策行之有效，都是十分重要的。

毫无疑问，研究这些问题需要进行学理性分析。然而，学理分析需要实证研究来佐证，否则就难免流于空泛。正如科学政策专家所指出的那样，对科学政策的分析如果不具有科学论的自我反思就是盲目的，而如果科学论不拥有科学政策的视野则是空洞的。① 因此，本研究试图运用科学社会研究与科学政策研究的相关理论，结合案例剖析与经验研究，比较分析美国 NSF 和中国 NSFC 的成立与发展，以及这两个机构的资助政策与评议系统及其演变，以揭示不同社会制度和文化传统下国家科学制度与政策及其演变的特点，特别是所谓"后发国家"科学制度与政策"跨社会效仿"的动机、过程与后果，从而更好地理解现代社会中科学制度化模式的多样性，并希冀以此为我国科学政策的研究与制定展现更为广阔的视野，提供可资参考的借鉴。通过比较研究，可以得到以下几个方面的基本结论：

一、科学制度演进与科学政策变迁的主要特征及基本张力要素

西方社会的历史进程表明，随着分工的发展和社会的演进，政

---

① 安特·埃尔津加，安德鲁·贾米森，科技政策议程的演变，载：希拉·贾撒诺夫、杰拉尔德·马克尔、詹姆斯·彼得森、特雷夫·平奇主编，盛晓明、孟强、胡娟、陈蓉蓉译，科学技术论手册，北京：北京理工大学出版社，2004 年，p. 438。

治、经济、宗教、科学等逐渐形成既彼此独立又相互联系的社会性制度。然而，科学不同于其他的社会性制度。首先，其制度化目标是"扩展被证实了的知识"[①]，促进知识增长成为科学制度的首要特征；其次，20 世纪后半叶以来，科学以及基于科学的技术越来越成为现代社会发展的动力，国家对科学知识"系统需求"的增长以及对科学的大规模支持又成为科学制度化的另一个特征。[②]从科学制度化这两方面的特征出发——前一个特征导致了科学自主性的主张，而后一个特征则导致了对科学社会责任的强调——可以认为，推动西方社会现代科学制度演变的基本张力主要是由"自主"与"责任"两个要素所构成的，各国的科学政策在空间和时间上的差异，也基本上反映了在这两个要素之间的取舍与侧重。此外，国家科学政策的变迁总是和科学（以"自主性"主张为基础）与国家（以"责任"价值为基础）两者之间边界的变化为标志的，而科学制度转型的完成则要以某种制度化的方式使新的边界实现稳定性为标志。

在继承了西方科学传统的美国，国家关于科学活动的思想无疑源自现代科学产生以来对科学自主性的主张。无论是科学共同体还是政府抑或公众都相信，不仅学术自由是人类的基本权利之一，而且只有"科学家知道关于从事研究的一切，而政治家和管理者却不是这样"[③]，因此人们相信，科学自主性是科学进步的基本前提——这一信仰体现在早期的美国宪法以及其他关涉科学的法律中。第二次世界大战改变了美国，也改变了美国科学，政府与科学之间重新划分了边界，建立起从未有过的新型的契约关系。在这一契约关系中，国家对科学的作用主要是在宏观层面为科学提供资助经费，而科学研究的微观世界则仍然由科学共同体所控制，NSF 的成立及其

---

① R. K. 默顿著，鲁旭东、林聚任译，科学社会学，北京：商务印书馆，2003 年，p. 365。

② 道格拉斯·C. 诺斯著，陈郁、罗华平等译，经济史中的结构与变迁，上海：上海三联书店、上海人民出版社，1991 年，p. 193。

③ David H. Guston, *Between Politics and Science：Assuring the Integrity and Productivity of Research*, Cambridge University Press, 2000, p. 17.

以同行评议为核心的资助机制的确立，正是使得这一关系（或边界）得以稳定的重要制度安排，从而体现了国家在支持科学的同时继续维护科学自主性的核心价值。自20世纪60年代后期以来，尽管"责任"要素在美国国家科学政策中扮演越来越重要的角色，但科学"自主"的基础性地位并没有动摇，从NSF资助政策的演变中，我们已经清楚地了解到这一特点。具体而言，尽管NSF不仅在宏观政策层面的资助范围和资助方式等不断拓展，而且在微观层面还接受了政府对其科学资助活动的绩效评估，甚至是对同行评议的制度化评估，但是NSF始终强调支持基础研究是其中心任务，坚持以同行评议为基础的价值评议是其资助工作的核心运行机制。不过，自60年代后期以来，NSF的资助活动也积极适应国家和社会的需求，如RANN计划的设立、ERC等中心模式的建立、在GRPA框架下战略规划的制定与实施，这些努力都体现了NSF在坚持科学自主性的核心价值的基础上，也承担起了科学共同体的社会责任。因此可以说，从第二次世界大战结束到冷战结束，美国科学制度演变与科学政策变迁的模式是从强调"科学自主"到注重"自主与责任并重"的转变，这样的转变体现在国家与科学之间边界的变化上，并以一定的制度化方式（如对同行评议的制度化评估、在GPRA框架下定期制定战略规划等）使得新的边界实现稳定化。

与西方发达国家不同，现代科学引入中国的最初使命就是为国家发展服务，对"责任"的强调成为国家科学政策的基本内核。在中国科学制度化初期，由于其"舶来"特征明显，加之20世纪上半叶中国的政治经济环境以及战乱等状况，使得科学的发展呈现出鲜明的时代性特征。由于第一代中国科学家多在西方国家接受过系统的科学教育，尽管他们都怀有拳拳爱国之心和强烈的社会责任感，但因深受西方传统科学观的影响，他们与西方科学核心价值相一致的、要求科学自主的主张仍时有出现。1949年以后，尤其是在1956年，中国科学伴随着政治经济变革而国家化的特征得以确立，这使得"责任"担当成为科学生存与发展的基本理由①；改革开放前的历次政治运动，更是将要求科学自主的主张政治化并视之为与国家的"离心离德"。直到1978年，国家重新回到现代化发展的轨道，启动了以经济体制改革为中心的改革开放，也迎来了"科学的春天"，至此，科学不同于政治、经济等其他领域的价值与特点才逐渐重新得到认同。1982年开始在基础科学资源配置中采用的同行评议机制以及1986年NSFC的成立，就体现了国家对科学共同体要求在一定程度上实现科学自主的首肯。如前所述，现代科学的发展仅有科学自主性方面的推动是不够的，国家的支持以及与这种支持相联系的科学责任也是推动科学发展的基本动力。20世纪90年代后期以来，国家不仅加大了对基础科学的支持，而且将同行评议扩展到NSFC之外的国家其他科学计划的资助机制中，促进了科学的进一步发展。应当看到，中国科学政策的演变轨迹与美国从"科学自主"转向"自主与责任并重"的轨迹很不相同，虽然改革开放以来中国的科学政策转型使得科学自主的成分得以增长，但是由于国家的整体制度结构并没有发生重大的变化，无论是在经济领域还是科学领域，政府仍然发挥着主导性作用，因此，直到现在中国科学政策的主线仍然是国家主导下的"责任优先"。

值得注意的是，近年来中国科学政策似乎出现了不同层面的疏离。例如，国家宏观政策目标仍然强调科学为国家服务，但微观政策目标又多以发表论著之多寡"论英雄"——而论著发表的过程显然要依靠科学共同体内部评判学术价值的机制，这样就难免形成宏观政策与微观政策一定程度的不一致。宏观政策的"责任"目标与微观政策的"自主"目标的疏离甚至背离，在一定程度上会影响国家科学政策的有效性，这是应当引起关注的。

① 李真真，1956：在计划经济体制下科技体制模式的定位，自然辩证法通讯，1995年第6期，pp. 35-45。

二、科学制度演进的不同模式与科学政策变迁的不同路径

根据制度理论，社会中的各种正式制度与非正式制度共同构成了一个国家的制度结构，而国家政治、社会、法律等制度是这些制度中的基础性制度，科学制度的运行在很大程度上受到国家的制度结构，特别是基础性制度的制约；与此同时，科学制度的产生与演变具有历史规定性，制度变迁的过程具有路径依赖性，因此类似的制度虽然出现在不同的社会，但其产生与发展的模式却不尽相同。NSF 和 NSFC 的成立与发展代表了科学制度变迁的不同模式，即诱致性制度变迁与强制性制度变迁。前者是在国家的制度结构和历史文化传统中自发产生的制度安排，而后者是国家从外部强制引入的制度安排。在这两种制度变迁的模式中，国家基础性制度与新的制度安排之间的关系不同，因而新的制度安排进一步发展与演变的动力与方式也不相同。

对于美国而言，国家建立 NSF 这一新的制度安排的方式，既体现了战后国家与科学所形成的新的契约关系，又确认了其传统中对科学自主性的尊重与认同，而且国家还以机构法的形式确保了 NSF 的基本任务和管理体制的稳定性。因此，NSF 的成立属于自发产生的诱致性制度变迁。其结果无论是正式制度还是非正式制度所构成的制度环境，都有利于 NSF 这一新的制度安排的运行。在 NSF 的发展过程中，尽管国家政治、经济、国防等领域在不同时期的政策变化促使政府的科学活动也不断发生变化，如苏联卫星对美国的冲击，越南战争、环境运动、能源危机等重大事件，都影响了美国科学政策的变化，一方面这些变化确实对 NSF 构成了很大的压力；但是另一方面，这些外部压力实际上却在总体上对 NSF 的发展起到了促进作用，不仅迫使 NSF 扩大其资助范围，而且促使其不断探索新的资助模式，寻求更为有效的资助策略。之所以会出现这样的结果，在很大程度上是由于美国科学领域所发生的变化与其他领域所发生的变化是同步的，科学制度的变迁能够得到国家基础性制度变

迁支撑的缘故。

正如本书第二章所分析的那样，NSFC 的成立属于政府政令下强制产生的制度变迁，是伴随着经济体制改革而来的，在科学领域内部先行启动的制度创新，而国家的政治、法律等基础性制度尚未完成整体性变革。这一新的制度安排与现代科学在中国的"出身"一样，也属于"舶来品"，并非从本国制度结构中自然生长与发展而来，因此在国家的整体制度结构中，NSFC 从一开始就具有一种异质的特性。这也决定了在其发展过程中，NSFC 必须经历与其制度环境相适应与融合的过程。在这一过程中，国家基础性制度对 NSFC 所起的作用似乎更多地在于"改造"——要将一个外部引入的制度"改造"成为中国式的制度。例如，最初 NSFC 成立时其全体委员会的设立尽管借鉴了 NSF 的决策机构（即 NSB 的体制），试图赋予全体委员会一定的决策职能，使得 NSFC 的决策与执行在一定程度上相分离，便于更好地适应科学研究过程对民主决策的需求。然而，NSFC 最终还是发展成为一个决策与执行集于一体的机构，体现了我国科学体制以及支撑科学体制的国家政治、经济体制的集中化特点。这样的体制是否真正适合于国家对基础科学的支持活动？在国家现有的制度结构中能否发展出更有利于 NSFC 有效开展资助活动的管理体制？促进国外科学进步的制度安排中有哪些是可以借鉴的？国外科学制度安排的合理性是否只是在其特定的制度环境下才能成立？怎样才能最有效地借鉴国外的经验？如此等等，都是需要进一步研究的问题。

科学制度与其制度环境的关系不仅可以决定科学制度变迁的模式，而且还能够决定国家科学政策演变的路径。从 NSF 资助政策演变的情况看，在过去半个多世纪的历史进程中，科学与政府、产业界，甚至与公众之间互动关系的变化，始终推动着 NSF 资助政策的变化。可以说，NSF 的资助政策是随着国家政治、经济等其他领域政策的变迁而发生变化的，因此从某种意义上讲，NSF 政策变迁的动力更多的是来自于外部的压力，是将外部各方的诉求"转译"为其政策主张的结果。事实上，NSF 的资助政策与国家科学政策，乃至任何其他领域的政策一样，是在开放的环境中通过法定的程序形成的，往往是科学共同体和产业界、政府等利益相关各方相互博弈、共同磋商以及彼此妥协的结果。通过这样的过程形成的政策变迁，会同时体现在宏观和微观等各个层面上。例如，冷战结束后美国科学资助环境的重大转变，促使 NSF 意识到基础研究中认识目标与应用目标相结合的重要性，通过与科学共同体及政府等相关各界的广泛磋商，NSF 不仅在宏观政策层面通过制定优先领域等方式，而且在微观政策层面通过改造同行评议准则等措施，以强调政府所资助的科学研究中学术价值与社会价值的关联，尽量将科学共同体和政府及公众的要求"转译"为自己的资助政策，从而平稳地实现了资助政策的转型。

NSFC 资助政策演变的机制则是另一种情形。虽然 NSFC 的宏观政策，特别是宏观政策的表述在一定程度上反映了国家科学政策的变化，如"七五"期间对国家科技发展"面向经济建设"方针的重申，"十一五"期间对自主创新的强调等等，然而，NSFC 具体资助政策的变化更多地体现其朝向自我完善的努力，而不是如美国NSF 那样直接反映国家科学政策的变化。究其原因，可能有以下三个方面：第一，由于 NSFC 作为一种新引入的制度安排，其资助机制与资助模式本身就具有一定的先进性，从海内外科学家对 NSFC的赞誉和肯定中可以清楚地看到这一点，因此其政策变迁的外部压力似乎没有 NSF 那样大；第二，由于 NSFC 的成立与发展基本上属于对国外先进制度的"跨社会效仿"，因此，国外科学资助机构的经验可以源源不断地为 NSFC 提供新的政策供给选择，使得 NSFC 在微观政策上常常可以借鉴国外的做法，如 NSFC 优先领域的制定、小额项目的设立等，都效仿和借鉴了 NSF 的做法；第三，与西方国家不同，我国的政策制定过程相对封闭，无论是国家层面还是机构层面都是如此。尽管 NSFC 在制定宏观政策时更多地试图与国家科学政策保持一致，但是由于国家科学政策的目标指向较为泛化，政策本身常常缺乏可检验性，因而对 NSFC 的资助工作也缺乏指导性，这样就从客观上使得 NSFC 在微观资助政策方面更多地通过借鉴国外经验或其他途径加以改进。另外，由于 NSFC 的微观政策制定基本上集中在机构内部进行讨论，因此在一定程度上容易造成宏观政策与微观政策缺乏连续性与一致性的情形。本书第三章分析的 NSFC 项目遴选中同行评议准则的演变就是一例。

国家科学资助机构的政策以及覆盖范围更加广泛的国家科学政策的形成与演变，需要来自科学自身以及科学以外两方面之力的驱动，科学政策的形成与演变过程应当是科学活动各相关利益方共同磋商的过程，使得各方的利益诉求尽可能"转译"为科学政策的相关内容，而且应当覆盖从宏观到微观政策的各个层面，这样才能提高科学政策的有效性。这也是从 NSF 和 NSFC 资助政策演变过程和机制的比较研究中得出的启示。

三、作为政策手段的同行评议与作为制度构成的同行评议的不同内涵

可以认为，制度是具有一定结构的正式与非正式规则的总和，而政策只是正式规则的一种表现形式，这两者是不同的。[①] 科学制度与科学政策的关系至少可以表现在以下几个方面：

第一，制度是通过历史积淀形成的，具有一定的稳定性，而具体的政策总是与某个时期政府的主导思想相联系，更具时效性和灵活性。科学政策可以针对一定时期科学活动中存在的问题而制定和实施，而且在解释和执行中具有弹性，因而虽然可能执行起来在效率上有一定的优势，但其灵活性也可能会削弱其效力；更重要的是，如果科学政策不能以某种有效的方式成为常规性的制度安排，

① 关于国家治理中政策与制度的区别，参见：智贤，GOVERNANCE——现代"治道"新概念，载：刘军宁等编，市场逻辑与国家观念，北京：生活·读书·新知三联书店，1995 年，pp. 55-78。

进而加以稳定化，就不能真正成为科学制度的组成部分。因此，在一定意义上可以说，科学政策是可以效仿的，而科学制度则很难效仿。

第二，制度具有普适性和结构性，政策则是局部的、特殊的与非结构性的。科学制度在全球范围内具有一定的普适性，包含了一整套在逻辑上自洽的价值体系与行为规范，以及在结构上相互关联的运行机制和制度安排。例如，围绕科学自主性的价值观，与其一致的行为规范是科学共同体对研究诚信的自我调节，与之相适应的运行机制是同行评议，而与同行评议相关联的制度安排则是由科学家自主管理的国家科学资助机构。但科学政策却不是这样，科学政策往往针对具体国家的具体问题，有时还应用于特殊的地域或部门，其覆盖范围自然是有限的，有时甚至会出现朝令夕改的情形。

第三，制度和政策在不同治理框架下的国家所发挥的作用不同。在科学制度发育较为成熟的西方发达国家，科学领域的制度安排往往以法律的形式来体现，立法的过程可以反映各方面利益相关者的诉求，其效力也高于行政部门出台的政策；但在科学制度尚不成熟的发展中国家，加之缺乏法治传统，国家对科学活动的指导、规范和管理基本上是采取出台科学政策的形式，即使有相关的法律法规也常常不具备强制性，其效力还不及科学政策的效力——因为在政策的背后通常伴随着权力部门的身影。

从第一章的研究可以看到，同行评议不仅是一种资源配置的政策手段，更是现代科学制度的重要组成部分——同行评议的产生标志着科学成为一项集体性事业和社会性制度，而且一个国家科学领域中同行评议的运行状况及其效果还在一定程度上反映了国家科学制度化的程度。因此，如果仅仅将同行评议视为一种孤立的政策手段，可能就会忽视同行评议的良好运行所依赖的制度环境；如果从社会性制度的角度来看同行评议，就会发现，评议活动是一个复杂的社会过程，所有与科学相关的利益相关者都在直接或间接地影响着同行评议，约束评议过程的不仅有制度性因素还有非制度性因素，而制度性因素中又包括正式规则和非正式规则的影响。因此，分析同行评议的运行状况，必须系统考察评议系统与制度环境的关系，充分认识到国家政治、经济、文化等制度对包括评议人在内的所有科学活动利益相关者所产生的影响。

然而，国内文献在述及同行评议时往往强调最多的是，同行评议是一种区别于行政拨款体制的经费分配机制，是优化国家科学资源配置的技术手段或操作方式，因此，相关研讨基本上都集中在同行评议本身，特别是评议方式与评议程序等方面，试图通过控制评议专家的遴选过程、规范评议程序、改变评议方式等方式，来提高同行评议的公正性和有效性。事实上，在具体实践中人们发现，同行评议的公正性与有效性之间存在内在的矛盾，对科学研究的评价不同于对其他产品的评价，规范的评议程序固然是重要的，但是，在制定同行评议及其相关政策中，充分了解和尊重科学研究的规律以及科学制度与科学政策的特点同样重要。首先，为了解决科学活动中的信息不对称性问题，政府充分尊重科学共同体在微观管理（以科学的奖励系统为核心）中的主导权是十分重要的。其次，在科学活动中尊重科学的自主性并不意味着政府对科学的自由放任。政府运用公共财政支持科学研究，这一行为本身就解除了自由放任的前提，因而解决伴随着科学政策委托代理逻辑而存在的"逆向选择"与"道德风险"问题是政府责无旁贷的义务，即要建立同时确保科学之"好"和科学之"用"的完备制度，这需要政府与科学界的共同努力。最后，科学共同体应当建立起自身的价值体系和规范系统，相信科学活动中的问题最好采用"科学的"方式来解决——在此，"科学的"方式是相对于"政治的"或"经济的"等其他方式而言的。

以同行评议中的科学诚信建设为例。在美国，由于有着深厚的科学自主传统，科学自主性成为科学共同体所共享的基本信念，在此信念的基础之上，科学共同体自身建立起无须外部干预的内部质量控制机制；而一旦发现科学的内部控制机制有时不能很好地发挥作用（如同行评议中出现的科学诚信问题），政府则可以要求科学共同体采取更有效的政策措施来解决问题，甚至创立出新的制度安排（如发布关于处理科研不端行为的指南、设立处理不端行为的机构 OIG 等）来帮助解决问题。相比之下，虽然近年来我国政府也制定了一系列关于科学诚信的政策，但由于发育尚不成熟的科学共同体没有确立起科学自主和自我管理的信念，没有形成有效的科学质量控制机制，加之国家缺乏针对科学诚信的制度构建，如对违反诚信的行为没有明确的处罚规定以及对实际发生的不端行为没有严格实施应有的处罚等，只是由相关部门零星出台一些关联性和约束性都不够强的政策措施，其作用似乎多限于表明姿态，因此没有产生应有的实际效果。

NSF 和 NSFC 同行评议公正性政策的比较结果还表明，虽然这两个机构在克服和避免评议过程中不公正现象的政策有许多相似之处，但 NSFC 在同行评议公正性方面存在的问题仍然较多。究其原因，这些问题的产生更多地不是由于 NSFC 评议程序的不完备或评议政策的疏忽所致，而是由于 NSFC 的评议系统以及评议政策与其制度环境之间存在一定的脱节或冲突，限制了同行评议作为科学质量控制机制而能够发挥的作用。作为发展中国家的科学资助机构，NSFC 的经费资源与专家资源都十分紧张，而且中国社会中人际关系复杂，不仅个人之间而且个人与单位之间以及单位之间，都存在复杂的利害关系，加上一些科学权威在评议活动中的特殊作用等等，这些状况都对同行评议的公正性构成了很大的威胁。要解决这些问题，仅仅针对评议程序的改进而制定相关政策是远远不够的，仅仅学习 NSF 或国外其他机构的具体做法也还不够，还应当从我国科学研究活动的整体环境出发，探索确保同行评议公正性的有效途径。

本研究的第五章详细分析了围绕国家资助政策中同行评议的诸多争论，可以看到，争论所涉及的许多问题已经超出了同行评议本身。然而，相关研究已经表明，尽管同行评议在实现国家科学政策的总体目标方面，特别是在保证国家科学发展的学科与地域平衡、支持高度创新性研究和学科交叉研究以及促进"大科学"发展方面均存在一定的局限性，但是迄今为止，同行评议仍然是控制科学质量最可行的方式；尤其是在国家基础科学研究的微观管理（如以项目遴选为核心）方面，国家应该将同行评议确立为最重要的制度安排，同时为评议系统的良性运行提供相应的制度环境保障。实际上，同行评议的本质在于要求科学共同体成为国家科学活动的真正主人——正如布什报告所要求的那样，国家不仅有义务和责任支持科学研究，而且要将科学研究活动本身的主导权交给科学共同体，这对于我国政府职能的转变也是有重要参考意义的。对于国家支持科学研究的机构而言，这既是保证评议公正性的前提，更是实现评议有效性的关键途径。

四、发展中国家对现代科学制度和政策的"模仿与创新"

在过去一个世纪里，我国的科学发展走过了曲折的历程，特别是 1949 年到改革开放之前，特殊的国内外环境使得我国的科学研究与科学政策远离西方发达国家。虽然在这期间我国的科学事业仍然取得了一些成就，但与西方世界相隔离的状况以及政治对科学的过度干预，也使我们付出了惨痛的代价。改革开放以来，随着国家政治、经济等领域基本国策的变化，我国科学体制也进行了改革与转型，科学与政府的关系得以重塑，科学研究与科学政策的开放性不断加强，科学事业的发展已经取得了令人瞩目的成绩。NSFC 的成立就是在改革开放的大背景下国家科学体制改革初期结出的硕果。在中国加入世界贸易组织（WTO）以及科学全球化特征日益突出的 21 世纪，全面学习与借鉴国外的先进经验，乃至"与国际接轨"，已经成为科学政策制定和科学制度建设必须重点考虑的基本问题，在实际工作中借鉴国外经验而进行"跨社会效仿"的尝试也还将继续。

然而，正如本研究所强调的，处在一定制度结构中的国家科学体制总是受到更具基础性的政治、经济、法律、文化等制度的制约，国家科学资助机构的政策与国家科学政策密切相关，那么，当一个国家"移植"另一个国家的科学制度、一个机构"效仿"另一个机构的具体资助政策和制度安排时，应当充分了解其移植或效仿的原创制度得以运行的环境与条件，以及原创政策产生的初衷、背景和目标，以避免将他人的手段当成自己的目的，避免将原来应当相互关联的政策手段和制度安排割裂开来而使其彼此孤立。只有这样，才能够从各自的特殊性中寻找到普遍性，既遵从科学政策的一般性规律，又使之能够适应本国的具体国情，真正做到在"模仿"中创新。

例如，冷战结束以来，美国政府支持基础研究的理由在很大程度上与科学的社会经济价值密切相关，因此 NSF 在资助活动中进一步强调了科学的社会责任，甚至在同行评议准则中也将研究的"广泛影响"与"学术价值"并列，试图引导作为申请人和评议人的科学家更多地关注研究项目在学术以外的价值。这样的政策变迁之所以没有从根本上影响到同行评议（或价值评议）作为科学质量控制的资助运行机制，这是因为在美国这个科学自主的传统很强大的国家，对责任的强调不会对评议的学术性产生根本性的冲击。但是，这样的政策对处在中国的 NSFC 却未必合适。因为对于科学家而言，评价研究的社会价值并非易事，对社会价值的评价必然要求更多地考虑学术以外的因素，而目前我们应当说还没有找到十分有效的方法阻止一些非学术因素掺入同行评议活动，这在一定程度上已经影响到评议公正性的问题，因此如果此时再强调关注研究项目在学术以外的意义，可能会进一步影响到评议的科学性和公正性。

再如，通过对同行评议功能性局限的研究，我们已经看到，在科学前沿寻求同行专家的共识是很困难的事情，甚至在很大程度上是不可能的，必须在同行评议程序以外制定支持具有高风险的变革性创新研究的政策。美国 NSF 于 1990 年设立的小额项目就是不经过同行评议的独立申请类别，并且将遴选具有高风险创新性项目的任务交给了其内部具有较高学术水平的计划官员。不过，与此同时还应当看到，科学中真正具有高度创新性，尤其是变革性创新的研究毕竟为数不多，即使是 NSF 各学科实际遴选出来的高资助率的小额项目，其资助经费仅占学科总经费的 0.3% — 0.5%（见本书第五章），远低于其允许的额度（5%）。再来看中国的情形。自 20 世纪 90 年代中期以来，"创新"也一直是中国科学政策的核心思想之一，NSFC 在各种文件和报告中一再重申鼓励和支持创新性研究的决心。在评议政策上，NSFC 同 NSF 一样，要求同行评议专家将"创新性"作为评价项目申请的首要条件，同时在资助政策上效仿 NSF 设立了"小额预研探索项目"。但是，NSFC 的小额项目在具体的评议程序上从中国的国情出发，实际采取了与美国 NSF 不同的做法。具体而言，NSFC 没有"照搬"NSF 的做法，而是基于本国的科学发展水平以及科学共同体对同行评议的高度信任（相对于对行政决策而言），仍然将创新性研究（即小额项目）的遴选权交给了科学家同行。虽然这在一定程度上可能不利于对高度创新性（或用 NSF 的术语来说是"变革性创新"）项目的支持，但是，鉴于现阶段中国的现实情况，无论是科学共同体还是社会公众，其对于同行评议公正性的渴望实际上似乎都超过了对创新性研究的希求，而作为因规范的同行评议制度而受到科学共同体赞誉的 NSFC，对于设立不经同行评议程序而资助的项目类型历来十分谨慎，于是就形成了具有 NS-FC 特色的兼顾科学创新性与评议公正性的小额项目遴选与资助政策。应该说，NSFC 这样的"创新性效仿"策略是必要的，也是适宜的，有利于机构自身的良性发展，也符合现阶段我国基础科学发展的需求。

针对中美国家科学制度和政策，尤其是资助制度与政策的比较研究表明，发展中国家（或后发国家[①]）在本国的科学制度建构和科学政策制定的过程中，的确可以效仿和借鉴发达国家的经验、政策与制度，从而有可能走上一条发展科学事业的便捷之路（或者人们

---

① 从"跨社会效仿"研究的角度看，"后发国家"这种说法的含义更丰富。

梦想中的"跨越式发展"之路），这是由科学具有一定的普适性这一特点所决定的。然而，这种"跨社会效仿"所产生的效应是复杂的，其原因及后果在于：

第一，原创国在发展其科学制度与科学政策时所针对的是自身面临的问题与挑战，更重要的是，这些制度与政策"嵌入"在自身所处的制度环境与社会结构之中，当脱离了它们赖以植基的制度环境和社会结构，其作用与效力当然有所不同。如果不了解这一事实，后发国家对发达国家科学制度和政策的简单效仿就不可能产生期待的效果。

第二，"跨社会效仿"确实为后发国家的科学制度演进和科学政策变迁提供了一定的便利，从而为后发国家提供了形成"后发优势"的可能性。但也有可能使得后发国家因学习外部经验而忽视自身科学发展的特殊性问题及内在理路，进而无法发展起推动其自身科学进步的内部张力结构，从而不能有效地促进科学发展以及通过科学来推动更广泛的社会目标的实现，甚至产生杨小凯所称的"后发劣势"问题。①

第三，即便是先进的科学制度安排和政策工具也有其适用范围和局限性，不可能通过某一项科学制度安排（或一个政策工具）来解决所有的问题，后发国家必须针对其科学发展中的实际问题，在本国现有制度结构的基础上，构建起彼此关联、相互配套的政策手段与制度安排，否则就不可能通过借鉴发达国家的先进经验而实现"创新性效仿"。在我国科学事业正通过借鉴国际先进经验而进一步实现"自主创新"的今天，上述研究结论是否对我国科学制度构建与科学政策制定具有特别重要的启示意义？

---

① 杨小凯，后发劣势，新财经，2004（8）：120-122。

参考文献

英文论著

Appel, Toby A. *Shaping Biology: The National Science Foundation and American Biological Research, 1945 – 1975.* Baltimore & London: The Johns Hopkins University Press, 2000.

Barfield, Claude E. *Science for the Twenty-first Century: the Bush Report Revisited.* Washington D. C.: The American Enterprise Institute Press, 1997.

Barnes, Barry and David Edge. *Science in Context: Readings in the Sociology of Science.* The Open University Press, 1982.

Beesley, Lisa G. A. Science policy in changing times: are governments poised to take full advantage of an institution in transition? *Research Policy*, 2003, 32: 1519 – 1531.

Belanger, Dian Olson. *Enabling American Innovation: Engineering and the National Science Foundation.* West Lafayette, Ind. : Purdue University Press, 1998.

Benner, Mats and Ulf Sandstrom. Institutionalizing the triple helix: research funding and norms in the academic system. *Research Policy*, 2000, 29: 291 –301.

Berezin, Alexander A. Discouragement of innovation by overcompetitive research funding. *Interdisciplinary Science Reviews*, 2001, 26 (2): 97 – 102.

Bernarde, America T. and Eduardo da M. e Albuquerque. Cross-over, thresholds, and interactions between science and technology: lessons for less-developed countries. *Research Policy*, 2003, 23: 865 – 885.

Biagioli, Mario. *The Science Studies Reader*. New York and London: Routledge, 1999.

Bourdieu, Pierre. *Science of Science and Reflexivity*. Polity Press, 2004.

Braun, Dietmar. Lasting tensions in research policy-making-a delegation problem. *Science and Public Policy*, 2003, 30 (5): 309 – 321.

Brooks, Harvey. The relationship between science and technology. *Research Policy*, 1994, 23: 477 – 486.

Bruce, Robert V. *The Launching of Modern American Science, 1846 – 1876*. New York: Cornell University Press, 1988.

Bush, Vannevar. *Science — the Endless Frontier*. United States Government Printing Office, Washington D. C. , 1945. http: //www. nsf. gov/about/history/nsf50/vbush1945. jsp.

Calvert, Jane, Ben R. Martin. *Changing Conceptions of Basic Research?* Background Document for the Workshop on Basic Research: Policy Relevant Definitions and Measurement, September 2001.

Campanario, Juan Miguel. Peer Review for Journals as It Stands Today, Part II. *Science Communication*, 1998, 19 (4): 277 – 306.

Campanario, Juan Miguel. Peer Review for Journals as It Stands Today, Part I. *Science Communication*, 1998, 19 (3): 182 – 211.

Cao, Cong. *China's Scientific Elite*. London: Routledge, 2004.

Chubin, Daryl E. and Edward J. Hackett. *Peerless Science: Peer Review and U. S. Science Policy*. Albany: State University of New York Press, 1990.

Cole, Stephen, Jonathan R. Cole and Gary A. Simon. Chance and Consensus in Peer Review. *Science*, 1981, 214 (20): 881 – 886.

Cole, Stephen, Leonard Rubin and Jonathan R. Cole. Peer Review and the Support of Science. *Scientific American*, 1977, 237 (4): 34 – 41.

Cozzens, Susan E. and Thomas F. Gieryn. *Theories of Science in Society*. Indiana University Press, 1990.

Daniel, H. D. *Guardians of Science; Fairness and Reliability of Peer Review.* Weinheim; VCH Verlagsgesellschaft, 1993.

Dickson, David. *The New Politics of Science.* New York; Pantheon Books, 1984.

Drori, Gili S. , John W. Meyer, Francisco O. Ramirez and Evan Schofer. *Science in the Modern World Polity; Institutionalization and Globalization.* Stanford, California; Stanford University Press, 2003.

Elman, Benjamin A. New Directions in the History of Modern Science in China; Global Science and Comparative History. *Isis*, 2007, 98; 517 − 523.

England, J. Merton. *A Patron for Pure Science; the National Science Foundation's Formative Years, 1945 − 57.* National Science Foundation, Washington D. C. , 1982.

Feigenbaum, Evan A. *China's Techno-warriors; National Security and Strategic Competition from the Nuclear to the Information Age* . Stanford; Stanford University Press, 2003.

Frankel, and Mark S. Jane Cave. *Evaluating Science and Scientists* . Budapest; Central European University Press, 1997.

Gaillard, Jacques, V. V. Krishna and Roland Waast*Scientific Communities in the Developing Countries.* Sage Publication, 1997.

Gibbons, Michael, Camille Limoges, Helga Nowotny, Simon Schwartzman, Peter Scott and Martin Trow. *The New Production of Knowledge; Dynamics of Science and Research in Contemporary Societies.* Sage Publications Ltd, 1994.

Gieryn, Thomas F. Boundary-work and the demarcation of science from non-science; strains and interests in professional ideologies of scientists. *American Sociological Review*, 1983 ,48 ;781 −795.

Gray, Denis O. and S. George Walters. *Managing the Industry/University Cooperative Research Center; A Guide for Directors and Other Stakeholders.* Batterlle Press, 1998.

Grigg, Lyn. *Cross-disciplinary Research.* Commissioned Report No. 61,

Australian Research Council, December 1999.

Gustanfson, Thane. The Controversy over Peer Review. *Science*, 1975, 109: 1060 – 1066.

Guston, David H. and Kenneth Keniston. *The Fragile Contract: University Science and the Federal Government*. MIT Press, 1994.

Guston, David H. *Between Politics and Science: Assuring the Integrity and Productivity of Research*. Cambridge University Press, 2000.

Guston, David H. Principal agent theory and the structure of science policy. *Science and Public Policy*, 1996, 23 (4): 229 – 240.

Hackett, Edward J. Science as a Vocation in the 1990s: The Changing Organizational Culture of Academic Science. *The Journal of Higher Education*, 1990, 61 (3): 241 –279.

Hess, David J. *Science Studies*. New York and London: New York University Press, 1997.

Holton, Gerald and Robert S. Morison. *Limits of Scientific Inquiry*. New York: W. W. Norton & Company, Inc., 1978.

International Council for Science Policy Studies. *Science and Technology in Developing Countries: Strategies for the 90s*. Paris: UNESCO, 1992.

Jacob, Merle and Tomas Hellström. *The Future of Knowledge Production in the Academy*. Buckingham: The Society for Research into Higher Education and Open University Press, 2000.

Jamison, Andrew. Science, Technology, and the Quest for Sustainable Development. *Technology Analysis and Strategic Management*, 2001, 13 (1): 9 – 22.

Jasanoff, Sheila. *Comparative Science and Technology Policy*. Edward Elgar Publishing, Inc., 1997.

Jasanoff, Sheila. Contested Boundaries in Policy-Relevant Science. *Social Studies of Science*, 1987, 17: 195 – 230.

Kargon, Robert and Elizabeth Hodes. Karl Compton, Isaiah Bowman, and the Politics of Science in the Great Depression. *Isis*, 1985, 76: 301 –318.

Kay, Lily E. Rethinking institutions: philanthropy as an historiographic problem of knowledge and power. *Minerva* , 1997, 35: 283 – 293.

Kevles, Daniel J. *The History of a Scientific Community in Modern America*: *the Physicists*. New York: Random House, Inc. , 1997.

Kevles, Daniel J. The National Science Foundation and the Debate over Post-war Research Policy, 1942 – 1945. *Isis* , 1977, 68 (241): 5 – 26.

Kleinman, Daniel Lee. *Politics on the Endless Frontier*: *Postwar Research Policy in the United States*. Durham and London: Duke University Press, 1995.

Krimsky, Sheldon and Dominic Golding. *Social Theories of Risk*. London: Praeger, 1992.

Langfeldt, Liv. The Decision-Making Constraints and Processes of Grant Peer Review, and Their Processes of Grant Peer Review, and Their Effects on the Review Outcome. *Social Studies of Sciences* , 2001, 31 (6): 820 – 841.

Lenoir, Timothy. *Instituting Science*: *The Cultural Production of Scientific Disciplines*. Stanford University Press, 1997.

Leydesdorff, Loet and Henry Etzkowitz. Emergence of a Triple-Helix of uni-versity-industry-government relations. *Science and Public Policy* , 1996, 23 (5): 279– 286.

Lomask, Milton. *A Minor Miracle*: *an Informal History of the National Science Foundation*. Washington. D. C. : U. S. Government Printing Of-fice, 1976.

Meulen, Barend Van der. Science policies as principal-agent games institu-tionalization and path dependency in the relation between government and science. *Research Policy* , 1998, 27: 397 – 414.

Nelson, Richard R. The market economy, and the scientific commons. *Research Policy* , 2004, 33: 455 – 471.

Polanyi, Michael. The Republic of Science. *Minerva* , 1962, 1: 54 – 73.

Poo, Muming. Big science and little science. *Supplement to Nature* (China Voices II), 2004, 432 (7015): 18 – 23.

Porter, Alan L and Frederick A Rossini. Peer Review of Interdisciplinary Re-search Proposal. *Science, Technology, & Human Values* , 1985, 10 (3):

33 – 38.

Pruthi, S. Scientific Community and Peer Review-A Case Study of a Central Government Funding Scheme in India. *Journal of Scientific & Industrial Research*, 1997, 56: 398 – 407.

Radosevic, Slavo. Patterns of preservation, restructuring and survival: science and technology policy in Russia in post-Soviet era. *Research Policy*, 2003, 32: 1105 – 1124.

Rip, Arie. The republic of science in 1990s. *Higher Education*, 1994, 28: 3 – 23.

Ronayne, Jarlath. *Science in Government*. London: Edward Arnold Ltd, 1984.

Salomon, Jean-Jacques, Francisco R. Sagasti and Celine Sachs-Jeantet. *The Uncertain Quest: Science, Technology and Development*. Tokyo: The United Nations University Press, 1994.

Salter, Ammon J. and Ben R. Martin. The economic benefits of publicly funded basic research: a critical review. *Research Policy*, 2001, 30: 509 – 532.

Savage, James D. *Funding Science in America: Congress, Universities, and the Politics of the Academic Pork Barrel*. Cambridge: Cambridge University Press, 1999.

Shapira, Philip and Stefan Kuhlman. *Learning from Science and Technology Policy Evaluation, Experiences from the United States and Europe* Edward Elgar Publishing, 2003.

Simon, Denis Fred and Merle Goldman. *Science and Technology in Post-Mao China*. Cambridge: Harvard University Press, 1989.

Smith, Bruce L. R. *American Science Policy since World War II*. The Brookings Institution WashingtonD. C. , 1990.

Solingen, Etel. Between Markets and the State: Scientists in Comparative Perspective. *Comparative Politics*, 1993, 26 (1): 31 – 51.

Solingen, Etel. *Scientists and the State, Domestic Structures and the International Context*. Ann Arbor: The University of Michigan Press, 1994.

Spiegel-Rösing, Ina and D. S. Price. *Science, Technology and Society: A*

Cross-disciplinary Perspective. London & Beverly Hills, CA: Sage, 1977.

Stokes, Donald E. *Pasterur's Quadrant*. Brookings Institution Press, 1997.

Teich, Albert H., Stephen D. Nelson and Stephen J. Lita. *AAAS Science and Technology Policy Yearbook 2002*. Washington D. C.: American Association for the Advancement of Science, 2002.

Teich, Albert H., Stephen D. Nelson, Ceilia McEnaney and Stephen J. Lita. *AAAS Science and Technology Policy Yearbook 2001*. Washington D. C.: American Association for the Advancement of Science, 2001.

Teich, Albert H., Stephen D. Nelson, Celia McEnaney and Tina M. Drake. *AAAS Science and Technology Policy Yearbook 1999*. Washington D. C.: American Association for the Advancement of Science, 1999.

Walker, Mark. *Science and Ideology: a Comparative History*. London: Routledge, 2003.

Weinberg, Alvin M. Criteria for Scientific Choice. *Minerva*, 1963,I: 159 – 171.

Weindling, Paul. Philanthropy and world health: the Rockefeller Foundation and the Leagues of Nations Health Organization. *Minerva*, 1997,35: 269 – 281.

Williamson, David. *Summary of the discussion: relations with other research institutions and the scientific community*. in DSTI/STP/SUR (92) 2, OECD, Paris, 1992.

Xin, Hao and Gong Yidong. Research Funding: China bets big on big science. *Science*, 2006, 311(5767): 1548 – 1549.

中文论著

巴恩斯. 科学知识与社会学理论. 鲁旭东, 译. 北京: 东方出版社, 2001.

本－戴维. 科学家在社会中的角色. 赵佳苓. 译. 成都: 四川人民出版社, 1988.

波兰尼. 科学、信仰与社会. 王靖华, 译. 南京: 南京大学出版社, 2004.

博兰尼. 自由的逻辑. 冯银江, 李学茹, 译. 长春: 吉林人民出版社, 2002.

布尔迪厄. 科学的社会用途. 刘成富, 张艳, 译. 南京: 南京大学出版社,

2005.

布尔迪厄．科学之科学与反观性．陈圣生，等，译．桂林：广西师范大学出版社，2006.

布兰彼得．美国科学政策的法律和历史基础，科学学研究，2005（3）.

布什，等．科学——没有止境的前沿．范岱年，解道华，等，译．北京：商务印书馆，2004.

陈佳洱．科学基金工作的发展思路和 2000 年几项重点工作．中国科学基金，2000（3）.

陈进寿．从人际关系谈同行评议制的改进．中国科学基金，2002（3）.

陈宜瑜．立足科学发展、繁荣基础研究，为建设创新型国家而努力奋斗．中国科学基金，2006（3）.

邓小平．邓小平文选（第二卷）．第 2 版．北京：人民出版社，1994.

段异兵．美国国家科学基金会的优先领域资助模式分析．中国科学基金，2005（2）.

樊洪业．中国科学院编年史：1949—1999．上海：上海科技教育出版社，1999.

方新，柳卸林．我国科技体制改革的回顾及展望．求是，2004（5）.

方新．中国科技创新与可持续发展．北京：科学出版社，2007.

龚旭，夏文莉．美国联邦政府开展的基础研究绩效评估及其启示．科研管理，2003（2）.

龚旭．构建经济强国的科技创新体制——日本科技体制改革的政策解析．中国科技论坛，2003（6）.

龚旭．鼓励创新的制度基础．科学文化评论，2004（5）.

龚旭．捷克科技体制转型的法制基础初探．研究与发展管理，2006（3）.

龚旭．美国国家科学委员会的决策职能及其实现途径．中国科学基金，2004（4）.

国家自然科学基金委员会，我与科学基金，北京：北京大学出版社，2006.

郝刘祥，王扬宗．科学传统与中国科学事业的现代化．科学文化评论，2004（1）.

霍耳顿．科学与反科学．范岱年、陈养惠，译．南昌：江西教育出版社，1999.

加斯顿. 科学的社会运行. 顾昕, 等, 译. 北京: 光明日报出版社, 1988.

贾撒诺夫, 马克尔, 彼得森, 等. 科学技术论手册. 盛晓明, 孟强, 胡娟, 等, 译. 北京: 北京理工大学出版社, 2004.

科岑斯. 二十一世纪科学: 自主与责任. 郝刘祥, 袁江洋, 译. 科学文化评论, 2005 (5).

科尔. 科学界的社会分层. 赵佳苓, 顾昕, 黄绍林, 译. 北京: 华夏出版社, 1989.

科尔. 科学的制造. 林建成, 王毅, 译. 上海: 上海人民出版社, 2001.

科斯, 阿尔钦, 诺斯, 等. 财产权利与制度变迁——产权学派与新制度学派译文集. 刘守英, 等, 译. 上海: 上海三联书店, 上海人民出版社, 1994.

科斯, 诺思, 威廉姆森, 等. 制度、契约与组织——从新制度经济学角度的透视. 刘刚, 冯健, 杨其静, 胡琴, 等, 译. 北京: 经济科学出版社, 2003.

科学技术部、中共中央文献研究室编. 邓小平科技思想年谱 (1975—1994). 北京: 中央文献出版社、科学技术文献出版社, 2004.

克莱恩. 跨越边界——知识、学科、学科互涉. 姜智芹, 译. 南京: 南京大学出版社, 2005.

克兰. 科学政策研究. 顾昕, 译. 科学与哲学, 1986 (5).

孔多塞. 人类精神进步史表纲要. 何兆武, 何冰, 译. 北京: 生活·读书·新知三联书店, 1998.

库恩. 必要的张力. 范岱年, 纪树立, 译. 北京: 北京大学出版社, 2004.

库恩. 科学革命的结构. 李宝恒, 纪树立, 译. 上海: 上海科学技术出版社, 1980.

拉图尔, 伍尔格. 实验室生活: 科学事实的建构过程. 张伯霖, 刁小英, 译. 北京: 东方出版社, 2004.

拉图尔. 科学在行动. 刘文旋, 郑开, 译. 北京: 东方出版社, 2005.

李扉南, 陈浩. 将程序正义引入学术评审领域的探讨. 科研管理, 2003 (1).

李真真. 1956: 在计划经济体制下科技体制模式的定位. 自然辩证法通讯, 1995 (6).

李正风. 基础研究绩效评估的若干问题. 科学学研究, 2002 (1).

刘珺珺. 科学社会学. 上海: 上海人民出版社, 1990.

刘军宁, 等编. 市场逻辑与国家观念. 北京: 生活·读书·新知三联书店, 1995.

路振朝，王扬宗. 20 世纪 50 年代中国科学家的科研时间问题. 科学文化评论，2004（2）.

洛马斯克. 小奇迹——美国国家科学基金会史话. 李宗杰，译. 武汉：华中工学院出版社，1982.

马尔凯. 科学与知识社会学，林聚任，等，译. 北京：东方出版社，2001.

默顿. 科学社会学. 鲁旭东，林聚任，译. 北京：商务印书馆，2003.

默顿. 社会研究与社会政策. 林聚任，等，译. 北京：生活·读书·新知三联书店，2001.

默顿. 十七世纪英格兰的科学、技术与社会. 范岱年，等，译. 北京：商务印书馆，2000.

诺尔-塞蒂纳. 制造知识：建构主义与科学的与境性. 王善博，等，译. 北京：东方出版社，2001.

诺格德. 经济制度与民主改革：原苏东国家的转型比较分析. 孙友晋，等，译. 上海：上海人民出版社，2007.

诺思，等. 制度变革的经验研究. 罗仲伟，译. 北京：经济科学出版社，2003.

诺斯. 经济史中的结构与变迁. 陈郁，罗华平，等，译. 上海：上海三联书店、上海人民出版社，1991.

诺斯. 制度、制度变迁与经济绩效. 刘守英，译. 上海：上海三联书店，1994.

齐曼. 真科学. 曾国屏，匡辉，张成岗，译. 上海：上海科技教育出版社，2002.

青木昌彦. 比较制度分析. 周黎安，译. 上海：上海远东出版社，2001.

任鸿隽. 科学救国之梦——任鸿隽文存. 樊洪业，张久春，选编. 上海：上海科技教育出版社、上海科学技术出版社，2002.

萨特米尔. 科研与革命. 袁南生，等，译；刘戟锋，校. 长沙：国防科技大学出版社，1989.

司托克斯. 基础科学与技术创新——巴斯德象限. 周春彦，谷春立，译. 北京：科学出版社，1999.

斯格特. 组织理论. 黄洋，李霞，申薇，等，译. 北京：华夏出版社，2002.

斯考切波. 国家与社会革命：对法国、俄国和中国的比较分析. 何俊志，王学东，译. 上海：上海人民出版社，2007.

孙立平．实践社会学与市场转型过程分析．中国社会科学，2002（5）．

泰奇．研究与开发政策的经济学．苏竣，柏杰，译．北京：清华大学出版社，2002.

谭宗颖，龚旭．美国国家纳米技术计划与国家科学基金会．中国科学基金，2006（1）．

王丹红．从同行评议到行政评价的转移．科学时报，2001 年 1 月 23 日第三版．

王德禄，孟祥林，刘戟锋．中国大科学的运行机制：开放、认同与整合．自然辩证法通讯，1991（6）．

王扬宗．不当专家当农民——"文革"前科研人员参加体力劳动的政策与实践．科学文化评论，2009，6（1）．

王扬宗．中国院士制度的建立及问题．科学文化评论，2005，2（6）．

王作跃．为什么美国没有设立科技部？科学文化评论，2005，2（5）．

韦斯特尼．模仿与创新：明治日本对西方组织模式的移植．李萌，译．北京：清华大学出版社，2007.

吴必康．权力与知识：英美科技政策史．福州：福建人民出版社，1998.

吴瑞．提高中国科学研究的产出率面临挑战．自然（增刊），2003，426（6968）．

吴述尧．同行评议方法论．北京：科学出版社，1996.

吴述尧．科学进步与同行评议．中国科学基金，2002（4）．

西斯蒙多．科学技术学导论．许为民，等，译．上海：上海科技教育出版社，2007.

亚里士多德．形而上学．吴寿彭，译．北京：商务印书馆，1959.

杨列勋．对基金项目同行二次通讯评议的案例分析．中国科学基金，2003（1）．

杨小凯．后发劣势．新财经，2004（8）．

于维栋．科学基金制——科学研究永葆活力的催化剂．北京：科学技术出版社，1994.

张藜．新中国与新科学：高分子科学在现代中国的建立．济南：山东教育出版社，2005.

周汉华．变法模式与中国立法法．中国社会科学，2000（1）．

周颖，王蒲生．同行评议中的利益冲突分析与治理对策．科学学研究，2003（3）．

朱克曼．科学界的精英．周叶谦，冯世则，译．北京：商务印书馆，1979.

研究报告、文件和档案等（英文部分）

Cole, J. R. and S. Cole. *Phase II of the Study*. Washington D. C.: National Academy of Sciences, 1981.

Cole, S., L. Rubin and J. R. Cole. *Peer Review in the National Science Foundation: Phase I of a Study*. Washington D. C.: National Academy of Sciences, 1978.

Commission of the European Communities. *Europe and Basic Research*, COM (2004) 9, 14 January 2004. http: //europa. eu. int/eur-lex/pri/en/dpi/cnc/ doc/2004/com2004_0009en01. doc.

Committee of Visitors (COV). *Report for Earth Sciences Division Research Programs, 1999 - 2001*, April 15, 2003. www. geo. nsf. gov/geo/adgeo/advcomm/fy2002_cov/EAR_RES_COV_response. pdf.

COSEPUP. *Major Award Decisionmaking at the National Science Foundation*. National Academies Press, 1994.

GAO. *Better Accountability Procedures Needed in NSF and NIH Research Grant System*, 1981. GAO/PAD-81-29.

GAO. *Federal Research: Peer Review Practices at Federal Science Agencies Vary*, March 1999. GAO/RCED-99-99.

GAO. *Peer Review: Reforms Needed to Ensure Fairness in Federal Agency Grant Selection*, June 1994. GAO/PEMD-94-1.

German Research Foundation. *From the Notgemeinschaft der Deutschen Wissenschaft to the Deutsche Forschungsgemeinschaft* http: //www. dfg. de/en/dfg_profile/history/history_of_the_dfg.

German Research Foundation. *Mission and Constitution of the DFG since 1920*. http: //www. dfg. de/en/dfg_profile/history/history_of_the_dfg/index. html.

Mazuzan, George T. *The National Science Foundation: A Brief History*. NSF-88-16, NSF Office of Legislative and Public Affairs, July 15, 1994.

National Academy of Public Administration. *A Study of the National Science Foundation's Criteria for Project Selection*. February 2001.

National Academy of Public Administration. *National Science Foundation: Governance and Management for the Future*. April 2004.

National Science Board. *Enhancing Support of Transformative Research at the National Science Foundation*. Draft for Public Comment, February 8, 2007.

National Science Board. *Enhancing Support of Transformative Research at the National Science Foundation*. Draft for Public Comment, February 8, 2007.

National Science Board. *FY 2004 Report on the NSF Merit Review System*, NSB-05-12, March 2005.

National Science Board. *FY 2005 Report on the NSF Merit Review System*. NSB-06-21, March 2006.

National Science Board. *National Science Board and National Science Foundation Staff Task Force on Merit Review* (Discussion Report). NSB/MR-96-15, 1996. http: //www. nsf. gov/nsb/documents/1996/nsbmr9615/nsbmr9615. htm.

National Science Board. *New General Criteria for Merit Review of Proposals*. NSB-97-72, March 28, 1997.

National Science Board. *Report of the National Science Board on the National Science Foundation's Merit Review System*. September 30, 2005, NSB-05-119.

National Science Board. *The National Science Board-A History Highlights 1950 – 2000*. 2000.

National Science Foundation. *Conflict-of-Interests and Confidentiality Statement for NSF Panelists*. NSF-Form-1230P (2/04), 2002.

National Science Foundation. *Federal Obligations for Research and Development, by Character of Work, R&D Plant, and Major Agency: Fiscal Years 1951 – 2002* http: //www. nsf. gov/statistics/nsf03325/pdf/ hista. pdf.

National Science Foundation. *FY 1999 GPRA Performance Plan*. March 1998, http: //www. nsf. gov/pubs/1998/nsf99gprapp/start. htm.

National Science Foundation. *FY 2006 Budget Request to Congress*. http：// www. nsf. gov/about/budget/fy2006/pdf/fy2006. pdf.

National Science Foundation. *FY 2008 Budget Request to Congress*. February 5，2007, http：//www. nsf. gov/about/budget/fy2008/pdf/15_fy2008. pdf.

National Science Foundation. *Grant Proposal Guide*. NSF042，October 2003.

National Science Foundation. *Investing America's Future，Strategic Plan FY 2006－2011*. NSF0648，September 2006.

National Science Foundation. *Job Announcement Number：E20070042－Rotator*. Posted：February 6，2007.

National Science Foundation. *Nanoscale Science and Engineering Program Solicitation for FY 2004*. NSF-03-043，2003.

National Science Foundation. *NSF GPRA Strategic Plan FY 1997－2003*. September 1997.

National Science Foundation. *NSF in a Changing World：the National Science Foundation's Strategic Plan*. NSF-95-24，1995.

National Science Foundation. *Science and Engineering Indicators 2002*. National Science Board，2002.

National Science Foundation. *Science and Engineering Indicators 2006*. National Science Board，2006.

National Science Foundation. *The Second Annual Report of the National Science Foundation：Fiscal Year 1952*. U. S. Government Printing Office, Washington 25，D. C. ，1952.

Natural Science and Engineering Research Council of Canada. *Guidelines for the Preparation and Review of Applications in Interdisciplinary Research*. 2006, http：//www. nserc. gc. ca/professors_e. asp? nav＝profnav&lbi＝intre.

OECD. *Final Programme of the Workshop on Basic Research：Policy Relevant Definitions and Measurement*，2001.

OECD. *Frascati Manual 2002* Paris：OECD，2002.

OECD. *Interdisciplinarity in Science and Technology*. Directorate for Science, Technology and Industry，OECD，Paris，1998.

OECD. *Steering and Funding of Research Institutions，Country Report：*

United States. OECD, 2002. http：//www. oecd. org/dataoecd/24/33/2507966. pdf.

OECD. *Summary Report of the Workshop on Basic Research：Policy Relevant Definitions and Measurement*. 2001.

Program of the Industrial Innovation and Partnerships（IIP）. *Instructions for NSF SBIR/STTR Commercial Reviewers*. http：//www. nsf. gov/eng/iip/ sbir/commreviews. jsp.

Ronald N. Kostoff, et al.. *The Structure and Infrastructure of Chinese Science and Technology*, March 2006. http：//www. onr. navy. mil/sci _ tech/33/ 332/docs/060307_chinese_sci_tech. pdf.

U. K. Department of Trade and Industry, HM Treasury, Department for Education and Skills. *Investing in Innovation*. July 2002, http：//www. hm-treasury. gov. uk.

U. S. Office of Science and Technology Policy. *American Competitiveness Initiative*, February 2006. http：//www. ostp. gov/html/ACIBooklet. pdf.

Wood, Fiona Q. *The Peer Review Process*. Canberra：Australian Government Publishing Service, January 1997.

研究报告、文件和档案等（中文部分）

曹天钦、谈家桢等41位学部委员致邓小平、胡耀邦等人的信. 1981年5月15日，国家自然科学基金委员会档案.

邓小平主任会见美籍学者李政道教授的谈话记录. 1985年7月16日，国家自然科学基金委员会档案.

国家科学技术部，等. 关于改进科学技术评价工作的决定，2003年5月7日.

国家科学技术部. 中国科技统计数据（2005年）. http：//www. sts. org. cn/ sjkl/kjtjdt/data2005/cstsm05. htm.

国家科学技术部. 中国主要科技指标数据库，2006年. http：//www. sts. org. cn/kjnew/maintitle/MainTitle. htm.

国家科学技术部发展计划司. 国家科技计划年度报告，2006年.

国家科学技术信息研究所. 2004年度中国科技论文统计结果，2005年10月.

国家科学技术信息研究所. 2005年度中国科技论文统计结果，2006年10月.

国家统计局、科学技术部、财政部．2005 年全国科技经费投入统计公报，2006 年 9 月 14 日．

国家自然科学基金条例，中华人民共和国国务院令第 487 号，http://www.nsfc.gov.cn/nsfc/cen/gltl/02.htm.

国家自然科学基金委员会，基金项目评审工作相关办法规定文件汇编，2003 年 7 月．

国家自然科学基金委员会．2005 年国家自然科学基金委员会年度报告，2006 年

国家自然科学基金委员会．关于申请项目评审工作暂行办法，1986 年 5 月 23 日委务会议通过．

国家自然科学基金委员会．国家自然科学基金"十五"发展计划纲要．中国科学基金，2002.

国家自然科学基金委员会．国家自然科学基金面上项目评审办法，1992 年 11 月 10 日委务会议通过．

国家自然科学基金委员会．国家自然科学基金面上项目评审办法，1996 年 11 月 20 日委务会议修订通过．

国家自然科学基金委员会．国家自然科学基金面上项目同行评议要点，2004.

国家自然科学基金委员会．国家自然科学基金申请指南．北京：电子工业出版社，2005.

国家自然科学基金委员会．国家自然科学基金委员会关于发布 2007 年度重大研究计划项目指南及申请注意事项的通告，2007 年 1 月 22 日．http://www.nsfc.gov.cn/nsfc/cen/yjjh/2007/20070124_tg.htm.

国家自然科学基金委员会．国家自然科学基金委员会关于重大项目评审管理暂行办法，1986 年 10 月 9 日委务会议通过．

国家自然科学基金委员会．国家自然科学基金委员会章程，2005 年 3 月 17 日五届二次全委会审议通过．http://www.nsfc.gov.cn/nsfc/cen/zc/index.htm.

国家自然科学基金委员会．国家自然科学基金项目管理规定（试行），2002 年 11 月 22 日委务会议审定通过．http://www.nsfc.gov.cn/nsfc/cen/glbf/01/20051201_01.htm.

国家自然科学基金委员会．国家自然科学基金重大研究计划（试点）实施方案，2000 年 4 月 20 日委办公会议原则通过．http://www.nsfc.gov.cn/

nsfc/cen/yjjh/2002/008_zn_01. htm.

国家自然科学基金委员会. 自然科学学科发展战略调研报告: 管理科学. 北
京: 科学出版社, 1995 年.

国家自然科学基金委员会编. 1995 年国家自然科学基金委员会年度报告. 北
京: 中国科学技术出版社, 1996.

国家自然科学基金委员会编. 国家自然科学基金发展历程. 北京: 国家自然科
学基金委员会, 2006.

国家自然科学基金委员会编. 国家自然科学基金资助概览 (1986—1988),
1989 年 2 月, 内部资料.

国家自然科学基金委员会工程与材料科学部. 建设创新氛围, 提高创新能
力——"完善基金资助模式"调研报告, 2006 年 11 月, 未刊稿.

国家自然科学基金委员会化学科学部. "推动学科均衡发展, 完善基金资助模
式"调研报告, 2006 年 11 月, 未刊稿.

斯蒂芬·科尔, 里昂纳德·鲁宾、乔纳森·科尔. 美国国家科学基金会的同行
评议. 中国科学院科学基金委员会, 译. 中国科学院科学基金委员会办公
室, 1985 年 9 月.

英国研究理事会咨询委员会 (ABRC). 同行评议——同行评议调查组给研究
理事会咨询委员会的报告. 国家自然科学基金委员会政策局译, 1992.

张文裕、谢希德等致邓小平、胡耀邦、赵紫阳的信. 1981 年 5 月 15 日, 国家
自然科学基金委员会档案.

中共中央、国务院关于加速科学技术进步的决定, 1995 年 5 月 6 日中发 [1995] 8
号. http://ldgdstc. gov. cn/zhengce/3. htm.

中共中央关于科学技术体制改革的决定. 1985 年 3 月 13 日, http: //search.
most. gov. cn/radar_detail. do? id = 3201919.

中国科学院. 2006 年中国科学院年度报告, 2006 年, http: //www. cas. cn/
html/Books/O6121/b1/2006/index. htm.

中华人民共和国科学技术进步法. 1993 年 7 月 2 日第八届全国人民代表大会常
务委员会第二次会议通过,中华人民共和国主席令第 4 号公布, 1993.

中华人民共和国科学技术委员会、加拿大国际发展研究中心. 十年改革——
中国科技政策. 北京: 北京科学技术出版社, 1998.

索　引

后　记

出乎意外，这部在博士论文基础上修改而成的书稿，竟然又花费了两年时间才完成，总是希望能够更加完善一些。近年来，除了本职工作，我倾注了全部精力与心血的就是本书。手中是常读常新的经典论著，身边是纷繁变幻的"转型"社会，我不禁常常自问：这两者哪个更精彩？何为永恒？怎样才能在两者之间建构起一条彩虹？或许，这也是以现实世界为研究对象又以理论探索为追求旨趣的人都会有的"奢望"吧。

我不知道自己是否有能力实现这样的祈望，尤其是不知道读者将如何评价这样一项颇具挑战的科研探索，但能够坦然的是，我努力克服这八年中所有的困难，竭尽全力来扎实治学、认真研究。当这部书稿付梓之时，我心中充满了深深的感激之情——

首先要感谢我的导师中国科学院自然科学史研究所汪前进研究员，是他接纳了我这个对科学史很有兴趣却以科学政策为研究方向的学生，他给了我系统学习的难得机会，这是自我 1993 年踏入科学政策领域后就一直梦寐以求的。在我攻读博士学位期间，他并不因为我的工作繁忙而放松要求，不仅严格督促，而且热情鼓励。尤其在文献的收集与阅读、历史的叙述与分析等方面给予我谆谆教诲，并寄予殷切期望。

我要感谢从我开始涉足科学政策研究领域就有幸认识并得到其

鼓励和提携的中国科学院方新研究员。作为学术界的前辈，她以理论探索与实证研究并重的风格影响着我，也以学术研究的国际视野和扎实学风激励着我。两年前她主持了我的博士学位论文答辩，高度肯定了我的研究，现在她又欣然应允为本书作序，使我有勇气在自己选择的这个难度较大的科研方向中不断深入推进。

必须致谢的还有参加我的博士学位论文答辩的其他专家，他们是中国科学院的曹效业研究员、柳卸林教授、李晓轩研究员、郝刘祥研究员，清华大学的李正风教授以及国家自然科学基金委员会的吴述尧研究员。他们的一致肯定和好评给我极大的鼓励；他们敏锐的学术洞见和独特的评论视角，对我论文的进一步修改大有裨益。另外，著名美国科学政策史专家、《在卫星的阴影下：总统科学顾问委员会和冷战中的美国》作者王作跃教授对本书的肯定与建议，我在此由衷感谢。

特别要感谢我的工作单位——国家自然科学基金委员会，在这里我不仅得到了实际工作的磨砺，而且获得了继续深造的机会。特别要感谢我的老领导、前政策局局长吴述尧研究员，十五年前，我有幸参加由他发起和主编的国内第一部同行评议研究专著的研究工作；近年，我常和他一起参加各种相关科研与讨论，还得到他对本书撰著的一些意见，这些都使我受益匪浅。我从与基金委同事的交流和探讨中得到不少启发，尤其是科学部直接从事同行评议组织工作的冯芷艳研究员、于晟研究员、孙瑞娟研究员和吕群燕研究员等，都使我颇感受益。此外，档案室的杨奕娟女士为我提供了查阅一手文献和资料的便利，也是我非常感谢的。

我还要感谢中国科学院叶小梁研究员、谭宗颖研究员以及周建中博士等在文献资料方面给我的尽心帮助，这些文献特别是一些珍贵资料构成了本研究的重要素材。此外，我的国外亲友也提供了一些外文资料方面的帮助，在此一并致谢。

感谢浙江大学出版社为出版本书提供的尽可能的便利。没有浙江大学出版社北京启真馆王志毅经理慷慨支持学术研究的慧眼与热情，没有钱济平编辑和赵琼编辑善意的督促与高效的工作，本书的顺利出版无疑很难实现。

最后，衷心感谢长久以来在精神上给我以支持、生活上给我以关怀的家人，以及多年来指导、鞭策、提携、鼓励我治学并给予我各种帮助、不能一一列出的师友，我的心中会永远铭记！无疆之爱无以回报，本书算是一份答卷。唯愿我的每一个细小进步，慰藉关心我、爱护我的每个人。

龚　旭

2009 年 5 月 30 日于北京

附录
缩略语表^①

澳大利亚研究理事会 The Australian Research Council（ARC）

工程研究中心 Engineering Research Center（ERC）

管理与预算办公室 Office of Management and Budget（OMB）

国防部 Department of Defense（DOD）

国家科学基金会 National Science Foundation（NSF）

国家科学技术理事会 National Science and Technology Council（NSTC）

国家科学委员会 National Science Board（NSB）

国家纳米技术计划 National Nanotechnology Initiative（NNI）

国家宇航局 National Aeronautics and Space Administration（NASA）

国立卫生研究院 National Institutes of Health（NIH）

海军研究办公室 Office of Naval Research（ONR）

计划官员 Program Officer（PO）

加拿大自然科学与工程研究理事会 Natural Sciences and Engineering Research Council of Canada（NSERC）

经济合作与发展组织 Organization for Economic Cooperation and Development（OECD）

---

① 本缩略语表中未特别标明国家的部门/机构/法律/计划/职位均为美国（或 NSF）的部门/机构/法律/计划/职位。

科学技术政策办公室 Office of Science and Technology Policy（OSTP）

科学技术中心 Science and Technology Centers（STC）

科学研究与发展局 Office of Scientific Research and Development（OSRD）

联邦资助的研发中心 Federally Funded Research and Development Center（FFRDC）

美国科学促进会 American Association for the Advancement of Science（AAAS）

美国农业部 United States Department of Agriculture（USDA）

能源部 Department of Energy（DOE）

外部专家组 Committee of Visitors（COV）

小额探索性研究项目 Small Grants for Exploratory Research（SGER）

应用于国家需求的研究 Research Applied to National Needs（RANN）

与社会问题相关的跨学科研究 Interdisciplinary Research Relating to the Problems of Society（IRRPOS）

原子能委员会 Atomic Energy Commission（AEC）

政府绩效与结果法 Government Performance and Results Act（GPRA）

政府间人事法 Intergovernmental Personnel Act（IPA）

中国国家自然科学基金委员会 National Natural Science Foundation of China（NSFC）

咨询委员会 Advisory Committee（AC）

总监察长办公室 Office of Inspector General（OIG）

"启真论丛"
出版说明暨约稿信

以出版促进学术积累、光扬人文精神，是浙江大学出版社的一贯宗旨。随着当代中国人文社科学科建设的不断深入与细化，我们已不满足于激扬的宏大叙事，而更期待对中国传统思想的现代整理，对当代中国问题的真切描述，以及对西方学术的细致阐释。

"启真论丛"由浙江大学出版社主办，着力挑选优秀的人文社会科学学术专著（包括主题明确的学术论文集），特别欢迎具有本土问题意识的作品。我们希望通过持续的出版工作，不断提引学术出版的质量，为中国学术积累尽微薄之力，为关心思想学术的同道提供可读好书，亦希望通过此套丛书探索学术出版良性循环的可操作模式。

学术出版为非营利事业，我们愿负担出版资金，勉力为作者提供较为宽松的出版环境。我们依托浙江大学的学术力量，并在国内外聘请了相关领域的专家建立专家委员会，实施专家署名推荐—编辑筛选—专家匿名审稿多管并举的出版制度，以保证作品的学术品质。

在此，我们热忱欢迎学术界有识之人以提携后进、推广学术的远见，为我们推荐优秀的学术作品。

浙江大学出版社

北京启真馆文化传播有限责任公司

2009 年 6 月

投稿须知

凡有意投稿者，可寄稿到 qizhengguan2009@gmail.com。来信或来稿务请注意：

1. 书稿必须附有至少一位专家的署名推荐书及修改意见。专家推荐书的基本格式与学位论文评审意见一致，请专家以国内一流学术著作为标准，给出书稿是否可以出版的明确意见，并提出书稿的创新与可改进之处，篇幅在 2000 字左右。

2. 附寄本人简历，特别是关于学术经历、写作经过的说明。

3. 惠稿接纳与否，专家委员会将写信通知本人。

4. 除完整的手写稿件，如不接纳将退寄作者外，其余稿件（包括打印稿件）均不退还。

5. 投寄而未能入选的稿件，专家委员会将会为作者学术观点保密。

书稿体例

1. 书稿应确定无误，文字表述已臻完善，体例格式合理、统一。书稿包括以下构成部分：书名；作者姓名、著作方式、内容介绍；序言、目录、正文、参考书目及索引等。

2. 书稿正文中的标题、表格、图、等式编号必须连续。建议一级标题用一、二、三等编号，二级标题用（一）、（二）、（三）等，三级标题用 1、2、3 等，四级标题用（1）、（2）、（3）等。一级标题居中，二级以下标题左对齐。前三级独占一行，不用标点符号，四级及以下与正文连排。

3. 脚注每页重新编号，编号格式为：①，②，③……

4. 公式另占行居中，并编号。注意字母、符号的正斜体、上下标等。

5. 稿子的插图必须达到出版质量，可打印在单独的一张纸上，在行文中标明每张图的大体位置。表格设计应科学、简明。表头不用或少用斜线，表内数字对应位上下对齐。空白表示未测，"—"代表无此项，"0"代表实测结果为零。

6. 文章中的定理、引理、命题和定义等单独成段。

7. 参考文献应选择最重要和公开出版的文献，不要包括内部资料和保密文件。参考文献的著录必须规范，按照《文后参考文献著录规则》（GB/Y7714—2005）执行。

8. 索引按音序排列，不需页码。

图书在版编目（CIP）数据

科学政策与同行评议：中美科学制度与政策比较研究/
龚旭著 . —杭州：浙江大学出版社，2009.9
ISBN 978 - 7 - 308 - 07052 - 2

Ⅰ. 科…　Ⅱ. 龚…　Ⅲ. 科技政策 – 对比研究 – 中国、
美国　Ⅳ. G322.0　G327.120

中国版本图书馆 CIP 数据核字（2009）第 165045 号

科学政策与同行评议：中美科学制度与政策比较研究
龚 旭　著

责任编辑　赵　琼
封面设计　王小阳
出版发行　浙江大学出版社
　　　　　（杭州天目山路 148 号　邮政编码 310028）
　　　　　（网址：http://www.zjupress.com）
排　　版　北京京鲁创业科贸有限公司
印　　刷　杭州杭新印务有限公司
开　　本　640mm×960mm　1/16
印　　张　20
字　　数　238 千
版 印 次　2009 年 10 月第 1 版　2009 年 10 月第 1 次印刷
书　　号　ISBN 978 - 7 - 308 - 07052 - 2
定　　价　46.00 元
